飞机噪声：评估、预测和控制
Aircraft Noise
Assessment, Prediction and Control

［乌克兰］Oleksandr Zaporozhets
［乌克兰］Vadim Tokarev 　　著
［英］Keith Attenborough

孙学德　郭天鹏　唐丽君　贾　康　译

U0244714

北京航空航天大学出版社

图书在版编目(CIP)数据

飞机噪声：评估、预测和控制／(乌克兰)亚历山大·扎巴罗日茨，(乌克兰)瓦吉姆·托卡列夫，(英)基思·爱登堡著；孙学德等译. -- 北京：北京航空航天大学出版社，2020.1
书名原文：Aircraft Noise：Assessment，Prediction and Control
ISBN 978 - 7 - 5124 - 3006 - 8

Ⅰ.①飞… Ⅱ.①亚… ②瓦… ③基… ④孙… Ⅲ.①飞机噪声—评估②飞机噪声—噪声预测③飞机噪声—噪声控制 Ⅳ.①X501

中国版本图书馆 CIP 数据核字(2019)第 103515 号

飞机噪声：评估、预测和控制
Aircraft Noise
Assessment, Prediction and Control

[乌克兰] Oleksandr Zaporozhets
　[乌克兰] Vadim Tokarev　　著
　[英] Keith Attenborough

孙学德　郭天鹏　唐丽君　贾　康　译
责任编辑　王　瑛　曹春耀

*

北京航空航天大学出版社出版发行

北京市海淀区学院路 37 号(邮编 100191)　http://www.buaapress.com.cn
发行部电话：(010)82317024　传真：(010)82328026
读者信箱：emsbook@buaacm.com.cn　邮购电话：(010)82316936
涿州市新华印刷有限公司印装　各地书店经销

*

开本：710×1 000　1/16　印张：21　字数：448 千字
2020 年 1 月第 1 版　2020 年 1 月第 1 次印刷
ISBN 978 - 7 - 5124 - 3006 - 8　定价：69.00 元

内 容 简 介

  本书是关于飞机噪声评价、预测和控制的专业书籍,共计 7 章。所述内容既包括飞机噪声发展沿革、声源简介和影响分析,也具体到数学建模、预测分析,还详细阐述了基于噪声源、传递路径和接受者的不同降噪方法和监测知识。

  本书内容详实,适用于从在校学生到普通大众再到专业学者的广大读者:于学生,抽丝剥茧的推演过程是物理学、声学乃至数学物理等学科的良好补充;于普通大众,飞机噪声是影响乘客和机场区域居民舒适性越来越重要的因素之一,本书深入浅出的介绍不失为很好的科普读物;于专业学者,详实的飞机噪声产生、传播和控制知识是飞机整机和系统设计、机场乃至城市规划等必不可少的重要参考。

前　　言

　　飞机噪声会对乘客、机场员工和附近居民造成不利影响,这些影响限制了区域机场和国际机场的机场容量。降低飞机噪声包括噪声源降噪、传递路径降噪和接受者降噪等。

　　有效的噪声控制需要技术水平高超的专业工程师。本书就是为他们而写的。本书讲述了如何通过恰当的发生、传播模型和有效的监测系统尽可能精确、可靠地计算和测量飞机噪声水平;也讲述了如何处理大气情况、自然或人工的地理环境及必要的细节测量因素等。

　　1984 年 12 月,Oleksandr Zaporozhets 凭借论文"基于环境影响最小化的飞机运营程序优化"获基辅民航工程师学会博士学位;1997 年 10 月,他又凭借论文"民用航空对环境保护影响的模型开发及信息获取方法"获基辅国际民用航空大学理学博士学位。1987 年,因在国民经济方面的贡献,他和 Tokarev 博士一起被苏联授予银质奖章,目前任乌克兰国立航空大学全职教授。

　　Tokarev 博士全名 VadimTokarev,于 1969 年、1990 年分别获基辅国际民用航空大学科学博士和理学博士。目前他在乌克兰国立航空大学做全职教授。

　　Keith Attenborough 是开放大学声学领域的研究教授,也是英国声学研究所教育经理,曾在 2000 年到 2010 间,担任《应用声学》主编;1998 年到 2001 年期间担任赫尔大学工程系系主任,1996 年因对声学研究和声学教育的杰出贡献而获得英国声学研究所瑞利金奖,现任特许工程师、英国声学研究所荣誉研究员和美国声学协会研究员。

目　　录

1

第 1 章

飞机噪声问题综述

1.1　机场环境影响

21 世纪,航空业是造成环境变化的重要产业之一,影响因素包括噪声和空气污染等。与各种社会和经济问题一样,环境问题已经成为限制机场运营和增长的潜在制约因素之一,这些限制又在整体上影响民用航空系统。很多国际机场都在其最大容量下运营,甚至有一些已经达到运营环境的极限。随着民用航空的继续增长,这种情形会更加普遍。对于全世界来说,飞机噪声已经成为影响区域机场和国际机场容量的重要限制因素。

考虑到运营、飞行安全、经济性和环境等多种因素,机场容量定义也各不相同。每个因素还取决于机场所在地、所在区域和所在国家等国情(见图 1.1)。从环境角度看,机场容量取决于环境能够接受、容忍、消化、忍受并确保航空活动顺利开展的能力。具体到某个地方,当地机场环境容量可以理解为在特定的环境限制下确保飞机安全运行的单位时间架次、乘客和货运吞吐量。[1,2] 例如,机场噪声容量表示为机场周围特定区域一定时间内确保飞机噪声声压级不超过规定限制的最大可运营飞机架次。

飞机噪声是机场运行或发展过程中产生的影响当地民众的噪声,尤其是飞机运行过程中产生或衍生的噪声。这是现今影响最显著的环境限制,而且这种限制很可能在将来变得更加严格。

局部空气质量在欧洲一些机场也作为机场容量的考量之一,而且近期或不久的将来越来越多的机场将考量这个因素。继飞机噪声之后,局部空气质量似乎正成为限制机场增长的重要潜在影响环境因素。

飞机噪声问题综述:

第三方风险是邻近建筑群的较大机场的未来潜在限制,这些机场周围的居民很

1

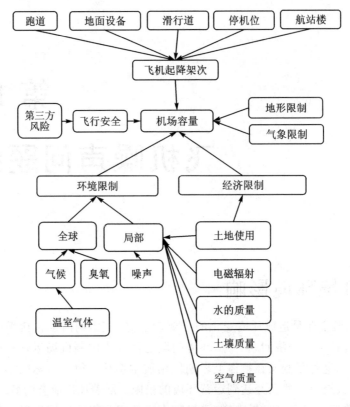

图 1.1　环境对机场容量的影响

难承受飞机坠落的风险。

　　水的使用及污染在某些欧洲机场已成为潜在限制之一,有些机场已经出台了相关限制。

　　周围土地使用和栖息价值是许多欧洲机场已存在和潜在的限制。

　　温室气体排放则长期以来一直是潜在的制约。

　　机场容量是由许多不同因素和机场建设共同作用的结果,后者包括机场布局(跑道数量、滑行道范围、停机坪开发),航站楼和地面设备,空中交通管制程序,地面操作程序和气象条件等。具体到每个机场,其容量取决于飞机起降时间、机场在一定延误内可容纳飞机的能力、机场空中管制系统和跑道进场设备等。

　　2001 年,国际民用航空组织开发过一个机场噪声管理的平衡办法。该平衡办法包括四个部分:噪声源降噪、着陆计划和管理、降噪操作流程和飞机运行限制。该平衡办法已通过 EU Directive 2002/30/EC 相关条款和程序应用于欧洲机场。这些降噪措施的具体实施还应充分考虑机场的特征和最佳效益。

　　噪声源降噪潜力有限,着陆计划和管理很难在人口密度大的区域施行,降噪操作流程主要依靠飞行员的行为,这些行为很可能导致飞行安全水平的降低。同时,空中

2

交通的发展速度远比新技术和降噪方式的发展更快。

目前,只有 2% 的人受到飞机噪声影响。相比之下,45% 的人受到道路噪声的影响,30% 的人受到工业噪声的影响。然而,国际民用航空组织分析显示,到 2020 年受飞机噪声影响的人口将会增长 42%。

机场周围由于飞机运行产生的噪声会产生一系列严重的社会、生态、技术和经济问题。过高的噪声环境会损害人体健康、降低生活质量和工作能力(比如,过高的噪声会干扰人们说话交流)。在接近机场的区域,飞机噪声还会影响地面维护、飞行运行、乘客和当地居民。飞机降噪应当考虑生态、技术、经济和社会等多个标准,降噪方法应当尽量满足如下需求:

(1) 噪声源一定要离建筑区域越远越好。

(2) 噪声在特定情况下应降低到可以达到的最低水平。

(3) 飞机降噪涉及到飞机气流、发动机风扇、涡轮、燃烧室、螺旋桨(包括直升机上的转子和尾部转子的数量)和机身等多种声源。

(4) 机场附近的飞机噪声视服务的飞机种类、每种航班架次数、每日架次数及气象条件而定。

(5) 从飞机到接受者的声音传播包括通过空气的直接传播,在地面、屏障和建筑表面及通过湍流和不均匀大气的反射、衍射和散射。

(6) 除了住宅外,在实验室、学校和医院等位置可能会有对声音特别敏感的接受者。同时,在制定机场附近降噪的措施时,一定要考虑机场发展的短期和长期预期。

(7) 降噪过程不仅需要考虑声压级,而且要平衡接受者对不同的频段噪声的不同反应。

(8) 飞机降噪可以在不同的阶段实现,包括设计阶段、生产阶段、运营阶段和维修阶段。在运营阶段,降噪方式又包括噪声源降噪、传递路径降噪和接受者降噪等。其中最有效的是噪声源降噪和设计阶段降噪。[4]

(9) 降噪首先要识别噪声源并评估每个声源的贡献,降噪设计需要对噪声知识不断加深理解和积累。

(10) 与噪声污染相关的所有成本(包括监控、管理、降噪和监管等)应当由对相应噪声负责方承担。

尽管飞机不是机场附近环境噪声的唯一噪声源,但也是最主要的噪声源。每个飞行任务循环可细分为发动机启动、发动机预热、经滑行道到起飞位置、以最大起飞推力或最大连续推力在跑道上加速、起飞和爬升、完成整个任务剖面、着陆、泄压及发动机试车等。最大噪声水平一般发生在滑跑加速、起飞和爬升等阶段,但是这些阶段持续时间相对较短。除此之外,在发动机测试、飞机维护、临时维修和发动机更换等工况下也会产生噪声。维护和发动机试车持续时间较长,且发生在离住宅区、乘客和技术人员相对较近的区域。因此,尽管这些噪声声压级相比运动中的飞机相对较低,但也必须考虑。

表 1.1[5] 反映了民航发展过程中各经营要素优先次序的历史变化。

表 1.1　民航发展过程中各经营要素优先次序的历史变化

1950—1970 年	1970—1990 年	1990—2020 年
飞行安全	飞行安全	飞行安全
速度	经济性	环境保护(含噪声)
航程	机场周围的噪声	自然资源
经济性	操作的规律性	操作的规律性
舒适性	舒适性	经济性
操作的规律性	速度	舒适性
机场周围的噪声	航程	速度和航程

尽管飞行安全依然是重中之重,但降噪的飞机操作和环境保护也越来越成为重要的考虑因素。通过飞行操作降噪会加大飞行员工作负荷和空管工作量,这些都会导致航空公司运营成本的增加。在飞行操作中,相比降噪,飞行安全始终是第一优先级。如果降噪措施会影响飞行安全,飞行员可以决定不使用该措施。例如,起飞阶段中,飞行员会在发动机故障或熄火、设备故障或其他可能引起明显性能损失的情况下直接忽略最小噪声影响需求。起飞阶段的降噪操作(如降低动力)也将在如下工况下不予执行：如跑道污染、能见度小于 1.9 km、遭遇时速 28 km/h 的侧风(含阵风)、遭遇超过 9 km/h 的顺风(含阵风)、风切变或暴风雨可能影响飞机进场和起飞。

1.2　噪声描述

飞机噪声源非常复杂(见图 1.2),因此机场附近采用了各种噪声保护措施,包括组织的、技术的、运营的等,也包括分区域性的方法。飞机在飞行状态时的噪声源主要包括发动机噪声和气动噪声。当发动机在推力相对较低时,气动噪声在重型喷气

引擎来源

增升装置

着陆齿轮

推进力/机身
的相对作用

图 1.2　飞机噪声源分布示意图

式飞机着陆时变得尤其明显。

飞机降噪的科学原理与气动声学的最新成就紧密相关。与经典声学(经典声学研究主要由表面振动引起的声音)不同,气动声学主要研究非稳态湍流引起的噪声,典型的像喷流噪声、核心机噪声、入口和出口风扇噪声、涡轮噪声和机身噪声等。表 1.2 列出了典型飞机噪声源。

表 1.2　飞机噪声源的分类

飞机种类及起降方式		主要噪声源	
		动力装置	机　身
常规起飞和降落	涡轮喷气发动机	喷口、风扇、核心噪声	襟翼和机翼后缘、襟翼侧边缘、缝翼、齿轮、机身和机翼的湍流边界层
	涡轮螺桨发动机	螺旋桨、桨扇发动机、发动机排气	
短距起飞和降落	涡轮喷气发动机	风扇、发动机排气	与襟翼相互作用的喷流
	涡轮螺桨发动机	螺旋桨	
超声速飞机		喷口	气流与机身的相互作用
直升机		主转子叶片、发动机排气	不重要
通用航空飞机	涡轮喷气发动机	喷口、风扇	不重要
	涡轮螺桨发动机	螺旋桨、发动机排气	

无论是何种飞机、何种飞行模式或维护状态,机场附近的噪声评估通常都会用三分之一倍频谱。在此基础上在飞行剖面或地面工况(启动、滑行、等待起飞等)沿飞机和噪声控制点间最短路径对声波计算积分。

测量经验显示,即使飞机处于固定高度、固定速度、固定姿势的巡航状态且发动机正在穿过均匀的大气层,将其视为稳态随机过程也是不合适的。对固定的麦克风而言,接收到的运动中的飞机声波信号明显是非稳态的。接收信号的频谱特性会随着声源各向异性、球面传播、大气吸收与折射、多普勒效应和地面反射与衰减而改变。因此,接收到的声波信号仅仅在足够小的时间间隔内可以近似认为是接近稳态的。然而,太小的时间区间又会导致统计自由度过小,从而影响声压级计算的置信度。

任何一种飞机噪声标准或指标都是根据其声学频谱进行估计的(如 $50\sim10\,000$ Hz 间的三分之一倍频谱),一般时间间隔 0.5 s,当然时间间隔也会随着噪声活动种类的不同而改变。关于声压级还会根据频段不同采用不同的处理方法,在飞机噪声中比较合适的是 A 计权校正,该方法同时考虑了声音响度、计算方案和噪度。

对发动机而言,喷流和风扇是最重要的噪声源。发动机一般有内外两个涵道,涵道比 m 表示涡扇发动机外涵道与内涵道空气流量的比值。对高涵道比发动机($m>$ 3),典型如现代亚声速重型飞机,风扇是主要噪声来源,在进气口和排气口处噪声分别向前、向后传播。对低涵道比发动机($m<2$),例如第一阶段超声速飞机,喷流噪声成为主要声源。提升涵道比可以减小喷流噪声在整个生产中的贡献,当然也会增大

风扇和涡轮噪声。

图 1.3 所示为有低频率的支路引擎的飞机和总体的声压水平在起飞引擎模式下测量的监测点 1 距跑道轴线 450 m 的噪声。图 1.4 显示了相同飞机在低空飞行时监测点 2 的噪声。引擎模式是名义上的。对于同样的飞机，图 1.5 显示了在噪声监控点 3 测量的着陆噪声特点。引擎模式大约是标称推力的 60%。

图 1.3 显示了一架低涵道比（$m=1$）飞机起飞阶段在监测点 1（距跑道轴线 450 m）的三分之一倍频带中心频率和总声压级（OASPL）。图 1.4 显示了相同飞机低空状态在监测点 2（飞机起飞时起落架释放状态，测试点在跑道上，距飞机 6 500 m）的噪声特性，发动机模式为最小起飞推力。图 1.5 显示了相同飞机在监测点 3（位于离跑道边缘前 2 000 m）的着陆噪声，发动机模式为最小起飞推力约 60%。

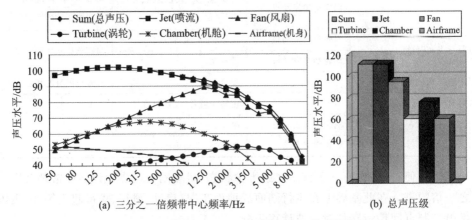

(a) 三分之一倍频带中心频率/Hz　　(b) 总声压级

图 1.3　低涵道比（$m=1$）飞机监测点 1 的声源贡献

（起飞质量 160 t，距跑道轴线 450 m，最大起飞推力，不考虑横向衰减）

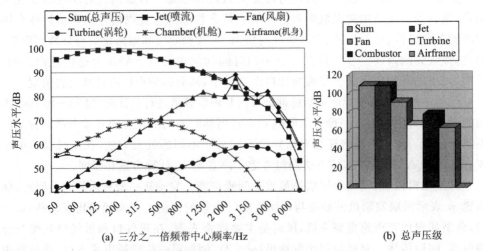

(a) 三分之一倍频带中心频率/Hz　　(b) 总声压级

图 1.4　低涵道比（$m=1$）飞机监测点 2 的声源贡献

（起飞质量 160 t，距跑道轴线 450 m，最大起飞推力，不考虑横向衰减）

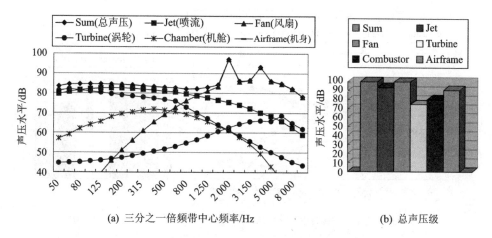

(a) 三分之一倍频带中心频率/Hz

(b) 总声压级

图 1.5 低涵道比($m=1$)飞机监测点 3 的声源贡献
(起飞质量 160 t,距跑道轴线 450 m,最大起飞推力,不考虑横向衰减)

　　起飞阶段(监测点 1、2 测试结果),主要噪声源是喷流噪声。着陆阶段(监测点 3 测试结果),主要噪声源根据频段不同而不同。高频段主要来源于风扇噪声,而喷流和机身(包括副翼、起落架和其他机身部件产生的噪声)则成为主要低频噪声源。

　　对中涵道比飞机($m=2.5$),同样监测点测试结果见图 1.6～图 1.8,起飞阶段(监测点 1,2,见图 1.6 和图 1.7),主要噪声源是喷流噪声(低频段)和风扇(高频段)。着陆阶段(监测点 3,见图 1.8),主要噪声源是风扇和机身。

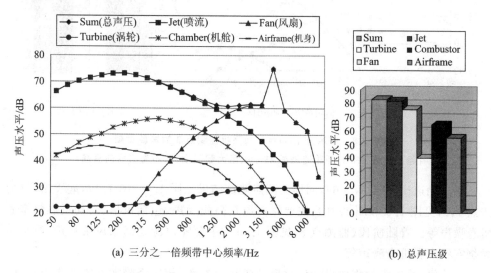

(a) 三分之一倍频带中心频率/Hz

(b) 总声压级

图 1.6 中涵道比($m=2.5$)飞机监测点 1 的声源贡献
(起飞质量 160 t,距跑道轴线 450 m,最大起飞推力,不考虑横向衰减)

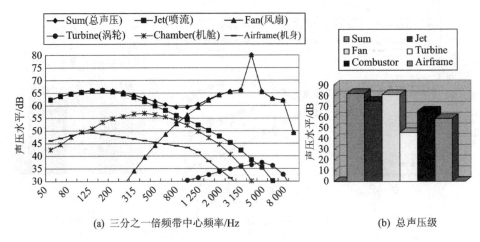

(a) 三分之一倍频带中心频率/Hz   (b) 总声压级

图 1.7　中涵道比($m=2.5$)飞机监测点 1 的声源贡献
(起飞质量 160 t,距跑道轴线 450 m,最大起飞推力,不考虑横向衰减)

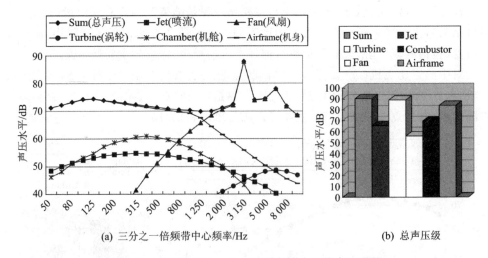

(a) 三分之一倍频带中心频率/Hz   (b) 总声压级

图 1.8　中涵道比($m=2.5$)飞机监测点 3 的声源贡献
(起飞质量 160 t,距跑道轴线 450 m,最大起飞推力,不考虑横向衰减)

　　对高涵道比飞机($m=6$),同样监测点测试结果见图 1.9～图 1.11,起飞阶段(监测点 1,2,见图 1.9 和图 1.10),主要噪声源是高频噪声,包括风扇、发动机燃烧室和机身噪声等。着陆阶段(监测点 3,见图 1.11),主要噪声源是高频风扇噪声、发动机燃烧室噪声和机身噪声等。

　　现阶段,通过声学集成设计优化启动或运行参数,相应降噪尤其需要重点关注,包括叶片优化、通过气动声学集成设计调优启动或运行参数、在进出口加装消声器等。

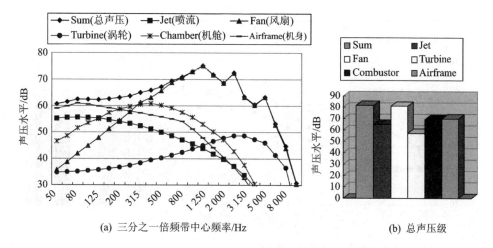

图 1.9 高涵道比($m=6$)飞机监测点 1 的声源贡献

(起飞质量 160 t,距跑道轴线 450 m,最大起飞推力,不考虑横向衰减)

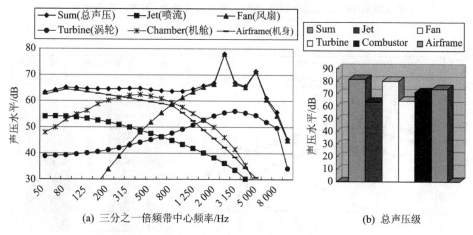

图 1.10 高涵道比($m=6$)飞机监测点 2 的声源贡献

(起飞质量 160 t,距跑道轴线 450 m,最大起飞推力,不考虑横向衰减)

涡桨发动机飞机的噪声特点如图 1.12 和图 1.13(分别表示监测点 2、3)所示,三分之一倍频谱显示宽带噪声掩盖了离散谐波。在起飞和着陆阶段,主要噪声源是螺旋桨,相应声压级超出其他声源 10 dB。

图 1.14 演示了飞机噪声源降噪的完整流程。

机翼上的湍流气流(对应高速和高雷诺数)导致气动噪声的辐射传播。因为涡度、熵和声音等因素,湍流中会产生扰动,扰动间的相互作用可以根据湍流结构、声场特性等的不同在数学上用非线性方程来表述。

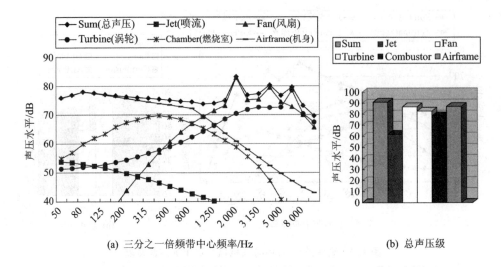

图 1.11　高涵道比($m=6$)飞机监测点 3 的声源贡献
(起飞质量 160 t,距跑道轴线 450 m,最大起飞推力,不考虑横向衰减)

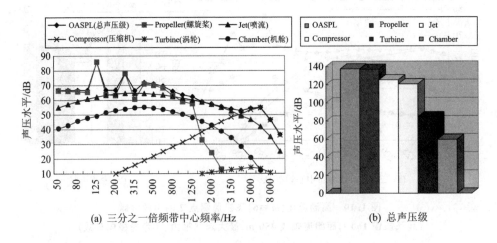

图 1.12　涡桨发动机飞机监测点 2 的声源贡献
(起飞质量 9.8 t,距跑道轴线 300 m,最大起飞推力,不考虑横向衰减)

声辐射通常产生于非稳态流体和非理想气动力与飞机相互作用产生的分离流体中。其中的扰动会打破流体的平衡,从而让一大部分动能转换为声辐射。表 1.3 为一些典型的声学效率系数 η_a(声学功率与声源能量的比值)。马赫数 Ma 是典型流速 V 和环境声速 a_0 的比值,$Ma=V/a_0$。

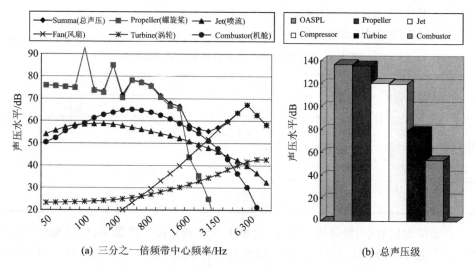

(a) 三分之一倍频带中心频率/Hz　　　　(b) 总声压级

图 1.13　涡桨发动机飞机监测点 3 的声源贡献

(起飞质量 9.8 t,距跑道轴线 300 m,最大起飞推力,不考虑横向衰减)

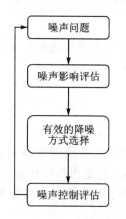

图 1.14　噪声管理过程

表 1.3　不同种类噪声源的声学效率系数 η_a 的比较

噪声源种类	系数 η_a
人类的声音	5×10^{-4}
喷气式飞机发动机噪声	$5\times10^{-4}Ma^5$,当 $Ma\leqslant0.7$ 时 $10^{-4}Ma^5$,当 $0.7\leqslant Ma\leqslant1.6$ 时 2×10^{-3},当 $Ma\geqslant2$ 时
空气调节系统中分离流动的噪声	10^{-3},当 $Ma\leqslant1.3$
汽笛	0.5

　　动能到声能的转化可以用三种噪声源模型来描述:单极子声源(表示一定体积内气体质量变化)、偶极子声源(表示两个单极子声源,两者距离相比声波波长足够小且振动方向相反)、四极子声源(表示四个单极子声源的叠加,也可以可以看作是两个具有相反相位的偶极子声源,彼此距离相比声波波长足够小且振动方向相反)。从声学效率看,单极子声源>偶极子声源>四极子声源。

　　湍流描述中还经常用到典型尺度即涡长尺度 L,对于声波而言,典型尺度是波长 λ。假设一个亚声速声源($Ma=V/a_0<1$)是紧凑的并且气流分布与 V/L 成正比,则 $\lambda=LMa-1$。假设 $Ma\ll1$,则声波波长 $\lambda\gg$ 涡长尺度 L。湍流噪声具有多极性。

　　表 1.4 给出了单极子声源、偶极子声源和四极子声源在紧凑型和非紧凑型辐射

11

中的密度变化 $\rho'(x,t)$（与周围的密度有关）和声功率 $W(W=4\pi|x|2a_0^3\rho_0^{-1}<\rho_2'>)$。$<>$ 代表周围密度变化的平均值。

表 1.4 紧凑型辐射源和非紧凑型辐射源的特性

声学辐射源	紧凑型辐射源		非紧凑型辐射源	
	$\rho'(x,t)$	W	$\rho'(x,t)$	W
单极子	$\rho_0 \dfrac{L}{|x|} Ma^2$	$\rho_0 V^2 L^2 Ma$	$\rho_0 \dfrac{L}{|x|} Ma$	$\rho_0 V^3 L^2 Ma^{-1}$
偶极子	$\rho_0 \dfrac{L}{|x|} Ma^3$	$\rho_0 V^2 L^2 Ma^3$		
四极子	$\rho_0 \dfrac{L}{|x|} Ma^4$	$\rho_0 V^3 L^2 Ma^5$		

在紧凑型辐射中，对单极子声源、偶极子声源和四极子声源而言，机械能可有效转换的声能分别与 Ma、Ma^3 和 Ma^5 成正比。由此可知，声学效率随着声源极数的增加而减小，因此当 $Ma<1$ 时，对于彼此距离很小的声源（相比于波长 λ）可以通过这种思路达到局部抑制。随着马赫数的增大（如超声速气流），辐射变成非紧凑型辐射，对非紧凑型辐射源，彼此独立的声源辐射普遍存在，声源多极性的影响变得微不足道。

上述对声源的分析都是基于对辐射的定性研究。而噪声辐射和湍流之间的参数关系描述只有通过流体力学的基本方程组之一——连续性方程求解才能得到。

1.3 基本方程组

声波在介质中的传播取决于介质特性。如果气流是均匀的，且系统处于热力学的平衡状态，气流和声场可以通过求解基本方程组(1.1)得到，方程组由连续性方程、动量方程和能量方程组成，三个方程分别通过质量守恒、动量守恒和能量守恒推理得到。

$$\left. \begin{aligned} &\frac{\partial \rho}{\partial t} + \frac{\partial \rho v_j}{\partial x_j} = 0 \\ &\frac{\partial \rho v_i}{\partial t} + \frac{\partial \rho v_i v_j}{\partial x_j} = -\delta_{ij} \frac{\partial p}{\partial x_j} + \frac{\partial \tau_{ij}}{\partial x_j} \\ &\rho \left(\frac{\partial s}{\partial t} + v_j \frac{\partial s}{\partial x_j} \right) = U \end{aligned} \right\} \quad (1.1)$$

其中 x_i 为笛卡儿坐标，p 表示流体微元体上的压力，ρ 表示密度，v_i 表示速度在相应坐标轴上的投影，$U = \dfrac{\partial}{\partial x_j}\left(\dfrac{Q_j}{T}\right) + \dfrac{\rho q_0}{T} + \sigma$，$T$ 表示温度，$Q_i = \chi \dfrac{\partial T}{\partial x_j}$，$\chi$ 表示导热系数；

$\tau_{ij} = \mu\left(\dfrac{\partial v_i}{\partial x_j} + \dfrac{\partial v_j}{\partial x_i} - \dfrac{2}{3}\delta_{ij}\dfrac{\partial v_l}{\partial x_l}\right) + \zeta_B \delta_{ij}\dfrac{\partial v_l}{\partial x_l}$ 表示因分子粘性作用而产生的作用在微元

体表面上的粘性应力 τ 的分量，$\sigma = T^{-2}\chi\delta_{ij}\dfrac{\partial T}{\partial x_i}\dfrac{\partial T}{\partial x_j} + \dfrac{\mu}{2T}\left(\dfrac{\partial v_i}{\partial x_j} + \dfrac{\partial v_j}{\partial x_i} - \dfrac{2}{3}\delta_{ij}\dfrac{\partial v_l}{\partial x_l}\right)^2 -$

$\sigma_B T^{-1}\dfrac{\partial v_i}{\partial x_i}\dfrac{\partial v_j}{\partial x_j}$，$\mu$、$\sigma_B$ 分别表示动力粘度系数和体积粘度系数，s 表示比熵，$i,j,l =$
$1,2,3$。当 $i \neq j$ 时，$\delta_{ij} = 0$；当 $i = j$ 时，$\delta_{ij} = 1$。q_0 表示热量，重复指数表示求和。

一般而言，在有限空间内，气体熵的变化可以用公式（1.2）来描述。

$$\frac{\mathrm{d}S}{\mathrm{d}t} = \frac{\mathrm{d}_e S}{\mathrm{d}t} + \frac{\mathrm{d}_i S}{\mathrm{d}t} \tag{1.2}$$

公式（1.2）显示，熵的变化可以分成两个部分，第一部分来自于气体和周围介质的相互作用（可能增加、可能减少，也可能保持不变），第二部分表示气体自身产生的熵，来自于系统内部的不可逆过程 $\left(\dfrac{\mathrm{d}_i S}{\mathrm{d}t} \geqslant 0\right)$。

使用连续函数 $F(s)$，公式（1.1）方程组中的第 3 个方程可以用方程（1.3）表示：

$$\rho\left(\frac{\partial F}{\partial t} + v_j\frac{\partial F}{\partial x_j}\right) = F_s U \tag{1.3}$$

其中 $F_s = \dfrac{\mathrm{d}F}{\mathrm{d}s}$，将方程组（1.1）第 1 个方程两边同乘以 Fv_i，将方程组（1.1）第 2 个方程两边同乘以 F，将方程（1.3）两边同乘以 v_i，所得结果相加得到方程（1.4）。

$$\frac{\partial(\rho F v_i)}{\partial t} + \frac{\partial(\rho F v_i v_j)}{\partial x_j} = -\delta_{ij}F\frac{\partial p}{\partial x_i} + F\frac{\partial \tau_{ij}}{\partial x_j} + F_s v_i U \tag{1.4}$$

由方程组（1.1）中第 1 式和方程（1.3）有

$$\frac{\partial(\rho F)}{\partial t} + \frac{\partial(\rho F v_j)}{\partial t} = F_s U \tag{1.5}$$

联立方程（1.4）、（1.5），并且在左右两边都加上 $-\dfrac{\partial}{\partial x_i}a^2\dfrac{\partial(\rho F)}{\partial x_i}$，可以得到方程（1.6）。

$$\frac{\partial^2 \rho F}{\partial t^2} - \frac{\partial}{\partial x_i}a^2\frac{\partial \rho F}{\partial x_i} = \frac{\partial^2 \rho F v_i v_j}{\partial x_i \partial x_j} + \Phi \tag{1.6}$$

其中对于声速 a 有 $a^2 = \partial p/\partial \rho$，

$$\Phi = \frac{\partial U F}{\partial t} - \frac{\partial}{\partial x_i}\left(F\frac{\partial \tau_{ij}}{\partial x_j} + v_i F_s U\right)$$

由理想气体状态方程有

$$\rho F(s)A(p) = 常数 \tag{1.7}$$

对于理想气体，$\left(\dfrac{\mathrm{d}_e S}{\mathrm{d}t}\right) = 0$，$F(s) = \exp(s/c_p)$，$A(p) = p^{-\frac{1}{\gamma}}$，因此方程（1.6）可以被写作：

$$\frac{\partial^2 p^{\frac{1}{\gamma}}}{\partial t^2} - \frac{\partial}{\partial x_i}a^2\frac{\partial p^{\frac{1}{\gamma}}}{\partial x_i} = \frac{\partial^2(p^{\frac{1}{\gamma}}v_i v_j)}{\partial x_i \partial x_j} + \Phi \tag{1.8}$$

其中 γ 为比热比，c_p 为气体比定压热容。方程(1.8)可以看作波动方程，方程右边表示与速度、熵、粘滞张力相关的气动噪声源，方程(1.8)本身由方程组(1.1)推导而来，是气流质量、动量和能量守恒的必然结果。在实际应用中，需要对方程(1.8)做一些必要的补充假设。

假设每个单位质量内的气体熵保持不变，则对方程(1.7)有

$$\frac{p}{\rho^{\gamma}} = 常数，\quad 或者 \frac{p^{\frac{1}{\gamma}}}{\rho} = 常数$$

公式(1.8)可以变换为

$$\frac{\partial^2 \rho}{\partial t^2} - \frac{\partial}{\partial x_i} a^2 \frac{\partial \rho}{\partial x_i} = \frac{\partial^2 (\rho v_i v_j)}{\partial x_i \partial x_j} + \Phi \tag{1.9}$$

在大雷诺数气流中，方程(1.9)中粘滞应力可以忽略不计，假设气流周围环境不存在热交换，那么：

$$\frac{\partial^2 \rho}{\partial t^2} - \frac{\partial}{\partial x_i} a^2 \frac{\partial \rho}{\partial x_i} = \frac{\partial^2 (\rho v_i v_j)}{\partial x_i \partial x_j} + \frac{\partial}{\partial x_i} (a^2 - a_0^2) \frac{\partial \rho}{\partial x_i} \tag{1.10}$$

对于彼此垂直的曲线基底 q_i，方程(1.10)(忽略粘滞应力)可以变为

$$\frac{\partial^2 \rho'}{\partial t^2} - \frac{a_0^2}{h_1 h_2 h_3} \frac{\partial}{\partial q_i} \frac{h_1 h_2 h_3}{h_i^2} \frac{\partial \rho'}{\partial q_i} = \frac{1}{h_1 h_2 h_3} \frac{\partial}{\partial q_i} \frac{1}{h_i} \frac{\partial}{\partial q_j} \frac{(\rho v_i v_j h_1 h_2 h_3)}{h_j} +$$
$$\frac{1}{h_1 h_2 h_3} \frac{\partial}{\partial q_i} (a^2 - a_0^2) \frac{h_1 h_2 h_3}{h_i^2} \frac{\partial \rho'}{\partial q_i} \tag{1.11}$$

其中 h_1、h_2、h_3 为兰姆系数。

气流中各个变量的振动产生声音，这些变量可以用典型波长 λ、周期 $T = 1/f$ 和振动频率 f 描述。整个系统变量取值还需要加上周围介质变量及其波动变化。这些波动一般用相应变量加"'"表示：

- 对于速度：$v' = v - v_0$；
- 对于密度：$\rho' = \rho - \rho_0$；
- 对于压力：$p' = p - p_0$；
- 对于绝热系统中声速：$a'^2 = a^2 - a_0^2$（s 为定值）。

声波对系统的扰动忽略不计（$\varepsilon \ll 1$）：

$$\left. \begin{array}{l} \dfrac{v'}{<V_0>} = O(\varepsilon) \\[3mm] \dfrac{\rho'}{<\rho_0>} = O(\varepsilon) \\[3mm] \dfrac{p'}{<p_0>} = O(\varepsilon) \end{array} \right\} \tag{1.12}$$

假设气体本身不存在热交换，且周围环境均匀，且不存在熵变，则对于自由湍流产生的声波，可以从公式(1.9)得到莱特希尔方程[6,7]：

$$\frac{\partial^2 \rho'}{\partial t^2} - a_0^2 \frac{\partial^2 \rho'}{\partial x_i^2} = A(\vec{x}, t) = \frac{\partial^2 T_{ij}}{\partial x_i \partial x_j} \tag{1.13}$$

其中 $T_{ij} = \rho v_i v_j - \tau_{ij} + p \delta_{ij} + a_0^2 \rho \delta_{ij}$。

对密度波动,方程(1.13)的微分积分形式如(1.14)所示:

$$\rho' = \frac{1}{4\pi a_0^2} \int_{V(\vec{y})} A(\vec{y}, \tau) \frac{\mathrm{d}V(\vec{y})}{r} \tag{1.14}$$

其中 $V(\vec{y})$ 为湍流所在的区域;$r = |\vec{x} - \vec{y}|$,$\vec{x}$、$\vec{y}$ 分别为湍流区域中声源和观察者的坐标;$\tau = t - \dfrac{r}{a_0}$,表示滞后时间。

将声源引起的速度记作 $\vec{V}$,引入新的变量 $\vec{\eta} = \vec{y} - a_0 \vec{M} \tau$,莱特希尔方程可以写作:

$$\rho'(\vec{x}, t) = \frac{1}{4\pi a_0^2} \iiint \frac{A(\vec{\eta}, \tau)}{|\vec{x} - \vec{y}| - \vec{M}(\vec{x} - \vec{y})} \mathrm{d}V(\vec{\eta}) \tag{1.15}$$

其中 $\vec{M} = \vec{V}/a_0$,$\tau = t - \dfrac{|\vec{x} - \vec{y}|}{a_0}$。同时假设函数 $A(\vec{y}, \tau)$ 下降足够快,且接受者距离声源足够远,则远场中密度扰动可以表示为

$$\rho'(\vec{x}, t) \approx \frac{1}{4\pi a_0^4 |\vec{x}|} \iiint \frac{\partial^2 T_0(\vec{y}, \tau)}{\partial \tau^2} \mathrm{d}V(\vec{y}) \tag{1.16}$$

其中 $T_0 = \dfrac{x_i x_j}{|\vec{x}|^2} T_{ij}$。

对于亚声速喷流($0.3 \leqslant Ma \leqslant 1$),方程(1.16)可以导出声强度:

$$W_j = \frac{K \rho_j^2 S_j V_j^8}{\rho_0 a_0^5} \tag{1.17}$$

其中经验常数 K 约为 10^{-5};ρ_j、V_j、S_j 分别为喷流喷口处的密度、体积和面积。声能与机械能的比值可以写作 $\dfrac{W_a}{W_j} = K \left(\dfrac{\rho_j}{\rho_0} \right) \left(\dfrac{V_j}{a_0} \right)^5$。对于亚声速气流,只有很小一部分机械能转化为声能。从另外一个角度看,喷流的湍流结构产生强大的声音。忽略粘滞应力影响,同时假设 $v_i = 0$,方程(1.10)可以写为均匀波方程:

$$\frac{\partial^2 \rho'}{\partial t^2} - a_0^2 \Delta \rho' = 0 \tag{1.18}$$

其中 Δ 为拉普拉斯算子。

忽略方程(1.18)2 阶项和连续介质力学非线性方程高阶项,声学方程可以简化为 1 阶项。联立方程组(1.12),忽略方程组(1.1)中的 4 阶及更高阶项有

$$\rho_0 \frac{\partial v_i'}{\partial t} + \frac{\partial p'}{\partial x_i} = 0 \tag{1.19}$$

对时间积分得到

$$v'_i = -\frac{1}{\rho_0}\frac{\partial}{\partial x_i}\int p' \mathrm{d}t \qquad (1.20)$$

由此可知声场是无旋的,可以视作一种势能:

$$\varphi = -\frac{1}{\rho_0}\int p' \mathrm{d}t \qquad (1.21)$$

声波中压力、密度和速度的扰动分别如方程组(1.22)所示:

$$p' = -\rho_0\frac{\partial\varphi}{\partial t},\ \rho' = \frac{p'}{a_0^2},\ v'_i = \frac{\partial\varphi}{\partial x_i} \qquad (1.22)$$

从方程组(1.22)和(1.18)可知,这些扰动满足均匀波动方程:

$$\left.\begin{array}{l} \dfrac{\partial^2\rho'}{\partial t^2} - a_0^2\Delta\rho' = 0 \\[3mm] \dfrac{\partial^2 p'}{\partial t^2} - a_0^2\Delta p' = 0 \\[3mm] \dfrac{\partial^2\varphi}{\partial t^2} - a_0^2\Delta\varphi = 0 \end{array}\right\} \qquad (1.23)$$

对于压力波动引入调和解 $\exp(-\mathrm{i}\omega t)$:

$$p'(\vec{x},t) = p(\vec{x})\exp(-\mathrm{i}\omega t) \qquad (1.24)$$

其中 ω 为角频率($\omega = 2\pi f$),$p(\vec{x})$ 为声压复数值的振幅,因此方程组(1.23)可以简化为赫姆霍兹方程。

$$\Delta p + k^2 p = 0 \qquad (1.25)$$

其中 k 为波数($k = 2\pi/\lambda$),$\Delta = \dfrac{\partial^2}{\partial x^2} + \dfrac{\partial^2}{\partial y^2} + \dfrac{\partial^2}{\partial z^2}$ 为拉普拉斯算子,$x = x_1$,$y = x_2$,$z = x_3$ 为笛卡儿坐标。

声场方程边界条件取决于模型条件,对于气流而言,忽略粘滞系数的影响,仅仅考虑表面的热传导,对于辐射、反射和衍射,有:

(a) 对于调和波,在表面 S 上速度的法向分量是:

$$V_S = \left(\frac{\partial\varphi}{\partial n}\right)_S = f_1(S) \qquad (1.26)$$

(b) 其中 n 为表面向外指向气流的法向向量,对于简谐波而言,表面 S 处的声压为

$$(\varphi)_S = f_2(S) \qquad (1.27)$$

(c) 混合边界条件(如对于速度势场):

$$\frac{1}{a_0}\frac{\partial\varphi}{\partial t} - \frac{1}{\beta}\frac{\partial\varphi}{\partial z} = 0 \qquad (1.28)$$

其中 β 为表面 S 处归一化导纳,z 为表面 S 上指向气流的法向向量。

如果 $f_1(S) = 0$,则方程(1.26)表示在绝对坚硬表面的反射。如果 $f_2(S) = 0$,则方程(1.27)表示在绝对柔软表面的反射。方程(1.28)表示阻抗边界反射。在反射问题中,通常会将入射场和散射场同时考虑,$\varphi_t = \varphi_i + \varphi$。剩下的是索末菲尔德出射波

条件。对于三维压力波动,可以写作:

$$|rp| < C$$

$$r\left(\frac{\partial p}{\partial r} + \mathrm{i}kp\right) \to 0$$

其中 C 是有限常数,假设 $r \to \infty$,相应量可以看作是一致的。

对于静止介质,方程(1.23)可以推导出声波的叠加原理。在线性介质中,自由波的传播不受其他波的影响,声场可以表示为彼此独立的自由波的叠加,可以根据物理量的标量(如压力)和矢量(如速度)特性分别做叠加。

在被表面 S 围成的区域 V 中,对于速度势场 φ 和它的法向微分$\partial\varphi/\partial n$,基尔霍夫解表示为

$$\varphi(R) = \frac{1}{4\pi}\iint_S \left\{ \frac{\partial\varphi}{\partial n}\frac{\exp(\mathrm{i}kr)}{r} - \varphi\frac{\partial}{\partial n}\left[\frac{\exp(\mathrm{i}kr)}{r}\right] \right\}\mathrm{d}S \tag{1.29}$$

其中 R 表示观察者的轴向向量,r 表示观察点和辐射点在区域 V 中的轴向向量,n 为表面法向向量。方程(1.29)的解表示球面声源和双极子声源在表面 S 的叠加。

平面上的声辐射可以通过惠更斯定理得到,惠更斯公式第 1 项给出完全坚硬表面的声场。

$$\varphi(R) = \frac{1}{2\pi}\iint_S \frac{\partial\varphi}{\partial n}\frac{\exp(\mathrm{i}kr)}{r}\mathrm{d}S \tag{1.30}$$

在完美柔软表面的声场则由惠更斯公式第 2 项给出。

$$\varphi(R) = -\frac{1}{2\pi}\iint_S \varphi\frac{\partial}{\partial n}\left[\frac{\exp(\mathrm{i}kr)}{r}\right]\mathrm{d}S \tag{1.31}$$

对于非均匀赫姆霍兹方程(1.23),压力解可以表示为入射压力和第二压力的和:

$$p_t = \frac{1}{(2\pi)^{\frac{3}{2}}}\int_{-\infty}^{\infty}\int_{-\infty}^{\infty}\mathrm{d}\beta_x\,\mathrm{d}\beta_y\int_{-\infty}^{\infty}\frac{\Gamma(\beta_x,\beta_y,\beta_z)\exp[-\mathrm{i}(\beta_x x + \beta_y y + \beta_z z)]}{k^2 - \beta_x^2 - \beta_y^2 - \beta_z^2}\mathrm{d}\beta_z +$$

$$\frac{1}{2\pi}\int_{-\infty}^{\infty}\int_{-\infty}^{\infty}A(\alpha,\delta)\exp(-\gamma z - \mathrm{i}\alpha x - \mathrm{i}\delta y)\mathrm{d}\alpha\,\mathrm{d}\delta \tag{1.32}$$

其中 $r = \sqrt{\alpha^2 + \delta^2 - k^2}$,函数 $\Gamma(\beta_x,\beta_y,\beta_z)$ 表示多极子声源 $\Gamma(x,y,z)$ 的傅里叶变换,α、δ、β_x、β_y、β_z 为复变量,k 为波数,$A(\alpha,\delta)$ 为边界值确定的未知函数。

很多声学模型都是基于莱特希尔"气动声学"的相关工作[6-15]。莱特希尔为自由喷流噪声提供了最基础的理论支撑。由方程(1.13)可以推导出自由湍流引起的噪声。根据莱特希尔推论,声源处于湍流区域,并且在一定范围内的静止介质(密度 ρ_0、速度 a_0)中,假设系统不存在热交换且忽略粘滞张力的影响,则莱特希尔张量可以简化为 $T_{ij} = \rho_0 v_i v_j$(忽略声源中密度的自身波动,也就是说 $\rho = \rho_0$)。

喷口的环形湍流可以分为初始混合区(从喷口射流出口起延伸约 4 个直径长度),中下游区域和主要的混合延伸区域(从射流出口起延伸约 16~18 个直径长度)。

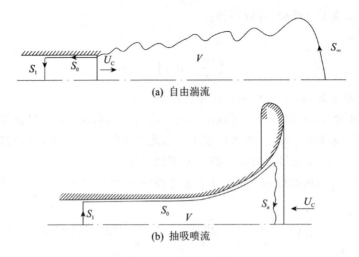

(a) 自由湍流

(b) 抽吸喷流

图 1.15　气流示意图

初始区域包括具有周围核心和潜在核心的混合边界层。初始混合区域和广泛混合区域均具有自保持结构。在中间区域,湍流结构由初始混合阶段的自保持结构转化为广泛混合区域的新结构。初始混合区域和中间区域的末端会产生最大的声功率。喷口的环状射流的湍流混合区域从周围无旋流动处分离,后者是流入喷口的一种流动。与典型的湍流尺度相比,分离区域的厚度比较小。所以,分离区域可以被看作由于涡流板的不稳定而会发生变形的几何随机表面(见图 1.15(a))。

在分离面,由于在湍流体积 V 之外,流动是潜在的(即在分离面上方流入喷口的气体速度是连续的),所以存在着一个涡量阶跃。

假设一个亚声速喷流中包含紧凑型声源,为了计算湍流相关参数,我们引入无量纲内部变量如下:

$$\bar{x}_i = \frac{x_i}{L}, \quad \bar{v}_i = \frac{v_i}{V_j}, \quad \bar{\tau} = \frac{tV_j}{L}, \quad \bar{a} = \frac{a}{a_0}$$

其中 L 表示喷流涡长,V_j 表示速度,代入方程(1.10)得到无量纲方程:

$$Ma^2 \frac{\partial^2 h}{\partial \bar{\tau}^2} - \Delta h = Ma^2 \frac{\partial^2 h \bar{v}_i \bar{v}_j}{\partial \bar{x}_i \partial \bar{x}_j} + \frac{\partial}{\partial \bar{x}_i}(\bar{a}^2 - 1) \frac{\partial h}{\partial \bar{x}_i} \tag{1.33}$$

其中 $h = \rho/\rho_0$,则该方程内部解可以用如下级数形式表示:

$$h(\bar{x}, \bar{\tau}, Ma) = 1 + \delta_1(Ma)\sigma_1(\bar{x}, \bar{\tau}) + \delta_2(Ma)\sigma_2(\bar{x}, \bar{\tau}) + \cdots$$

$$\bar{a}^2 = 1 + \delta_1(Ma)\bar{a}_1^2(\bar{x}, \bar{\tau}) + \cdots$$

$$\bar{v}_i = \bar{v}_i^{(0)}(\bar{x}, \bar{\tau}) + \delta_1(Ma)\bar{v}_i^{(1)} + \cdots$$

当 $Ma \to 0$ 时,$\bar{x}, \bar{\tau}$ 固定,则对于内部解 $\sigma_i(\bar{x}, \bar{\tau})$ 满足:

$$\delta_1(Ma) = Ma^2, \quad \Delta\sigma_1 = -\frac{\partial^2 \bar{v}_i^{(0)} \bar{v}_j^{(0)}}{\partial \bar{x}_i \partial \bar{x}_j}$$

$$\delta_2(Ma) = Ma^4$$

$$\Delta\sigma_2 = \frac{\partial^2 \sigma_1}{\partial \bar{\tau}^2} - \frac{\partial^2}{\partial \bar{x}_i \partial \bar{x}_j}(\bar{v}_i^{(1)} \bar{v}_j^{(0)} + \bar{v}_i^{(0)} \bar{v}_j^{(1)} + \sigma \bar{v}_i^{(0)} \bar{v}_j^{(0)}) - 2\frac{\partial}{\partial \bar{x}_i} \bar{a}_1^2 \frac{\partial \sigma_1}{\partial \bar{x}_i}$$

$$(1.34)$$

方程(1.34)的内部解如式(1.35)所示：

$$\sigma_1(\bar{x}, \bar{\tau}) = \frac{1}{4\pi} \int_V \frac{\partial^2 \bar{v}_i^{(0)} \bar{v}_j^{(0)}}{\partial \xi_i \partial \xi_j} \frac{\mathrm{d}\xi}{|\bar{x} - \xi|} +$$

$$\frac{1}{4\pi} \int_S \left[\frac{1}{|\bar{x} - \xi|} \frac{\partial \sigma_1(\xi)}{\partial n} - \sigma_1(\xi) \frac{\partial}{\partial n} \frac{1}{|\bar{x} - \xi|} \right] \mathrm{d}S \qquad (1.35)$$

式中积分分别为对湍流体积 $V(\xi)$ 取体积分和对包络面 $S = S_1 + S_0 + S_\infty$ 取面积分，S_1 为距喷口约为典型波长距离的面积，S_0 表示喷流喷口面积，S_∞ 则表示距喷口足够远处的分离面面积。

很显然，式(1.35)中沿面积 S 的积分取决于沿面 S_0 和 S_1 的声源分布，其中部分噪声声源出自表面进入非湍流的周围介质中。方程(1.34)的第一个解由 $V(\xi)$ 上取体积分得到。对于 $f(\xi)$ 微分，有

$$\frac{1}{|\bar{x} - \xi|} \frac{\partial^2 f}{\partial \xi_i \partial \xi_j} = \frac{\partial^2}{\partial \bar{x}_i \partial \bar{x}_j} \frac{f}{|\bar{x} - \xi|} + \frac{\partial^2}{\partial \bar{x}_i \partial \xi_j} \frac{f}{|\bar{x} - \xi|} + \frac{\partial}{\partial \xi_i} \frac{\frac{\partial f}{\partial \xi_j}}{|\bar{x} - \xi|}$$

$$\sigma_1(\bar{x}, \bar{\tau}) = \frac{1}{4\pi} \left\{ \frac{\partial^2}{\partial \bar{x}_i \partial \bar{x}_j} \int_V \frac{\bar{v}_i^{(0)} \bar{v}_j^{(0)}}{|\bar{x} - \xi|} \mathrm{d}\xi + \frac{\partial}{\partial \bar{x}_i} \int_V \frac{\partial}{\partial \xi_j} \frac{\bar{v}_i^{(0)} \bar{v}_j^{(0)}}{|\bar{x} - \xi|} \mathrm{d}\xi + \right.$$

$$\left. \int_V \frac{\partial}{\partial \xi_j} \frac{\frac{\partial \bar{v}_i^{(0)} \bar{v}_j^{(0)}}{\partial \xi_j}}{|\bar{x} - \xi|} \mathrm{d}\xi + \int_S \left[\frac{1}{|\bar{x} - \xi|} \frac{\partial}{\partial n} - \sigma_1(\xi) \frac{\partial}{\partial n} \frac{1}{|\bar{x} - \xi|} \right] \mathrm{d}S \right\}$$

$$(1.36)$$

对方程(1.36)稍作变换可以得到

$$\sigma_1(\bar{x}, \bar{\tau}) = \frac{1}{4\pi} \left\{ \frac{\partial^2}{\partial \bar{x}_i \partial \bar{x}_j} \int_V \frac{\bar{v}_i^{(0)} \bar{v}_j^{(0)}}{|\bar{x} - \xi|} \mathrm{d}\xi + \frac{\partial}{\partial \bar{x}_i} \int_S l_j \frac{\bar{v}_i^{(0)} \bar{v}_j^{(0)} + \sigma_1(\xi)\delta_{ij}}{|\bar{x} - \xi|} \mathrm{d}S + \right.$$

$$\left. \int_S l_i \frac{1}{|\bar{x} - \xi|} \frac{\partial}{\partial \xi_j} [\bar{v}_i^{(0)} \bar{v}_j^{(0)} + \sigma_1(\xi)\delta_{ij}] \mathrm{d}S \right\} \qquad (1.37)$$

方程组(1.1)中动量守恒可以近似如下：

$$\frac{\partial \bar{v}_i^{(0)}}{\partial \bar{\tau}} + \frac{\partial}{\partial \xi_j} [\bar{v}_i^{(0)} \bar{v}_j^{(0)} + \sigma_1(\xi)] = 0 \qquad (1.38)$$

联立方程(1.35)、方程(1.37)可以得到

$$\sigma_1(\bar{x},\bar{\tau})=\frac{1}{4\pi}\left[\frac{\partial^2}{\partial\bar{x}_i\partial\bar{x}_j}\int_V\frac{\bar{v}_i^{(0)}\bar{v}_j^{(0)}}{|\bar{x}-\xi|}d\xi+\frac{\partial}{\partial\bar{x}_i}\int_S l_j\frac{\bar{v}_i^{(0)}\bar{v}_j^{(0)}+\sigma_1(\xi)\delta_{ij}}{|\bar{x}-\xi|}dS-\right.$$

$$\left.\frac{\partial}{\partial\bar{\tau}}\int_S l_i\frac{\bar{v}_i^{(0)}}{|\bar{x}-\xi|}dS\right]\tag{1.39}$$

对于亚声速喷流$\left(Ma=\dfrac{V_j}{a_0}<1\right)$，如果声源呈紧凑型分布，则$L=Ma\lambda$，引入如下无量纲外部变量：

$$\tilde{x}_i=\frac{x_i}{\lambda},\quad\tilde{v}_i=\frac{v_i}{a_0},\quad\tilde{\tau}=\bar{\tau}=\frac{tc_0}{\lambda},\quad\tilde{a}=\frac{a}{a_0},\quad Ma<1\tag{1.40}$$

利用外部变量，方程(1.10)可以写成如下无量纲方程：

$$\frac{\partial^2 h}{\partial\tilde{\tau}^2}-\Delta h=\frac{\partial^2 h\tilde{v}_i^{(0)}\tilde{v}_j^{(0)}}{\partial\tilde{x}_i\partial\tilde{x}_j}+\frac{\partial}{\partial\tilde{x}_i}(\tilde{a}^2-1)\frac{\partial h}{\partial\tilde{x}_i}\tag{1.41}$$

相应外部解近似展开如下：

$$\left.\begin{array}{l}h(\tilde{x},\tilde{\tau},Ma)=1+\Delta_1(Ma)h_1(\tilde{x},\tilde{\tau})+\Delta_2(Ma)h_2(\tilde{x},\tilde{\tau})+\cdots\\\tilde{v}_i(\tilde{x},\tilde{\tau},Ma)=\Delta_1(Ma)\tilde{v}_i^{(1)}+\Delta_2(Ma)\tilde{v}_i^{(2)}+\cdots\\\tilde{a}^2(\tilde{x},\tilde{\tau},Ma)=1+\Delta_1(Ma)\tilde{a}_1^2+\cdots\end{array}\right\}\tag{1.42}$$

当$Ma\to0$时，$\tilde{x}$、$\tilde{\tau}$固定，函数$h_1(\tilde{x},\tilde{\tau})$满足齐次波动方程：

$$\frac{\partial^2 h_1}{\partial\tilde{\tau}^2}-\Delta h_1=0$$

一般而言，齐次波动方程远场解($|\tilde{x}|\gg1$)为从声源到介质且从内向外传播的球对称波。

$$h_1(\tilde{x},\tilde{\tau})=\frac{1}{4\pi|\tilde{x}|}H(\tilde{\tau}-|\tilde{x}|)\tag{1.43}$$

其中$H(\tilde{\tau}-|\tilde{x}|)$为任意二次可微函数。

考虑到内部、外部展开相一致，我们可以将方程(1.39)用外部变量重新写成如下形式$\tilde{x}=M\bar{x}$：

$$Ma^2\sigma_1(\tilde{x},\tilde{\tau})=\frac{Ma^2}{4\pi}\left[Ma^2\frac{\partial^2}{\partial\tilde{x}_i\partial\tilde{x}_j}\int_V\frac{\bar{v}_i^{(0)}\bar{v}_j^{(0)}}{|\tilde{x}Ma^{-1}-\xi|}d\xi+\right.$$

$$\left.Ma\frac{\partial}{\partial\tilde{x}_i}\int_S l_j\frac{\bar{v}_i^{(0)}\bar{v}_j^{(0)}}{|\tilde{x}Ma^{-1}-\xi|}dS-\frac{\partial}{\partial\tilde{\tau}}\int_S\frac{l_i\bar{v}_i^{(0)}}{|\tilde{x}Ma^{-1}-\xi|}dS\right]\tag{1.44}$$

当$Ma<1$时，方程(1.44)可以简化为

$$Ma^2\sigma_1(\tilde{x},\tilde{\tau})=\frac{1}{4\pi}\left[Ma^5\frac{\partial^2}{\partial\tilde{x}_i\partial\tilde{x}_j}\frac{1}{|\tilde{x}|}\int_V\bar{v}_i^{(0)}\bar{v}_j^{(0)}d\xi-Ma^4\frac{\partial}{\partial\tilde{x}_i}\frac{1}{|\tilde{x}|}\frac{\partial}{\partial\tilde{\tau}}\int_S\bar{v}_i^{(0)}dS-\right.$$

$$\left.\frac{Ma^3}{|\tilde{x}|}\frac{\partial}{\partial\tilde{\tau}}\int_S l_i\bar{v}_i^{(0)}dS\right]\tag{1.45}$$

20

将方程(1.43)外部解与三项内部展开(方程(1.45)中 Ma^3、Ma^4、Ma^5)相匹配，得到

$$\Delta_1(Ma)h_1(\tilde{x},\tilde{\tau}) = \frac{Ma^5}{4\pi}H^{(1)} + \frac{Ma^4}{4\pi}H^{(2)} + \frac{Ma^3}{4\pi}H^{(3)} \tag{1.46}$$

其中

$$H^{(1)} = \frac{\partial^2}{\partial\tilde{x}_i\partial\tilde{x}_j}\frac{1}{|\tilde{x}|}\int_V [\overline{v}_i^{(0)}\overline{v}_j^{(0)}]\cdot \mathrm{d}\xi$$

$$H^{(2)} = \frac{\partial}{\partial\tilde{x}_i}\frac{1}{|\tilde{x}|}\int_S l_i [\overline{v}_i^{(0)}\overline{v}_j^{(0)}]\cdot \mathrm{d}S$$

$$H^{(3)} = -\frac{1}{|\tilde{x}|}\frac{\partial}{\partial\tilde{\tau}}\int_S l_i [\overline{v}_i^{(0)}]\cdot \mathrm{d}S$$

符号'[　]•'表示滞后时间，代入相关物理量，相应解表示为

$$\frac{\rho-\rho_0}{\rho_0} = \frac{1}{4\pi a_0^2}\left\{\frac{\partial^2}{\partial x_i\partial x_j}\frac{1}{|x|}\int_V [v_i^{(0)}v_j^{(0)}]\cdot \mathrm{d}\xi + \frac{\partial}{\partial x_i}\frac{1}{|x|}\int_S l_j [v_i^{(0)}v_j^{(0)}]\cdot \mathrm{d}S - \right.$$

$$\left. \frac{1}{|x|}\frac{\partial}{\partial t}\int_S l_i [v_i^{(0)}]\cdot \mathrm{d}S\right\} \tag{1.47}$$

在远场，方程(1.47)简化为

$$\frac{\rho-\rho_0}{\rho_0} \approx \frac{1}{4\pi a_0^4}\frac{x_i x_j}{|x|^3}\int_V \frac{\partial^2 v_i^{(0)}v_j^{(0)}}{\partial\tau^2}\mathrm{d}\xi + \frac{1}{4\pi a_0^3}\frac{x_i}{|x|^2}\int_S l_j \frac{\partial}{\partial\tau}(v_i^{(0)}v_j^{(0)}+\sigma_1\delta_{ij})\mathrm{d}S - $$

$$\frac{1}{4\pi a_0^2 |x|}\int_S l_i \frac{\partial v_i^{(0)}}{\partial\tau}\mathrm{d}S \tag{1.48}$$

式(1.48)中，相应展开第 1 项为四极子声源，第 2、3 项分别表示喷流和外部介质的相互作用，包括喷流喷口表面影响及其他噪声抑制措施。

合成展开可以类比通过匹配内部、外部展开的标准方法得到。

对于无边界流体(忽略热传导、粘滞应力和 S 表面的刚体边界[16])，依据方程(1.10)，可以得到等温喷流声源为四极子声源。如果对方程(1.11)有 $\dfrac{\partial^2 v_i^{(0)}v_j^{(0)}}{\partial\tilde{x}_i\partial\tilde{x}_j}=0$，则可以得到区域 $V(\xi)$ 中湍流产生气动噪声辐射效率小于式 $Ma^2\sigma_1$ 表示的声源辐射。多极子气动声源效率会随着极子级数的增加而减小，除去平凡解 $\overline{v}_i^{(0)}=0$，还存在满足一定条件的气动场，对笛卡儿坐标系 (x,y,z) 有

  1 $v_x^{(0)}(t),v_y^{(0)}(x,t),v_z^{(0)}(x,y,t)$

  2 $v_x^{(0)}(t),v_y^{(0)}(x,z,t),v_z^{(0)}(x,t)$

  3 $v_x^{(0)}(y,z,t),v_y^{(0)}(t),v_z^{(0)}(x,y,t)$

  4 $v_x^{(0)}(y,t),v_y^{(0)}(t),v_z^{(0)}(x,y,t)$

  5 $v_x^{(0)}(z,t),v_y^{(0)}(x,z,t),v_z^{(0)}(t)$

$$6 \quad v_x^{(0)}(y,z,t), v_y^{(0)}(z,t), v_z^{(0)}(t)$$

在极坐标系(r,φ,z)中有

$$7 \quad v_r^{(0)}=0, v_\varphi^{(0)}(r), v_z^{(0)}(r,\varphi,t)$$

$$8 \quad v_r^{(0)}=0, v_\varphi^{(0)}(r,z,t), v_z^{(0)}(r,t)$$

对于柱坐标系$\{x=r\sin(\theta), y=[l+r\cos(\theta)]\cos(\varphi), z=[l+r\cos(\theta)]\sin(\varphi)\}$有

$$9 \quad v_r^{(0)}=v_\theta^{(0)}=0, v_\psi^{(0)}(r,\theta,t)$$

对抛物面坐标系$\left\{x=sp\cos(\varphi), y=sp\sin(\varphi), z=\dfrac{1}{2}(s^2-p^2)\right\}$有

$$10 \quad v_s^{(0)}=v_p^{(0)}=0, v_\varphi^{(0)}(s,p,t)$$

对球面极坐标系$\{x=\alpha\cos(s)sh(p)\cos(\varphi), y=\alpha\cos(s)sh(p)\sin(\varphi), z=\alpha\sin(s)ch(p)\}$有

$$11 \quad v_s^{(0)}=v_p^{(0)}=0, v_\varphi^{(0)}(s,p,t)$$

对扁球面坐标系$\{x=\alpha\sin(s)sh(p)\cos(\varphi), y=\alpha\sin(s)ch(p)\sin(\varphi), z=\alpha\cos(s)sh(p)\}$有

$$12 \quad v_s^{(0)}=v_p^{(0)}=0, v_\varphi^{(0)}(s,p,t)$$

通过改变喷口的形状可以得到不同类型形状的流体，这可能会降低自由喷流的声辐射，锯齿形喷口或螺旋喷流就是最好的例子。

喷流噪声降噪的核心技术在于用最小的喷流推力损失（小于$3\%\sim5\%$）降低噪声辐射，从1955年到1980年间，锯齿形喷口已经被应用于很多民用飞机上，现代飞机则运用了这些喷口的衍生设计[12]。实际上同轴气流设计同样有助于降低噪声（内外涵道喷流和涡轮风扇发动机设计中都会用到这种方法）。

当同轴喷流中气流结构被改变时，喷流速度下降，同样下降的还有速度梯度，这些会有助于降低喷流噪声。图1.16显示了对于不同无量纲参数$\left(\bar{d}=\dfrac{d_2}{d_1}, \bar{u}=\dfrac{u_2}{u_1}\right)$同轴喷流声功率级$W_{cj}$和喷流声功率级$W_1$之间的比例关系。

$$\Delta L_W = 10\lg\frac{W_{cj}}{W_1}$$

当$\bar{u}=1$时，求解方程(1.17)（四极子声源）可以得到声功率级W_{cj}。当$\bar{d}\geqslant4$且$\bar{u}\leqslant0.3$时，同轴声辐射主要取决于两个喷流的相互作用。图1.16中的虚线表示$\Delta L_w=8\lg(1-\bar{u})$。当$\bar{d}\approx5$且$\bar{u}\in[0.3,0.4]$时，噪声大约可以降低10 dB。

冷同轴喷流的声功率级$L_{W_{cj}}$可以通过下式表示：

$$L_{W_{cj}}=L_{W_1}+\Delta L_{W_{cj}}, \quad \Delta L_{W_{cj}}=\sum_{i=0}^{i=5}\sum_{j=0}^{j=2}a_{ij}\bar{u}^i\bar{d}^j$$

其中L_{W_1}为主喷流声功率级，系数a_{ij}取值如表1.5所示（$0\leqslant\bar{u}\leqslant1, 1.7\leqslant\bar{d}\leqslant6.3$）：

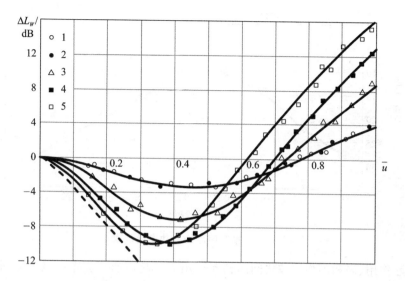

同轴喷流可以用第一直径 d_1 和第二直径 d_2 来表示：1—d_1＝30 mm，d_2＝50 mm；

2—d_1＝18 mm，d_2＝30 mm；3—d_1＝18 mm，d_2＝50 mm；4—d_1＝12 mm，

d_2＝50 mm；5—d_1＝8 mm，d_2＝50 mm. 虚线表示 $80\lg(1-\bar{u})$

图 1.16　同轴喷流剩余噪声（和单一喷流相比）和相对速度 $\bar{u}$ 的关系

表 1.5　近似系数 a_{ij} 的值

j	i					
	0	1	2	3	4	5
0	0.166 7	−13.416	246.8	−673.0	648.213	−214.3
1	−0.163 8	13.052	−234.69	590.416	−516.959	154.714
2	0.016	−1.511 4	19.774	−39.586	24.837	−3.995

为了研究抽吸喷流效应，我们在消声室中使用了不同形状的喷口（如图 1.15（b）所示）。喷口吸力所产生的声功率级可以用下式表示：

$$W_s = K_s (1-M_s)^2 u_s^6 S_1 \rho c^{-3}$$

其中 u_s 和 Ma_s 分别表示喷口最狭窄的截面处的速度和马赫数，$(1-Ma_s)^2$ 为考虑声对流效应而引入的因子，S_1 为喷口最狭窄处的截面面积（d_s 为截面有效直径），K_s＝$1.895\ 8 \times 10^{-5}$，相应的声功率级谱从下式得到：

$$L_w(f) = 10\lg W_s + \Delta L_w(f) + 120$$

其中 $\Delta L_w(f)$ 为图 1.17 中的修正谱值（其中横轴为斯托拉赫数 Sh 和马赫数 Ma 的乘积，$Sh \times Ma = f \times d_s/c$）。

超声速喷流噪声是不同机理共同作用的结果，包括涡之间的相互作用、涡和冲击

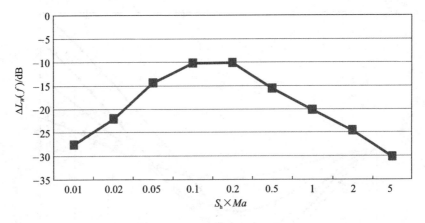

图 1.17　抽吸喷流的声功率级谱线

波的相互作用、涡和不稳定波之间的相互作用等。超声速喷流噪声谱可能同时包含宽带和离散部分,对于不完全膨胀的超声速喷流,典型特征之一就是波系结构中的噪声辐射,啸叫也在这种情况下产生。对于完全膨胀的喷流,尖叫消失,喷流内部的湍流混合产生宽带噪声。对于高斯托拉赫数,宽带噪声主要来自喷流中振荡波和冲击波之间的相互作用。对于较低或适中雷诺数的超声速气流,实验发现大尺度相干结构会影响噪声排放。

　　为了预测螺旋桨噪声、桨扇噪声、转子噪声、涡轮噪声和机体噪声,我们经常会对移动曲面应用 Ffowcs Williams & Hawkings(FW - H)方程[17]。

$$\frac{1}{a^2}\frac{\partial^2 p}{\partial t^2} - \Delta p = \frac{\partial}{\partial t}\left[\rho_0 v_n \delta(f)\right] - \frac{\partial}{\partial x_i}\left[l_i \delta(f)\right] + \frac{\partial^2}{\partial x_i \partial x_j}\left[T_{ij}H(f)\right] \quad (1.49)$$

其中 $\delta(f)$ 是狄拉克函数,$f=0$ 给出移动曲面方程,l_i 为表面力的第 i 个分量,T_{ij} 为莱特希尔张量。方程(1.49)右边包括三种声源:第 1 项为厚度噪声(单极子声源),第 2 项为负载声源(偶极子声源),第 3 项为四极子声源。对于亚声速运动,方程(1.49)的积分形式可以用 Farassat 公式表示(忽略四极子声源的贡献)[18]。

$$4\pi p = \frac{1}{a}\int_{f=0}\left[\frac{l_i r_i}{r(1-Ma_r)^2}\right] \cdot \mathrm{dS} + \int_{f=0}\left[\frac{l_r - l_i Ma_i}{r^2(1-Ma_r)^2}\right] \cdot \mathrm{dS} +$$

$$\frac{1}{a}\int_{f=0}\left[\frac{l_r(r\dot{Ma_i}r_i + aMa_r - aMa^2)}{r^2(1-Ma_r)^3}\right] \cdot \mathrm{dS} +$$

$$\int_{f=0}\left[\frac{\rho_0 v_n(r\dot{Ma_i}r_i + aMa_r - aMa^2)}{r^2(1-Ma_r)^3}\right] \cdot \mathrm{dS} \quad (1.50)$$

其中马赫数 $\left(Ma_i = \dfrac{v_i}{a}\right)$ 和 l_i 上的点表示相应变量对 t 取导数。v_i 表示移动曲面的局部速度,Ma_r 表示从观察者方向上的声源的马赫数。

对涡轮螺旋桨发动机,螺旋桨是主要噪声源。随着螺旋桨桨叶周期性扫过周围空气介质,导致一定体积空气周期性运动,产生厚度噪声;负载噪声是拉力和阻力共同作用致使压力场波动的结果。螺旋桨噪声谱同时包括宽带噪声和谐波噪声。谐波噪声频率为 $f_k=nzk$,其中 $n=1,2,\cdots,n$ 表示转速,z 表示桨叶数量。如果桨叶数量较少,则对于亚声速的桨叶速度,噪声主要取决于谐波噪声的前两项。对于这样的螺旋桨,宽带噪声要比基频谐波噪声低 10 dB。因为螺旋桨叶尖速度是一个非常重要的参数,在相应降噪中降低叶尖速度成为了非常重要的措施之一。对于低转速(小于240 m/s)的螺旋桨,增加桨叶数目同样可以降低噪声。对于螺旋桨本身,桨叶厚度的减小可以降低厚度噪声,大直径多叶片可以降低负载噪声,叶片扫过的面积增大可以降低四极子声源的影响。在保持推力不变的情形下,增加螺旋桨直径可以降低叶尖速度从而降低负载噪声。对螺旋桨飞机,舱内噪声的降低还可以通过机身两侧螺旋桨的反相位旋转来实现(同步定相),这种情况下,反向波设计可以消除噪声。

如图 1.18 所示,对直升飞机而言,主要噪声源是气动噪声和机械噪声。气动噪声包括旋翼、尾桨和发动机的汽轮机产生的噪声,机械噪声包括齿轮箱和变速装置产生的噪声。机械噪声源产生的主要是高频噪声,会在大气中迅速衰减;旋翼噪声则成为脉冲噪声源。

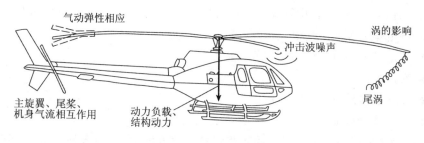

图 1.18 直升机噪声源

直升机(如只有一个主旋翼)噪声频谱包括纯音和宽带噪声,其中主旋翼和尾桨形成离散的周期性噪声频谱,宽带噪声则主要来源于桨叶和周围空气中湍流的相互作用和桨叶本身所产生的尾涡。图 1.19 展示了典型的直升机噪声谱线。

决定直升机转子旋转噪声的主要参数是叶尖速度,降低相应的叶尖速度是降低噪声排放首先需要考虑的。对于旋翼在亚声速范围内的单旋翼直升机而言,降低脉冲噪声强度还可以通过叶尖特殊设计实现(使之变薄、变细或用其他方式增加掠过面积)。对尾桨而言,增加桨叶数量、变细转子叶尖或者增加保护罩等都是降噪的好办法。

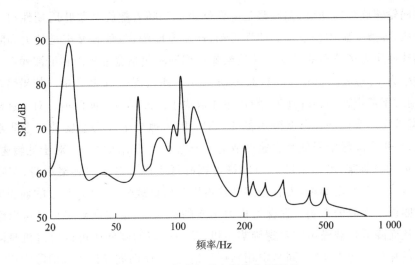

图 1.19 直升机噪声频谱典型形状

1.4 飞机噪声评估标准和降噪方法

为了评估在飞机运行中降噪措施的有效性，一般使用如下几个判断标准：[19-24]

● 特定噪声等值曲线中包含的人数；

● 特定噪声等值曲线的物理范围；

● 噪声投诉数量；

● 噪声暴露预报累计时间；

● 噪声暴露预报数。

如何将飞机噪声影响降到最低涉及到系统地方法论，包括多种技术、生态、经济和社会因素的评估。"最小噪声影响"的评价标准很严而其中最为重要的任务是其结构细化。比如，一些优化标准将决定了低噪声飞机运行参数。

飞机噪声影响包括交谈干扰、睡眠干扰及相关的生理、心理和社会问题。由飞机噪声所引起的不适包括声学因素，也包括非声学的因素，后者包括对于飞机可能坠落的恐惧、潜在利益、防护有效性、弥补的可能性、对噪声的敏感度等。

对于飞机噪声影响的评估除了选择相关的飞机噪声指数外，噪声源描述、飞行程序、受影响的机场员工和乘客反应的详细情况也是非常有必要考虑的。其中健康规范、飞行安全、飞机运营和维护的经济性等需求起主要作用。

飞机噪声引起的不适是由多个因素决定的，包括声强、频率范围、持续时间和重复特性等，以及个人噪声敏感度和一天中的累计时间。在不同范围内，对噪声的评价指标因相应区域重视因素及其数学结构不同而不同。表 1.6 列出了经常使用的一些飞机噪声评价指标。

表 1.6 飞机噪声评价指标

符 号	含 义	单 位	音调调整	持续因素	事件重复因素	持续时间或时间周期
L_A	A计权声级	dBA				
PNL	感知噪声水平	PNdB				
PNLT	音调校正感知噪声水平	TPNdB	•			
EPNL	有效噪声水平	EPNdB	•	•		飞机经过时
$L_{Aeq,24h}$	A计权平均声级	dBA		•	$10\lg N$	24 小时
DNL	昼夜声级	dBA			$10\lg N$	2 个周期
NEF	噪声暴露预测值	PNdB	•		$10\lg N$	2 个周期
NNI	噪声与数字指数	PNdB			$15\lg N$	取决于用途
WECPNL	等效计权连续感知噪声水平	EPNdB	•	•	$10\lg N$	2 个周期
CNR	复合噪声等级	PNdB			$10\lg N$	2 个周期
CNEL	社区噪声等效水平	dBA		•	$10\lg N$	3 个周期
B	Kosten 单位噪声负荷	dBA			$20\lg N$	飞机经过时
DENL	(欧洲报告)噪声暴露值	dB		•	$10\lg N$	3 个周期
$L_{eqnight}$	夜间总噪声暴露值	dB		•	$10\lg N$	夜间 8 小时

评估环境噪声问题的模型和方法给予噪声暴露评价,相应指标也被运用在相关国家或国际噪声控制的规章和标准中,这些评价在结构和基本使用方法上彼此存在差异,如表 1.7 所列。

表 1.7 用于评估飞机噪声影响的噪声标准

飞机噪声参数	描述 A 计权噪声响度的参数	使用干扰方法来描述感知噪声的参数
随时间变化的最大值	L_{Amax}	PNL$_{max}$(PNLTM)
有效水平	LAX,SEL	EPNL
等效水平	L_{Aeq}	ECPNL
时间加权水平	DNL	WECPNL
噪声暴露指数	TNI,NII	NEF,NNI
受噪声影响的人口数量或者百分比	p[%](Shultz 关系)	ICAO 的 π 函数

国际民航组织规定,对飞机作噪声鉴定时,应以 LEPN 为度量指标。另一方面,考虑到 A 计权的频率响应与人耳对声音的灵敏度相当,等效 A 声级(L_{Aeq})也在评价中被广泛使用。此外,飞机噪声显著影响噪声范围内被强烈打扰的人数的百分比 p 也是噪声影响整体评价的重要物理量,一些国家相关标准的运用主要基于著名的舒尔茨关系[5]。后者在特定情形中对噪声问题替代措施有效性的评价是非常方便的。

例如,在保护区域内,随着噪声级别的提高,居民噪声保护的单价费用也会相应提高。

对于任何可能的噪声保护总费用可以用公式(1.51)来估计:

$$CNP = \sum_k UCNP_k(L_{Aeq})p(L_{Aeq})P_kS_k \qquad (1.51)$$

$$S = \sum_k S_k, \quad k = 1, N$$

其中 P_k 表示居住在第 k 个噪声控制区域 S_k 中的人数,区域边界是由噪声控制标准值来定义的,比如 L_{Aeq}。

此外,噪声水平定义的噪声等值曲线区域 S(比如,由国家规章确定)可以由如下公式得出:

$$S = \sum_k S_k, \quad k = 1, N$$

对于噪声标准等值曲线而言,EPNL 值一般取 100 或 90EPN dB,等效 A 计权声级 L_{Aeq} 则一般取值为 75 和 65 dBA。相应区域 S 与监测点 EPNL 值之间的相关性也很好。

CAEP/5 还建议用昼夜等效声级(L_{dn})评价特定区域中居民被噪声影响的程度。相应的阈值包括两个:"显著暴露"即 $L_{dn}=55$ dB 和"高暴露"即 $L_{dn}=65$ dB(也称作更高的噪声协调指标,这是欧盟降噪政策中非常重要的一个参量),欧盟委员会还曾提出过评价指标应遵循的如下准则[1,5]:

● 有效(和实际影响的关系);

● 实用(容易通过可获得的数据进行计算或方便测量);

● 简明(方便解释且物理量之间的关系清楚);

● 强制(当评估变化或超过限制时可以使用相应指标);

● 稳定、一致和相容。

使用噪声指标的目的是将大量信息表示为单个噪声度量值,因此,噪声源自身的相关贡献信息可能会丢失。评估对噪声的反应一般分为五个步骤。第一步,将频谱简化为单个值(使用 A−、B−、C−、D−计权,PNdB 或 Zwicker/Stevens 响度级)。第二步,对相应单个值评估相应事件的能量累积(比如 L_{AX})或最大水平(L_{Amax})。第三步,引入相关事件每天发生的数量(白天、傍晚、夜间),目标时间内相关事件的能量累积(例如 L_{Aeq}, t)。第四步,对不同时间(最简单的是 24 h)内的计权因子累积,某些情况下会对傍晚或晚上取值进行修正。第五步,通过能量累积或平均的方式获得长期影响评估。

具体涉及到如下指标:[23]

● 考虑人自身反应的噪声暴露水平(如 A−、B−、C−、D−计权总声压级、PNL 等);

● 同时考虑噪声暴露水平和事件持续时间的有效感知噪声级(如 EPNL);

● 考虑到噪声水平随时间变化以及每个指定时间段内的飞行次数的噪声指数

（如 L_{Aeq}、LDN、NEF、NNI、N、CNEL、WECPNL）；
- 噪声评判准则,同时考虑噪声水平随着时间的变化,每个指定时间段的飞行次数以及人体对飞机噪声的反应(如受噪声影响的人口数量或者百分比)。

另一种方法是应用如图 1.20 所示的噪声影响评级,轴线上的值代表特定噪声指数或对应等级,这种方法中区分不可接受和可接受程度之间的边界(O 点)是非常重要的。相关评级方法也是飞机降噪平衡考虑的重要参考。

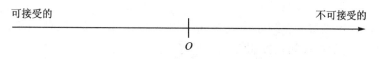

图 1.20　一维噪声忍受度结构图

一些噪声控制任务也分解为复合任务,比如机场附近的机队规划。首先,对每一架飞机分解,需要合理规划飞行程序以使起飞或进场噪声保持在较低水平(比如控制 EPNL)。其次,通过高标准的阈值进行整体优化(比如在一定区域内引入噪声等值曲线,即相应区域内 EPNL 等于定值)。

1.5　噪声影响的控制

飞机噪声问题可以通过以下几种方式控制:政府发布飞机噪声控制的政策法规;飞机主制造商使用降噪航空设备;把噪声影响控制在一定区域内;在局部地区如机场周围执行降噪飞行程序。降噪飞行程序是由航空公司与飞机主制造商协商制定的,同时也必须满足机场所在地政府或国家的安全,由国家民用航空管理部门和/或民用航空安全管理部门批准。[16]因此,降噪飞行程序是航空公司、机场和民用航空管理部门共同协作的结果。

飞机噪声控制手段包括声源噪声控制、传递路径降噪、低噪声起飞,以及进场飞行程序、航路飞机分布优化和土地使用规划等。降噪措施可以在从设计到退役的飞机全生命周期的任何阶段实施。

随着亚声速飞机噪声限制日趋严格,越来越多的措施被纳入国际民航组织降噪计划,包括逐步淘汰 2 代飞机、基于噪声的飞行运行限制、噪声源抑制、土地使用规划和降噪飞行程序等。包括 ICAO、ECAC 在内的国际组织和航空企业一起制定和实施环境条例。

世界卫生组织(WHO)数据显示,近些年来,环境噪声的影响正在不受控制地加剧。欧盟(EU)已经有针对性地制定了战略目标——防止未来几年内受噪声影响的人数增加。事实上,在欧盟长期环保计划中的第 6 个行动项正是减少暴露在高噪声水平下的人的数量。

欧洲 X - NOISE 项目中 SILENCER(R)部门第五项框架计划在 10 年内降低 10EPNDB 的噪声影响。噪声源降噪的关键技术包括发动机设计(风扇、压气机、涡轮、磁芯、喷流、短舱等的降噪)、机身和安装优化的应用等。飞机层面的集成降噪措施则包括噪声源抑制和降噪飞行程序等。

飞机噪声管理包括噪声暴露仿真、环境法规、土地使用规划、噪声监测和空中交通管制等,具体包括:

- 通过新技术降低飞机噪声源噪声(如使用大涵道比发动机或涡轮机械降噪);
- 特殊操作措施(如起飞时的发动机节流、低耗低阻进场、连续下降进场、延迟襟翼和起落架收放等);
- 机场区域飞机的合理布局规划(优化跑道操作、优化航线、使用噪声更小的飞机(尤其是在夜间)、控制飞机数量等);
- 在机场附近的高噪声区域内施行建筑限制并加入噪声抑制措施;
- 对机场附近噪声实施监控和有效监管。

空中交通噪声管理的核心在于机场噪声预测,包括噪声暴露方针、降噪策略制定、在各种运行条件下考虑传播途径后的飞机噪声认定、机场环境改造和飞机噪声监测。机场噪声预测需要考虑诸多因素,包括航线设置、机队结构、飞机噪声特性、飞机重量和飞行剖面、飞行剖面上的飞机数量、时刻表和运行情况、大气参数,以及声音在大气、地表及机场周围地形中的传播特性等。

机场环境改造存在一些不可避免的限制,如限制运行飞机数量、禁止高噪声飞机运行、特殊飞行操作和机场区域飞机的合理分布等。表1.8对飞机降噪措施进行了总结。

表 1.8　降噪方法的分类

类　别	噪声控制措施	飞机及设备的操作						
		滑行	起飞	降落	侧滑	巡航	爬升	地面设备
飞机噪声的产生	国际民航组织规定卷1附录16中的标准和建议方法		•	•				
飞机噪声的传输	国家排放标准,噪声监测	•	•	•			•	•
机场计划	调整跑道方向、跑道长度	•	•	•	•	•		
	调整跑道位移的阈值			•	•			
	建造高速滑行道	•			•			
	改造航站楼							•
	使用消音器或者隔音屏障对飞机助跑区域进行隔离	•						•

续表 1.8

类　别	噪声控制措施	飞机及设备的操作						
		滑行	起飞	降落	侧滑	巡航	爬升	地面设备
合理使用机场区域和机场附近空域	在优选的跑道上操作	•	•	•	•	•		
	优先考虑低噪声飞行操作或对飞行程序中的起飞和降落进行调整		•	•				
	限制飞机滑行	•						
	设定飞机滑行时发动机的助跑限制						•	
	对不同类型的飞机作业强度进行限制		•	•				
	禁止高噪声飞机,限制夜间飞行		•	•		•		
	增加滑道倾角或滑道入口高度			•				
	低阻力状态下飞机噪声的减小			•				
飞机操作	对发动机、襟翼展开和飞行速度的控制			•	•			
	反推力限制				•			
土地使用规划	机场附近土地用途的转让	•	•	•	•	•		•
	有目的性的机场发展	•	•	•	•	•		•
	在机场附近划分区域	•	•	•	•	•		•
	遵守国家建筑规范和良好的住宅隔音标准		•	•	•	•		•
制订降噪计划	包含噪声系数的着陆费用计算	•	•	•	•	•		•
	有关噪声的居民投诉调查	•	•	•	•	•		•
	实现自动化噪声监测系统	•	•	•	•	•		•

对于降噪而言,区分噪声的发射和排放是非常必要的,前者指接受者在噪声源作用区域内所受噪声的影响,后者则重点描述噪声源噪声的辐射。有效的噪声排放是考虑传递路径作用后标准化的噪声发射。

国际上和一些国家对不同工作区噪声有标准文件,这些要求定义了噪声控制措施并且规定了单个声源的噪声水平。相关文件主要包括 5 组,第一组确定控制量、量纲系统和相关区域的噪声水平限制(如机场附近的住宅和公共建筑),第二组确定工作区噪声的测量方法,第三组建立了噪声源测量方法(如发动机和航空设备),第四组建立了降噪装置(如消声器和噪声屏障)的有效性验证方法及程序,第五组规定了降噪装置和隔音材料的性能要求。

出台相关标准文件的组织包括国际标准化组织(ISO)、国际电工委员会(IEC)、

ICAO、WHO 和其他组织。相关标准可以归为健康和技术两类，健康标准规定在对人影响不大的情况下的噪声限制，技术标准规定采取可实现的降噪方法后特定声源最大的噪声水平。健康标准确定必要的噪声衰减，技术标准则规定了设备能达到的噪声水平。

关于噪声控制、降低和减缓的相关政策法规是航空产业相关水平和机场周围噪声影响最小化平衡作用的结果。在过去 25 年中，飞机噪声水平评价和认定已经取得了长足的进步，这些必须归功于 ICAO 关于噪声标准严格而长期的战略规划。2001 年1 月，CAEP-5 建议采用新的、更严格的噪声审定标准，相关建议已经转交国际民航组织理事会做最后决定。在新的标准中包含三个测量点（起飞、到达和沿跑道一侧），要求三个测量点的声压级总和低于当前第 3 章相关标准 10 EPNdB。

在国家层面，噪声控制措施可以包括一般环境立法、噪声配额和配额限制、飞行程序优化、土地使用计划、噪声敏感建筑禁止立法和噪声监测体系。

在局部地区层面，噪声控制措施可以包括飞过某一区域的飞机的噪声限制、噪声排放限制、对特定噪声等值曲线内居民数量的限制和环境审计。

在机场附近，噪声控制措施可以包括基于飞机噪声的区域划分和土地使用规划、夜航架次限制、噪声收费、优化飞行操作、停机坪布局优化、设置噪声屏障、发动机试车场所建设和考虑机场周边生态的其他行动计划。

对航空公司而言，措施包括机队规划、关于降噪飞行程序的机组培训等。

1.6　飞机噪声规章和标准

由于噪声是航空运输的主要环境影响之一，是航空运输的支配性影响因素之一，是航空运输的持续增长的主要制约，因此噪声问题比任何其他航空环境问题都受到了更多的监管和技术关注。其中一个最重要的影响因子是烦恼度，表示受影响的人数，相关量级可以通过结构化的实地调查来确定。烦恼度与诸多影响密切关联，如人们需要关闭窗户以保证睡眠，相关噪声还会干扰通信、电视、广播或音乐等。此外，噪声还会造成一些比较明显的生理影响，如高血压、神经衰弱、心血管疾病和听力损伤等，尽管后者仅涉及较少部分人。噪声还会对儿童学习能力造成负面影响。很显然，噪声烦恼度的提升会引起生活质量的下降。这种影响是现实存在的，在欧洲，至少25％的人暴露在 A 计权声压级超过 65 dB 的交通噪声水平，这个值在许多国家都是不可接受的，其中有 5％～15％的人因遭受严重的噪声影响而引起睡眠障碍。[20]尽管这些估计存在一定程度的不确定性，但毫无疑问，噪声问题在欧洲是普遍存在的。

飞机、公路交通和铁路在欧洲是最重要的环境噪声来源。[21,22]但与此同时，对局部地区而言，起支配作用的却可能是其他类型的声源，如工厂噪声、住宅噪声或休闲区噪声。在特定生活环境中，如家中、家周围、公园、学校等，都可以感受到比较明显的噪声影响。据估计，欧洲每年因环境噪声影响而引起的经济损失估计为 130～

380 亿欧元。[25]这些损失主要是住房价格、医疗费用、土地使用的可能性降低和可用劳动日的减少等。同样的,尽管一些不确定性依然存在,但每年噪声成本基本会达到数百亿欧元。

尽管欧洲对噪声建立了相关法规体系,公众对噪声污染暴露的担忧并没有因此而降低。1986 年 5 月 12 日,欧盟理事会指令 86/188/EEC 和后来的修正案 98/24/EC 明确要保护工人免受工作噪声的影响。1988 年 12 月 21 日,指令 89/106/EEC 和修正案指令 93/68/EEC 进一步明确住宅之间的噪声隔离要求。

关于环境噪声的法规分为两大类,即产品噪声排放的限制(汽车、卡车、飞机和工业设备)和居住环境所允许的噪声水平。排放标准包括适用于个别来源的排放限值,包含在相关产品各型号批准程序中,以确保新产品符合噪声限制的要求,相关要求必须通过有效的技术来实现,即降低特定声源的噪声排放的技术。然而,由于相关技术有时过于昂贵,某些企业无法在不亏损的情况下采取相关措施(比如民用航空),因此技术可行性也要同时考虑社会、经济和工程因素。对于新的噪声源,这类法规可能比现在更加严格。ICAO 附件 16[26]中关于飞机噪声标准和认定程序的修订就是这方面的典型例子。

噪声源本身"发射"标准的建立则主要基于声品质和特定区域内噪声暴露的指导基准值[24,27],相关要求经常嵌入在相关控制程序中。噪声会引起一些显著的负面情绪:烦恼、干扰、厌恶和被侵犯。在讨论噪声干扰时,Langdon[28]认为噪声本身、噪声源、含义、觉知和外部因素干涉程度等都是需要考虑的因素。除了在更高的声音水平,烦恼的增加并不总是与声音的增加有关,而是存在某种程度的其他相关性。

当声压级变化显著而迅速时,例如,喷气式飞机在低空掠过时,人对噪声的感知不仅仅包括声压级本身,还包括声压级的变化率(比如起声速率等)。同时,每种噪声的频谱特性也将决定噪声对人的影响,比如频谱上存在明显的纯音噪声。这些特性的组合决定了每种环境噪声对人的影响。

对于已经确定的飞机噪声而言,必须在靠近现有机场的新住宅和其他噪声敏感建筑的建造时遵循特定的规则,同时充分考虑机场扩容的可能性。相关区域设计主要包括土地分离使用等,相关分离主要通过绘制噪声等值曲线图和明确不同噪声等级中的土地使用许用值来实现。

欧盟关于未来噪声政策绿皮书[21]和相关基础研究分析了欧盟和成员国目前降噪方法的特点和影响。结论显示,迄今为止,总体效果并不尽如人意。

1995 年 4 月生效的 92/14/EEC 指令是欧盟关于限制飞机噪声排放的最新法案,这些的法案起于 1979 年的指令 80/51/EEC 和 89/629/EEC。这些指令与其他"噪声限制性国家"(大多数非欧盟国家、日本、澳大利亚和新西兰和美国)的相关规定类似,这些都以 ICAO《芝加哥公约》(为世界上大多数国家遵循)环境保护案附件 16 第 1 卷中的相关标准为基准。对于每个单独的飞机而言,其起飞和着陆噪声阈值一般通过 EPNL 值(单位 EPNdB)确定,与飞机重量和发动机数量相关。更古老、噪声更大的喷气运输机"无噪声审定"(NNC)，第二阶段相关特点反映在附件16的第2章中，而最现代化、更安静的飞机则需要符合本书第4章规定的标准。

　　航空运输是运输行业中第一个需要满足世界性规章的产业。生活在机场周围的人们常常觉得航空运输对当地环境来说是一个沉重的压力，这些压力特别体现在噪声影响上。他们的投诉导致机场当局不断引入他们自己的噪声法规，这些法规限制航空公司的运营，相关的压力传导又使得航空公司向主制造商寻求更安静的飞机。

　　更安静的飞机大大减少了受飞机噪声影响的人数。产品的环境性能只是设计过程中需要考虑的诸多因素之一。飞机主制造商必须再三仔细权衡每个目标来设计最终符合所有监管和市场要求的产品。降噪设计与其他客户需求间需要找到恰如其分的平衡。不管怎样，飞机降噪已经取得了相当可观的效果。例如，波音 B727(20 世纪 60 年代的飞机)产生的扰人噪声"足迹"(定义为由 LAmax、EPNL 或 DNL 等特定噪声指标等值曲线包络的轮廓范围)覆盖面积超过 14 km^2，而相似运力的现代飞机，如空客 A320，在拥有更大起飞功率的情况下，相应的噪声"足迹"仅仅为 1.5 km^2，这意味着相应影响面积减小了近 1/9，如图 1.21 所示。对涡轮螺旋桨飞机也是如此，以 80 dB 等值曲线为例，福克 50(1987)的起飞噪声"足迹"与福克 F27 MK500(1968)相比从 3.77 km^2 变为 0.84 km^2，降低了 1/4.5。

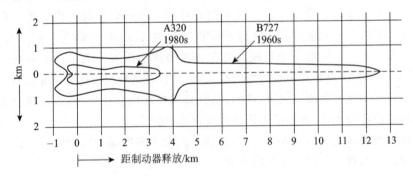

图中等值曲线为等效 A 计权声压级 85 dBA；其中装有 CFM-56-5 发动机的
A320-200 起飞质量达到 67.5 t(噪声"足迹"=1.55 km^2)；装有 JT8D-15
发动机的 B727-200 起飞质量达到 76.5 t(噪声"足迹"=14.25 km^2)

图 1.21　起飞时的噪声影响图

　　因此，在美国和欧洲，受飞机噪声直接影响的人数仅占 20 世纪 70 年代相应人数的 5% 左右。联邦航空管理局(FAA)全国机场噪声影响模型(NANIM,1993)显示，随着发动机和飞机技术的进步，美国和欧洲受飞机噪声影响的居民数量从 20 世纪 70 年代的 1 900 万减少到 20 世纪 90 年代的 80 万，这个模型计算了暴露在 DNL 值为 65 dB 或更高的影响区域人数、土地面积和住房单位数量等。

　　国际民航组织使用 MAGENTA 模型(用于评估运输飞机全球噪声暴露的模型)研究机场周围的噪声问题并评估这些噪声问题的关联影响。

得益于 FAA 相关活动的初步成功,CAEP 第四次会议(CAEP-4)建议成立一个任务组来完成 CAEP 类似分析工具的开发。该模型计算主要机场的噪声等值线,并将它们投影到人口图上。全球噪声暴露主要基于 1998—2002 年之间的一些"快照"年份,并且在计算中考虑到运力的增加。CAEP 还同时考虑了航空公司机队、飞机噪声、性能特点及机场类型等。

取 DNL55 和 DNL 65 分别作为显著和高噪声影响阈值,从 1998—2002 年,随着第 2 代飞机的逐步淘汰,噪声暴露水平不断降低。2002 年以后,机场容量成为了关键因素。全球噪声上升或下降的范围将很大程度取决于机场运营商在未来 20 年内如何适应可以预计的乘客流量翻番。相应地,全球居住在机场附近大约 2 500 万居民很可能显著受到影响。[29]

民用航空活动的很多不利影响都可以通过各方面技术革新的集成实施予以缓解,包括恰当的操作程序、适当的空中交通管理、合理的机场计划和土地使用管控机制等。各个国家和国际组织也在逐步意识到国际民航组织在处理飞机噪声问题方面发挥的主导作用,并不断向安理会通报相关政策和方案,共同处理国际民用航空中的飞机噪声问题。

国际民航组织正在参与有关航空运输的环境影响政策的制定,并努力在世界范围内的民用航空企业利益和环境影响造成的损害之间达成平衡。国际民航组织大会认为,在许多机场通过引入或修订与飞机相关的措施(比如,第 2 代飞机的逐步淘汰)来改善噪声气候,应考虑到未来增长的可持续性,在已完成降噪的地区,不应因不相容城市的噪声而受到侵蚀。

民航组织于 2004 年出版了关于飞机噪声管理平衡做法指南。平衡做法包括 4 个主要部分:噪声源降噪、土地使用规划和管理、降噪运行程序和运行限制。实施平衡办法的过程通常包括评估个别机场的噪声情况、确定目标、咨询条款、确定可减少噪声影响的措施,评估措施的相对成本效益、选择措施、充分公开预期行动的通知、执行措施并解决利益相关方争端。

在平衡做法下,噪声源降噪采用和执行国际民航组织噪声审定标准的强制要求,而不是某个机场的规定。噪声审定的首要目的是确保最新的降噪技术被纳入飞机设计或操作程序中,同时通过批准的方法表明符合性,以确保这些技术可以帮助减少机场周围噪声的影响。

国际民航组织理事会于 1971 年 4 月 2 日通过条款 37 正式制定飞机噪声标准,该标准被命名为附件 16。其中飞机噪声所有的标准和建议措施等都包含在附件 16 卷 1"飞机噪声"中,卷 2"飞机发动机排放"则顾名思义是关于发动机排放的。卷 1 的第二部分是不同飞机噪声审定标准和指南。其中第二阶段包括大多数最古老的 20 世纪 80 年代以来再未生产的亚声速喷气式飞机。20 世纪 70 年代末之后,更加严格的标准被应用于新的飞机设计。这些新标准被列入国际民航组织规定附件 16 第 3 章卷 1 中,适用于 1977 年 10 月 6 日开始的新型喷气式飞机适航审定程序。国际民航局还发布第四阶段飞机噪声审定标准。这些标准同时考虑了技术可行性、经济合理性、环境效益、审定计划有效性和可靠性等。

　　降噪概念设计涉及到几个步骤，从初步设想开始，到可行性评估、方案权衡、建立和执行计划等，直到形成实用的设计方案。

　　在引入新的第四阶段噪声审定标准之前，率先进行的是两种成本评估。[30]

　　(1)首先需要确定对于现役或近期可能服役的 10 类飞机噪声认证参考指标即降噪目标，以此来满足日趋严格的噪声控制选项，比如比第 3 代飞机减少 8、11 或 14 EPNdB。新增运行、资本等成本包括新技术实施之后仍然可能无法满足噪声标准的成本都会在这一步被慎重评估。

　　(2)作为噪声控制政策的重要选项，为了合理淘汰在役机队中不能达到噪声标准的飞机，ANDES 模型(飞机噪声设计影响研究模型)会综合评价因那些无法满足相关标准的飞机造成的资本和运行成本，如图 1.22 所示。这个模型还被用作筛选需要重新认证的在役飞机(并要求其基于噪声控制进行改装)。

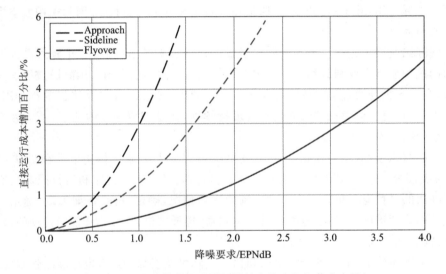

图 1.22　因降噪技术运用引起的综合资本和运营成本增加

一般而言，降噪功能的实现要考虑如下三个方面：

● 改进噪声源以满足降噪要求；

● 使用成熟度更高的技术降低风险，减少重新设计的可能性；

● 用最低的成本实现最大的利益。

20 世纪 70 年代以来，噪声相关的法律法规日趋严厉并且覆盖了几乎所有可能的飞机类型。发动机降噪为飞机整体降噪做出了最大贡献。图 1.23 展示了自 1960 年以来各型号飞机的整体降噪情况。

CAEP - 5 定义了第四阶段飞机的噪声要求，要求在第三阶段标准的基础上累计降低 10 dB。尽管如此，在三个参考噪声测量点中并没有要求明确的改进最低限度。

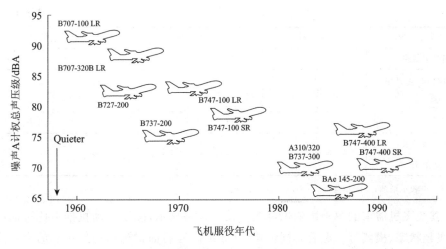

图 1.23　随着飞机和发动机发展,飞机噪声不断下降

因此,无论对飞机还是起飞的机场而言都无法确保相关的改进对所有参考测量点都适用,第四阶段的有关规定其实并不能保证对机场两侧受影响的居民而言,噪声能降低到预期目标。

事实上,2001 年第四阶段的规定确定时,飞机主制造商已经基本满足了累计降噪 10 dB 的要求。这意味着 2006 年之后认证的飞机其他相关性能并不比 2001 年已经在制造的飞机好,然而机场周围的实际降噪效果并没有达到第四阶段规定的预期标准。

表 1.9 列出了在目前飞机降噪设计中考虑的一些主要参数,同时显示了每个参数对噪声审定级别的潜在影响趋势。表中符号表示为了实现降噪目标所需的改进方向。当然,这些参数中的绝大多数都需要进行飞机级权衡后再详细确定而不是彼此孤立的。

表 1.9　用于飞机"设计噪声目标"的参数

设计参数	横　侧	(起飞时)飞越	进场着陆
飞机性能			
重量	−	−	−
额定推力	−	+	=
机翼的 L/D 比	+	+	+
发动机			
涵道比	+	+	+
风扇增压比	−	−	−
机舱			
进气管效率	+	+	+

设计参数	横 侧	（起飞时）飞越	进场着陆
风扇管道效率	+	+	+
进气口和/或风扇管道长度	+	+	+
机身			
低噪声增升装置	+	+	+
降噪起落架	=	=	+

注：+表示增加；−表示降低；=表示无直接影响。

其他飞机需求的单独影响也可能很大。表格显示，除了发动机推力比可能因起飞、飞越状态、横侧等工况有不同影响外（详细内容后面讨论），任何一点的噪声降低对应其他点或者是没有影响，或者也是噪声降低。尽管各设计参数的正确性还有待逐一评估，但"累积"噪声目标的设计最有可能的方法无疑是优先降低测量点中的1个或2个，同时尽量不对第3个测量点的结果产生显著的负面影响且将对飞机的其他影响降至最低。从另外一个方面说，一个测量点挑战性的噪声水平将大概率增加对飞机无噪声设计指标的影响，这些影响将成为另外两个测量点噪声优化的潜在限制，从而让累积性能指标变得不尽如人意。

例如，对于亚声速运输类大飞机和亚声速喷气式飞机，规章要求必须符合第二阶段的相关标准和测量程序，在该规定测量工况和测量点表明符合性。

噪声总声压级必须在以下3个测量点表明符合性：

（1）起飞飞越基准噪声测量点：该点位于跑道中心线的延长线上，距起飞滑跑起点6 500 m处。

（2）进场时的基准噪声测量点：该点位于跑道中心线的延长线上，距跑道入口2 000 m处。

（3）横侧全功率基准噪声测量点：该点位于与跑道中心线及其延长线相平行，距离跑道中心线450 m的边线上，飞机离地后该点的噪声级最大。

规章规定，飞机必须保证在3个监测点上按照噪声评定方法测定的最大噪声级不得超过以下数值：

（1）对于第二阶段飞机，无论发动机数目多少：

① 飞越：最大质量等于或大于272 t时为108 EPNdB，最大质量从272 t每减一半，则减少5 EPNdB，直到最大质量为34 t或更小时为93 EPNdB。

② 横侧和进场：最大质量等于或大于272 t时为108 EPNdB，最大质量从272 t每减一半，则减少2 EPNdB，直到最大质量等于或小于34 t时为102 EPNdB。

（2）对于第三阶段飞机：

（i）飞越：

①　多于三台发动机的飞机：最大质量等于或大于 385 t 时为 106 EPNdB,最大质量从 385 t 每减一半,则减少 4 EPNdB,直到最大质量等于或小于 20.2 t 时为 89 EPNdB;

②　三台发动机的飞机：最大质量等于或大于 385 t 时为 104 EPNdB,最大质量从 385 t 每减一半,则减少 4 EPNdB,直到最大质量等于或小于 28.6 t 时为 89 EPNdB;

③　少于三台发动机的飞机：最大质量等于或大于 385 t 时为 101 EPNdB,最大质量从 385 t 每减一半,则减少 4 EPNdB,直到最大质量等于或小于 48.1 t 时为 89 EPNdB;

图 1.24 显示了噪声控制要求和起飞质量的关系。

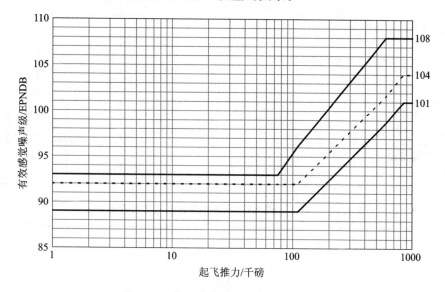

图 1.24　第三阶段飞机噪声控制标准图

(ii)横侧：不管发动机的数量,最大质量等于或大于 400 t 时为 103 EPNdB,最大质量从 400 t 每减一半,则减少 2.56 EPNdB,直到最大质量等于或小于 35 t 时为 94 EPNdB。

(iii)进场：不管发动机的数量,最大质量等于或大于 280 t 时为 105 EPNdB,最大质量从 280 t 每减一半,则减少 2.33 EPNdB,直到最大质量等于或小于 35 t 为 98 EPNdB。

所有噪声合格审定都可以表示为飞机起飞质量 $M(t)$ 的函数,表 1.10～表 1.14 列出了附件 16 中涉及的各类飞机噪声审定要求。

表1.10 "第二阶段飞机"要求的噪声与起飞质量的关系(1977年10月6日前)

最大起飞质量 $M(t)$	0	34		272
横侧噪声水平(EPNdB)	102	$91.83+6.64\lg M$		108
进场噪声水平(EPNdB)	102	$91.83+6.64\lg M$		108
飞越噪声水平(EPNdB)	93	$67.56+16.61\lg M$		108

表1.11 "第二阶段飞机"要求的噪声与起飞质量的关系(1981年10月26日后)

最大起飞质量 $M(t)$	0	34	35	48.3	66.7	133.45	280	325	400
横侧噪声水平/EPNdB	97		$83.87+8.51\lg M$						106
进场噪声水平/EPNdB	101		$89.03+7.75\lg M$						
飞越噪声水平(2个发动机)/EPNdB	93			$70.62+13.29\lg M$					104
飞越噪声水平(3个发动机)/EPNdB	93	$67.56+16.61\lg M$			$73.62+13.29\lg M$				107
飞越噪声水平(4个发动机)/EPNdB	93	$67.56+16.61\lg M$				$74.62+13.29\lg M$			108

表1.12 "第三阶段飞机"要求的噪声与起飞质量的关系

最大起飞质量 $M(t)$	0	20.2	28.6	35	48.1		280	385	400
横侧噪声水平/EPNdB	94			$80.87+8.51\lg M$					103
进场噪声水平/EPNdB	98			$86.03+7.75\lg M$			105		
飞越噪声水平(2个发动机)/EPNdB	89				$66.65+13.29\lg M$				101
飞越噪声水平(3个发动机)/EPNdB	89	$69.65+13.29\lg M$							104
飞越噪声水平(4个发动机)/EPNdB	89	$69.65+13.29\lg M$							108

噪声合格审定测试必须在如下工况下进行：

(1) 从起飞开始,至爬升到距跑道至少下列高度期间,必须使用平均起飞推力或功率。

ICAO 附件 16：对于第一阶段和喷气式发动机涵道比小于 2 的第二阶段飞机，如下适用：

① 对于所有类型的飞机：210 m。

② 发动机数多于 3 个的飞机：214 m。

③ 所有其他飞机：305 m。

对于第三阶段飞机和喷气式发动机涵道比大于或等于 2 的第二阶段飞机，如下适用：

① 发动机数多于 3 个的飞机：210 m。

② 发动机数为 3 个的飞机：260 m。

③ 发动机数少于 3 个的飞机：300 m。

④ FAR 36 规定的非涡轮喷气飞机：305m。

（2）在到达上述（1）段中所规定的高度后，不得将推力或功率减少至低于维持以下各项所需的功率，取其中的最大者：① 4%的爬升梯度；或②多发动机，一台不工作时的水平飞行。

（3）除起落架可以收上外，在整个起飞基准程序中，必须保持由申请人选定的起飞构型。

（4）对于 1971 年 9 月 17 日之后的亚声速飞机和协和式超声速喷气式客机噪声合格审定申请，适用于以下速度的要求：

对亚声速飞机，试验日速度和声学日基准速度必须至少是 $V_2 + 19$ km/h（V_2 是安全起飞速度）或发动机都工作时正常起飞到一定阶段（涡轮发动机飞机 35 ft*，活塞发动机 50 ft）的爬升速度，无论哪个速度都要大于审定基础型号相应速度。空速不应偏离调整过的基准空速±3 节范围。对于所有飞机，在试验日速度下测得的噪声值必须修正到声学日基准速度下。

① 在整个适航审定试验的进场基准程序中，飞机应当保持恒定的进场构型。对 ICAO 附件 16 第二阶段飞机，进场襟翼自始至终必须调定在被允许的最大设置位置；对 FAR-36 或 ICAO 附件 16 第三阶段飞机，如果存在多种进场构型，则噪声合格审定程序需使用最严酷构型开展审定试验。

② 对于进场试验，3°±0.5°稳定的下滑角是可以接受的，必须继续保持正常的触地，而不会改变机身结构。

③ 所有的发动机功率或推力相同或近似（FAR-36 要求）。

④ 对于 1971 年 9 月 17 日之后的亚声速飞机或协和式超声速喷气式客机噪声合格审定申请，适用于以下要求：

a. 对亚声速飞机，稳定的进场速度是 $1.3V_s + 19$ km/h（$1.3V_s + 10$ 节，V_s 是失速速度）或在基准取证构型基础上一定进场距离被批准的速度，无论哪个速度都要大

---

　　* ft=0.304 8 m。

于审定基础型号的相应速度,并且在进场测试点上方被确定或维护到。

　　b. 按照 FAR - 36 有关规定,协和式超声速喷气式客机稳定进场速度应该是进场参考速度＋10 节,或者是在基准取证构型基础上一定进场距离被批准的速度,无论哪个速度都要大于审定基础型号在相应速度,并且在进场测试点上方被确定或维护到。

　　c. 进场噪声测试过程中,允许有＋3 节的速度偏差。

　　除了喷气式飞机外,ICAO 附件 16 还对螺旋桨飞机的噪声标准做出规定(如表 1.13 所列,ICAO 附件 16 第 5 章对质量超过 5 700 kg 的;[26] 第 6 章对质量不超过 5 700 kg 的),附件 16 的 C 章针对螺旋桨短距起落飞机(非强制标准)、直升机(第 8 章和第 11 章;见表 1.14)。ICAO 附件 16 的 D 章还对安装在飞机上的辅助动力装置(附件 D 到附件 16)定义了噪声限制和指南。相应的指标,比如 L_{Amax} 或 SEL 等与 EPNL 标准大不相同。同样的,这些声源测试背景也彼此不同。然而,飞机噪声排放限值不仅需要考虑发动机作为主要贡献者的声源特性,同样需要考虑的还有在飞行剖面中对飞机旁边总声压级的影响,要考虑安全影响、飞机气动特性、更高效的飞行程序的可能性等等。这就是为什么噪声控制必须被认为是对飞机整体声学效率的复杂测量。

表 1.13　"第五阶段飞机"要求的噪声与起飞质量的关系

最大起飞质量 M/t	0	34	358.9	384.7
横侧噪声水平/EPNdB	96	$85.83+6.64\lg M$		103
进场噪声水平/EPNdB	98	$87.83+6.64\lg M$		105
飞越噪声水平/EPNdB	89	$63.56+16.61\lg M$	106	

表 1.14　"第八阶段飞机"要求的噪声与起飞重量的关系

最大起飞质量 M/t	0	0.788	80
横侧噪声水平/EPNdB	86	$87.03+9.97\lg M$	106
进场噪声水平/EPNdB	87	$88.03+9.97\lg M$	107
飞越噪声水平/EPNdB	85	$86.03+9.97\lg M$	105

　　第二阶段飞机从 20 世纪 80 年代末开始就没有再生产过,高噪声的飞机退役工作已经进行了多年。主制造商估计,截至 1991 年底,近 2 000 架喷气式飞机已被永久停止使用。退役的高峰发生在 20 世纪 80 年代初,恰逢经济衰退,但主要还是噪声法规禁止那些最嘈杂的飞机继续飞行。进一步的退役目前正在发生,大批飞机将被新的型号取代。目前,这些标准仅用于新飞机的设计,不适用于运行中的飞机。1995 年,ICAO 第 29 届大会在 A29 - 12 决议中提议逐步淘汰最古老、最嘈杂的喷气运输机——那些无法通过噪声审定的 ICAO 附件 16 第二阶段飞机,相应的建议也得到了积极的反应,比如在美国 FAR - 91 和欧洲 92/14 号指令中。到 2002 年,不符合国际

民航组织最新噪声审定标准的飞机——我们通常所说的第二阶段飞机,已经被绝大多数国家要求必须淘汰出商业运营或通过改装满足相关标准。

按照 92/14 号指令第二章要求,没有经过噪声审定的亚声速飞机已被排除在机场数年之久。自 1995 年 4 月以来,除去极少数特殊情况(比如豁免发展中国家航空公司,以免引起不必要的经济困难),服役超过 25 年的飞机被禁止进入欧盟机场,第二阶段飞机在 1995—2002 年期间有系统地逐步淘汰,截至 2002 年 4 月 1 日,只有第三阶段飞机才能进入欧盟机场。在美国,从 1995—2000 年间,FAR - 91 也在考虑更严格的条款。同时,国际民航组织航空环境保护委员会(CAEP)和欧洲民用航空会议(ECAC)也正在考虑使用更加严格的噪声控制条款。

飞机主制造商估计在今后 20 年中将向航空公司接收多达 12 000 架飞机,总价值 8 570 亿美元(1992 年美元)。虽然三大飞机制造商对未来机群的规模和总数的预测不同,但都预测未来 15 年每年交付约 600 架新飞机。除了飞机性能的显著提高外,这些新飞机还将间接改变航空公司和航空业整体情况,从而减少排放和降低飞机噪声。因此,无论在哪里,只要可能,航空公司都会:

- 购买或租赁符合最严格国际环境要求的飞机;
- 在运行条件和经济性允许的情况下尽快更换那些不满足要求的飞机;
- 积极鼓励主制造商开发新的、更安静的、更清洁的和更节能的飞机。

这些发展,加上过去的高增长和未来可以预计持续的高增长,意味着第二阶段飞机的逐步淘汰只能获得短期至中期的利益,而 2002 年之后总体噪声排放及相应的噪声"足迹"将无法达到相应预期的降噪效果。想要进一步改善机场周围的噪声影响,需要进一步采取综合措施,包括改变飞行程序和更好地规划土地的使用等。

通过机场周围土地的合理规划,确保住宅或其他对噪声敏感的建筑物远离机场飞机噪声影响区域,从而使得相关排放规定可以事实上得到执行,也是噪声控制的重要手段。这也是平衡做法的重要组成部分。机场当局应与负责土地使用管理的地方和区域管理部门密切合作,在机场周围实施所有可能的噪声控制措施,尽量降低航空噪声的影响,合理的土地使用可以实现规划、噪声隔离和经济效果"一箭三雕"。

机场规划也被认为是整个地区综合规划的重要组成部分。机场的位置、规模和构型需要与该地区的住宅、工业、商业、农业和其他土地使用模式相协调,同时还要考虑到机场对人、植物、动物、大气、水资源、空气质量、土壤污染和其他环境方面的影响和经济影响纳入评估范围。

土地使用的公共用地限制在民航早期就已经成为共识,但是早期控制一般仅针对高度或飞机进/出机场的潜在风险。直到 20 世纪 60 年代早期,在机场周围土地使用和噪声控制的相容性才成为一个主要考虑因素,这是在涡轮喷气式飞机已经广泛应用多年之时,尽管当时关于飞机噪声的诉讼并不频繁。

如今,飞机噪声可能是对机场附近土地利用规划的最重要影响因素。从长远看,它也是减小噪声影响的最有效方法之一,因为这种措施不会带来新的问题。特别是通过土地使用规划减少噪声的具体措施很多，可以包括：[31] 限制使用已经受到高噪声影响的土地，限制新的噪声源（如交通路线或工业设施）的选址以便保护现有的发展，并鼓励高噪声活动聚集在一起以保护其他低噪声地区。噪声是环境影响评估中需要考虑的因素之一。

第一次噪声限制 112 PNdB 于 1959 年在纽约机场提出，限制对象是喷气式飞机最新系列——波音 B707 和麦道 DC‐8。这让它们与最安静的螺旋桨飞机 75% 处于同一噪声水平。1969 年，美国第一次发布国家噪声标准。目前所有现存的飞机噪声标准都被收录在 FAR‐36 中，这些标准等同于 ICAO 附件 16，后者更适合全球范围内各种规则和谐地实际运用，这些运用对民航的发展产生了深刻的影响。说到技术标准，它们是噪声辐射要求的示例，与主制造商设计一架尽可能安静的飞机技术可能性密切相关。

机场周围的噪声限制首先要考虑生态排放标准，因此，必须减少噪声对机场周围居民或其他人的影响，影响程度的降低既要通过环境需求提出标准，也要通过持续的技术和经济方面的努力满足这些需求。排放标准一般包含在一些特殊条款中，比如美国 FAR‐150 中的"机场噪声相容性规定"。

作为一个规则，噪声排放标准对不同国家是彼此有差异的。以国际民航组织和欧盟早期相关标准为例，一个使用 L_{Aeq} 也就是道路和铁路等基准，另外一个则主要观察一天中不同阶段飞机起降数量和峰值噪声，并考虑一天不同时段的不同权重，因为标准的不同，排放限制标准很难相互比较。

在美国，1979 年航空安全与噪声防制法案要求 FAA：
- 为机场和机场周边地区的噪声建立独立的噪声测量系统，确定（数据显示）噪声暴露与人们对噪声的调查反应之间可信度的关联性；
- 建立能够定义各机场相关活动独立噪声影响的系统，系统需要反映声强度、持续时间、事件频率和发生事件等；
- 识别与各种噪声暴露环境基本兼容的土地使用情况；
- 建立一个项目，这个项目可以使机场运营方自愿开发并提交给 FAA：① 噪声暴露图，以展示机场周围现在和将来的非相容性土地；② 建立一个噪声相容性项目，以减少已存在的非相容性土地使用，并防止机场周围新增非相容性土地使用情况的发生；
- 筹备联邦基金，用来支持噪声相容性项目或实施噪声相容性的具体计划。

在发布实施 FAR‐150 时，FAA 将航空安全与噪声防治法案引入其中（FAR 150 或 150 部）(DOT，FAA 1989)[36]。150 部规定了机场噪声暴露图及噪声相容性项目管理开发的流程、标准和方法，以及相应的提交、评审程序等，包括评估流程和判据。对于每个独立系统，规章要求：

（1）在机场和周围区域测试噪声，这些测试要求噪声暴露感受和被调查的人们对噪声的反应有高可信度的对应关系；

（2）定义每个独立操作对人们产生的噪声影响。

在第 150 部中，FAA 指定 DNL 为噪声控制量，并要求噪声暴露图包括 65 dB、70 dB 和 75 dB 三条等值线，在此之前 FAA 已经得到了 DNL 60 dB 和 DNL 55 dB 等值线的噪声暴露图。150 部同时涵盖了 1980 年 FICUN 土地使用兼容性标准。当然，这些标准只是准则，150 部特别允许各个地区在使用这些准则时可以酌情处理。FAA 同时接收包含针对这些标准变化的噪声暴露图和噪声兼容性方案，并通常将低于 DNL65 dB 的土地用途定义为无法满足相容性要求。

按照 150 部的要求，负责机场噪声相容性计划的运行者需要：开发现在和将来的噪声暴露图；基于这些图评估机场当前的噪声问题并对将来做出预测；考虑如何降低不满足飞机噪声兼容性的噪声敏感土地的使用；提出可以尝试的降噪或土地使用相容性措施；将相关噪声图和建议项目提交给 FAA。法案同时指导 FAA 批准满足标准的相容性项目，这些标准具体包括：

- 降低现有非相容性土地使用并避免增加非相容性土地的使用；
- 不会对州际或对外贸易造成过度压力；
- 不会造成使用者之间的歧视；
- 不会导致安全性的削弱或对航空安全和航域使用效率带来负面影响；
- 同时满足当地局部和国家航空运输系统的需求，并在可行的范围内，考虑到权衡机场经济利益和噪声影响；
- 与 FAA 所有的责任和权利不产生冲突；
- 能够提供必要的项目评估。

这些年国际共识已经在很大程度上形成，比如什么样的噪声暴露水平是不可接受的，在某些特定工况下的最大暴露水平应该是什么。国际上，世界卫生组织（WHO）和经济合作与发展组织（OECD）是数据采集和噪声对健康环境影响评估的主要机构。基于这些评估，它们给出不同时间段、不同工况的相关建议值。

20 世纪 80 年代中期，OECD[32] 提出如下关于噪声的健康显示（白天，数值为 L_{Aeq} 值）：

- 55～60 dBA 产生烦躁情绪；
- 60～65 dBA 烦躁情绪明显；
- 高于 65 dBA 将会限制人的行为模式，并随着声压级继续提高造成严重的破坏性影响。

世界卫生组织[33] 建议白天平均 55 dBA 为户外噪声指导标准，以有效地保护周边居民不受噪声干扰。同时给出特定环境建议噪声限制值（WHO，所有数值均为 L_{Aeq} 值），如表 1.15 所列。

表 1.15 特定环境的世界卫生组织准则值 L_{Aeq} dB

类 别	昼 间		夜 间	
	室 内	室 外	室 内	室 外
居住区	50	55		
卧室			30	45
			45	
学校	35	55		
医院	35		35	$45(L_{\text{Amax}})$
	30		30	$40(L_{\text{Amax}})$
音乐厅	100(4 h)		100(4 h)	
迪斯科舞厅	90(4 h)		90(4 h)	

第五环境行动方案制定了若干广泛使用的标准,作为到 2000 年夜间活动的噪声基准(L_{Aeq}):

● 逐步淘汰平均暴露大于 65 dBA 的活动;

● 确保在任何时候都不超过 85 dBA,同时确保在 55～65 dBA 之间接触的平均水平的人口比例不会增加;

● 在安静区域的暴露不高于 55 dBA。

基于共同体国家的调查表明,大多数成员国都通过立法或类似建议,在噪声敏感领域实行类似于基于这些标准的噪声限制[25]。这些规章与 20 世纪 70 和 80 年代率先在北方成员国发展起来,而后在南方成员国推广使用。一般来说,这些排放限制比 WHO 的建议值更详细、更具体地说明了噪声源、当前的噪声情况和生活区的分类等。

这些规章越来越多地被纳入国家减排法律或土地使用计划。噪声排放标准通常也成为地方当局政策规划的一部分和环境影响评估的重要参考,从而确保采取适当措施尽量减少噪声影响。如果无法达到可接受的噪声限制,相关规划通常可能不被许可或被要求采取隔离措施。

因飞机噪声确定噪声限制后,在现有机场附近兴建新住宅及其他噪声敏感设施时,必须遵守规则,并在扩展机场容量时加以考虑。相应的区域也将通过绘制噪声等值线被划分,旨在确定与周围噪声水平紧密联系的土地使用计划。

除了审定限制和土地使用规划外,还可以通过设置噪声屏障减少噪声的影响,其范围也相当广泛:例如为暴露在高强度噪声中的人佩戴耳罩、修建防声建筑或屏蔽声源。还应特别注意地面飞机发动机启动地点的合理规划和机场建筑物的方向。日本对树木隔音特性的研究表明,适当种植树木会很好地降低地面发动机启动后的噪声。声波在树木中每行进 100 m,就要衰减 25～30 dB。但树木的屏蔽效率可能会受到季节性变化的影响,因为它们的隔音特性(高频隔音)主要取决于树叶密度。同时还应考虑这种方法可能对飞行产生的鸟撞影响。

如果建筑无法合理有效地脱离噪声暴露区域,那么隔音措施可以降低住宅结构内部噪声水平。因此,隔音对于商业建筑尤其有效,比如办公室和酒店。所需的隔音程度因国家而异。一些国家对内部噪声有法律限制。为了有效地隔音,经常需要关上窗户,一般房主可不希望一年四季都是如此,因此,这可能会增加气候控制系统费用。

隔离墙或人造屏障必须结构合理并被精确地置于地面上,一般位于机场巨大的地面噪声源与噪声敏感的接受者之间,且非常接近于接受者,它们并不能降低飞行中的噪声。经验显示,如果人们看不到地面上的飞机或维护设施等其他噪声源,人们听到的噪声似乎就会减少。机场建筑物的适当布局也可以成为邻近居民的噪声屏障。

合理安排飞行程序也是平衡做法的重要组成部分,具体做法包括:起飞和着陆时降噪飞行程序、使用优先跑道、起飞或着陆移动到跑道上较远的位置、降噪飞行轨道或走廊、反推限制、航班调度等。例如,降噪飞行轨道或走廊可以有效地将飞机噪声集中在一个小范围内。如果相应区域中人烟稀少则将非常有效。反推限制可能涉及使用飞机安全运行所需的最低反向推力,这通常被解释为反向推力不大于反向怠速。

合理的操作程序需要在机场特定环境噪声和气体排放对每一个跑道和起飞走廊进行量化和分析。相应程序根据飞机和操作工况的不同而不同。作为程序的一部分,噪声影响的评估应当基于对噪声敏感区域机队情况、跑道实际地理位置等信息。

国际民航组织PANS-OPS第5部第3章[34]中就安全使用降噪程序的条件以及定义该程序的主要飞行参数可以安全适应机场噪声的范围给出建议。一个被称为NADP1的程序被用于在相对较短的距离内降低噪声,而另一个被称为NADP2的程序则被用于在距离刹车点较远的位置降低噪声。这类飞行参数包括发动机推力降低的高度、其加速高度或襟翼/缝翼放下的高度等。

在设计和分析降噪程序时,环境控制原则可以适当分级。最重要的是避开居民区。在任何情况下,航空安全包括系统安全都是要优先考虑的。尽管如此,假设安全条件得到满足,如果更高标准的噪声标准无法实现,唯一的选择也只能是退而求其次地降低标准。

在世界上一些地区,比如欧洲,对夜间航班实施运营限制变得越来越普遍而且实行宵禁,确实是一种"容易和随时可以使用"的措施。宵禁分为全部宵禁和部分宵禁。对部分宵禁而言,包括禁止特定类型的飞机运行,或禁止使用特定跑道,或只禁止降落或只禁止起飞。1998年,国际航班开始"逐步淘汰"第2阶段飞机就是目前世界上许多机场实行的宵禁,而且在绝大多数机场已经实现。而目前,这种宵禁在国内航班中也越来越普遍,因为"逐步淘汰"已经成为世界共识。

事实上,宵禁的持续和起始时间也取决于包括飞机构型、噪声等值线、机场周围居民数量、机型、机场周围的夜间活动特征等。机场周围的文化、传统和人们的生活习惯也是需要考虑的重要内容。

世界上有超过 600 种宵禁[35]。目前,英国有 9 个机场以配额制度实行统一宵禁,具体做法是根据飞机噪声等级实行不同配额,并区分到达和出发。这些措施都是为了禁止最嘈杂的飞机运行特别是起飞,同时也允许机队开展灵活组合。

第 2 章
主要飞机噪声源

过去35年中,一些飞机噪声水平显著降低。现代飞机的噪声水平比第一阶段喷气式飞机低22 dB。这些成果归功于涡扇发动机大涵道比、内衬技术和涡轮机械本身降噪技术的发展。未来,发动机系统设计水平的提高、机身声源噪声水平的降低以及其他降噪技术的引进将进一步降低飞机噪声。图2.1列出了推进系统中的主要噪声源。

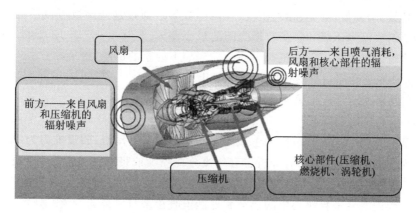

图 2.1　涡轮风扇发动机的噪声

2.1　喷流噪声

涡扇发动机的噪声特性取决于发动机结构和发动机内外涵道气流参数。为了预测飞机噪声,人们研究了很多方法和计算程序。[1-9]本章中,我们将运用一些半经验模型预测涡扇发动机产生的主要噪声。

利用中心频率为 f 的三分之一倍频谱,我们可以将涡喷发动机或涡扇发动机的每个噪声源的声压级 $L_j(f)$ 表示成式(2.1)的形式(详见第4章),$j=1$ 代表同轴喷流，$j=2$ 代表风扇，$j=3$ 代表涡轮，$j=4$ 代表燃烧室和 $j=5$ 代表机身）。

$$L_j(f) = L_j(\vec{\lambda}) + \vec{Y}_j \qquad (2.1)$$

其中 $\vec{\lambda}$ 是第 j 个声源模型中的参数矢量（如同轴喷流中的第一喷流和第二喷流的速度和温度），$\vec{Y}_j$ 是由 j 个声源模型决定的调整矢量。[19]

不考虑远场折射和大气吸收影响的情况，同轴无激波喷流声压级计算如下：

$$L_1(f,\vec{\lambda}) = 10\lg\left(\frac{A_1}{r^2}\right) + 20\lg\left(\frac{p_A}{p_{SA}}\right) + \sum_i \Delta L_{1i}(f,\vec{\lambda}) + \vec{Y}_1 \qquad (2.2)$$

其中 A_1 是喷流出口面积，r 是噪声源与接受者间的距离，p_A，p_{SA} 分别表示目标环境和标准海平面气压，$\Delta L_{1i}(f,\vec{\lambda})$ 是同轴喷流的谱线修正。原则上使用 1 m 作为参考距离。$\Delta L_{11}(f,\vec{\lambda})$ 为参考涡轮喷气机声压级修正，可以表示为喷流马赫数与入口中轴线极角的函数。$\Delta L_{12}(f,\vec{\lambda})$ 为附加光谱线修正，可以表示为喷流马赫数、喷流温度、密度以及从入口中轴线到出口中轴线极角的函数。$\Delta L_{13}(f,\vec{\lambda})$ 为飞行速度修正，可以表示为飞机飞行速度、喷流马赫数与入口中轴线极角的函数。$\Delta L_{14}(f,\vec{\lambda})$ 为同轴喷流修正，可以表示为它是第一喷流和第二喷流的速度和温度、喷流出口直径与入口中轴线极角的函数。函数 $\Delta L_{1i}(f,\vec{\lambda})$ 可以通过选择关键参数取值而确定（比如，斯托拉赫数、马赫数、焓比、相对密度、几何参数等），通过这些函数可以给出式（2.2）计算得到的喷流声压级和实测数据之间的最小差异。[19]

涡喷发动机或涡扇发动机噪声还会受到如下因素的影响：

(1) 外涵道和喷口气流速度和温度变化；

(2) 风扇和压气机压比的变化；

(3) 涡轮压比的降低。

本章的算例中选取涵道比为 1、2.5、4 和 6 的涡扇发动机，假设推力为 11.5 t，空气流量为 300 kg/s，算例同时分析带有气流分离喷嘴或带有气流混合腔的发动机噪声情况，其中表 2.1（带有气流分离装置的涡轮风扇发动机）和表 2.2（气流膨胀前首先在混合腔内混合来自核心机的热流和外涵道直接来自风扇的冷流）分别给出了两种发动机气流的基本参数。

表 2.1　内外涵分排气涡轮喷气发动机的主要参数

参　数	数　值			
涵道比 m	1	2.5	4	6
$u_1/(\text{m} \cdot \text{s}^{-1})$	525	445	466	461
$u_2/(\text{m} \cdot \text{s}^{-1})$	366	348	297	265
T_1/K	910	840	772	760
T_2/K	370	362	343	333

续表 2.1

参　数	数　值			
涵道比 m	1	2.5	4	6
π_F	2.50	2.00	1.70	1.55
π_S	11.20	18.00	34.00	29.70
π_t	5.20	12.40	18.00	15.90

表 2.2　内外涵混排气涡轮喷气发动机的主要参数

参　数	数　值			
涵道比 m	1	2.5	4	6
$u_1/(\mathrm{m \cdot s^{-1}})$	440	412	345	332
$u_2/(\mathrm{m \cdot s^{-1}})$	440	412	345	332
T_1/K	543	635	419	395
T_2/K	543	635	419	395
π_F	2.50	2.00	1.70	1.55
π_S	11.20	18.00	34.00	29.70
π_t	5.20	12.40	18.00	15.90

图 2.2 给出了最简单的亚声速喷流和同轴亚声速涡轮风扇发动机(涵道比为 1、

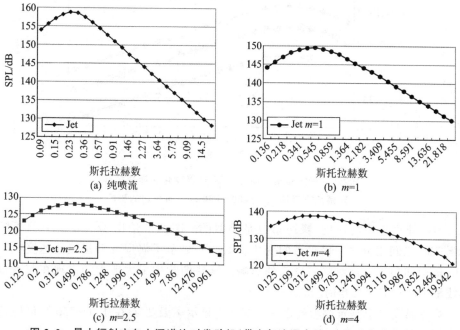

图 2.2　最大辐射方向上涵道比对发动机(带有气流混合腔)喷流噪声谱的影响

$2.5、4$)的典型款噪声宽带谱(斯托拉赫数 $Sh = \dfrac{fd}{u_j}$)。

数据显示,涡轮风扇发动机喷流三分之一倍频谱上最大噪声声压级处于斯托拉赫数 $0.3 \sim 0.5$ 之间,具体取决于涡轮风扇发动机的涵道比。图 2.3 显示了整体声压水平(OASPL)增长率和涡轮风扇发动机喷流速度的关系。图 2.4 显示了最大辐射方向上噪声声压级受喷流速度($400 \sim 630$ m/s)的影响。

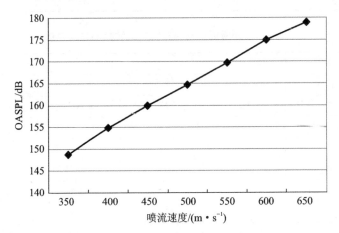

图 2.3　最大辐射方向上噪声声压级 OAPSL 受喷流速度的影响($m=1$)

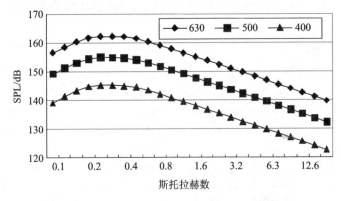

图 2.4　最大辐射方向上,喷流速度变化和斯托拉赫数
对喷流噪声谱($u_j = 400 \sim 630$ m/s,$m=1$)的影响

对于亚声速喷流速度,噪声谱也是类似的。图 2.5 给出了与入口中轴线极角 $20° \sim 150°$ 之间三分之一倍频谱的变化。图 2.6 显示了涡扇发动机喷流速度($350 \sim 650$ m/s)和角度变化对噪声频谱的影响。这些图片中最大值大约出现在与入口中轴线呈 $140° \sim 150°$ 夹角时。

喷流温度是也是重要参数之一。图 2.7 显示了温度 T 在 $450 \sim 750$ K 时噪声频谱变化情况。

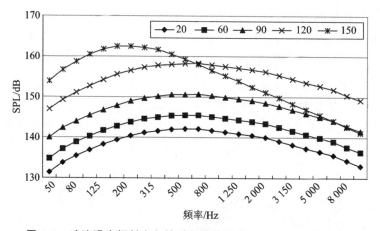

图 2.5 喷流噪声辐射方向性对频谱的影响 $(u_j = 630 \text{ m/s}, m = 1)$

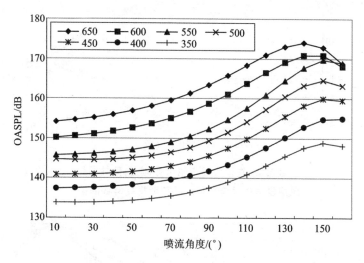

图 2.6 喷流速度在噪声方向性模式 $(m = 1)$ 上预测的影响

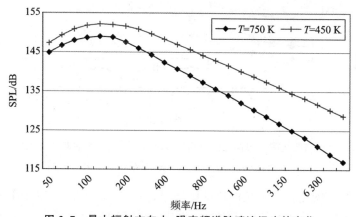

图 2.7 最大辐射方向上,噪声频谱随喷流温度的变化

对于内外涵道涡轮风扇发动机,喷流膨胀后,来自核心机的热流和外涵道风扇的冷流进一步与大气混合。相应噪声由喷嘴几何形状、喷流的温度、速度及飞行速度等共同决定。图 2.8 显示了同轴涡轮风扇发动机喷流噪声频谱与等效斯托拉赫数 $Sh_e = fd_e/u_1$ 的关系,其中 $d_e = d_1\sqrt{1+(d^{-2}-1)u^{-2}}$ 是有效喷流直径, $\bar{d} = d_2/d_1$, $\bar{u} = u_2/u_1$; $i = 1$ 对应来自核心机的热流参数; $i = 2$ 对应外涵道喷流参数。对于已选的参数,在最大辐射方向上噪声频谱是相似的。涡轮风扇发动机外涵道喷流的方向性与涵道比和速度比相关(见图 2.9～图 2.11)。

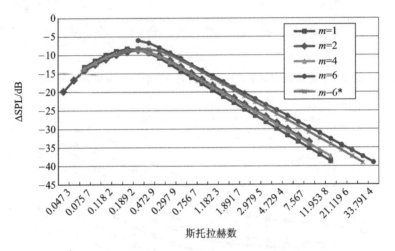

图 2.8 在最大噪声辐射方向上,同轴涡轮
风扇发动机喷流噪声频谱与斯托拉赫数的关系

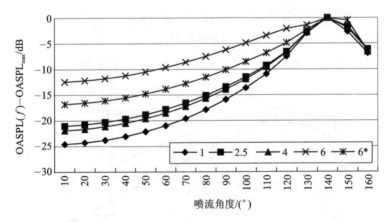

图 2.9 外涵道喷流噪声方向性受涵道比($m=1,\cdots,6$)和同轴喷流速度比的影响
($m=6$ 曲线中 $u_2/u_1=1$; $m=6^*$ 曲线中, $u_2/u_1=0.6$)

图 2.9 显示,对于一个特定的速度比($u_2/u_1=1$),发动机的方向性模式随着涵道比而变化。图 2.9 还显示了具有相同涵道比($m=6$)的发动机的方向性模式随速度

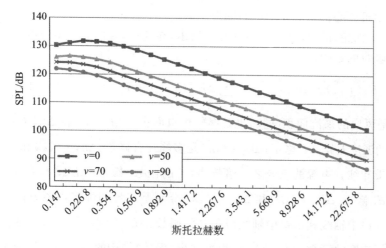

图 2.10　喷气噪声受飞行速度的影响($m=6$)

比而变化。飞机的飞行速度是影响噪声水平的重要运行参数之一。图 2.10 显示了涡扇飞机飞行速度(50 m/s 和 90 m/s)对整体噪声水平 SPL 的预测影响($m=6$,表示为斯托拉赫数的函数)。图 2.11 显示了飞行速度对方向性的影响。在每种情况下,对于给定的外涵道喷流,多普勒效应还会影响噪声频谱和喷流方向特征。

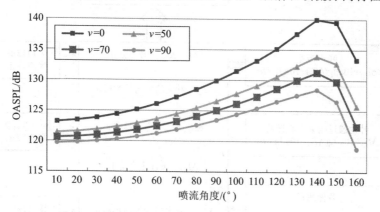

图 2.11　喷气方向性受飞行速度的影响($m=6$)

2.2　风扇和涡轮噪声

飞机发动机的风扇、压缩机和涡轮产生纯音和宽带噪声。宽带噪声是非均匀压力与紊流相互作用的结果。对于亚声速叶尖速度的转子/定子叶片,气流在其表面产生的压力场相互作用,形成纯音以及对应的高阶谐波。伴随叶片上的超声速气流和冲击波还可能存在锯齿形的多个纯音,这种情形多发生于起飞阶段。为了确定风扇、压缩机和涡轮的声学特性,有必要考虑噪声产生、噪声在管道中的传播以及噪声从外涵道和发动机核心机向前和向后的辐射。

风扇（或涡轮）的声压级由等式（2.3）给出，在这里，我们假设不做声学处理，也不考虑空气吸收的影响：

$$L_2(f,\vec{\lambda}) = 10\lg\left(\frac{A_2}{r^2}\right) + \sum_i \Delta L_{2i}(f,\vec{\lambda}) + \vec{Y}_2 \qquad (i = 1 \sim 10) \qquad (2.3)$$

其中 A_2 是风扇的来流面积（同时也是涡轮出口面积）；$\Delta L_{21}(\vec{\lambda})$ 和 $\Delta L_{22}(\vec{\lambda})$ 分别由风扇和涡轮的温度差异 ΔT 修正；$\Delta L_{23}(f,\vec{\lambda})$ 是多峰纯音修正；$\Delta L_{24}(f,\vec{\lambda})$ 和 $\Delta L_{25}(f,\vec{\lambda})$ 分别是宽带和纯音声源的三分之一倍频谱（f 的函数）修正；$\Delta L_{26}(f,\vec{\lambda})$ 是叶尖速度马赫数 Ma_1 修正；$\Delta L_{27}(f,\vec{\lambda})$ 和 $\Delta L_{28}(f,\vec{\lambda})$ 分别是宽带和纯音声源方向性修正，可以表示为入口中轴线和出口中轴线极角 θ 的函数；$\Delta L_{29}(f,\vec{\lambda})$ 是飞行速度修正，可以表示为飞行速度的函数；$\Delta L_{210}(\vec{\lambda})$ 是根据涡扇（涡轮）结构的特点（转子-定子轴距、喷嘴类型、转子叶片和静子叶片的比例等）进行的修正。[9,11,19] 图 2.12 展示了风扇（涡轮）噪声的预测过程。

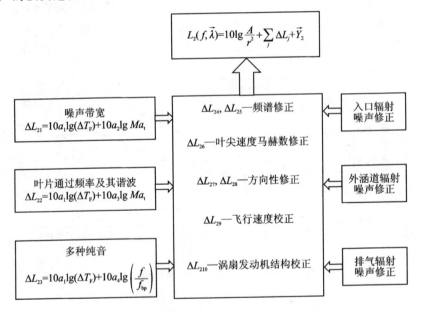

图 2.12　风扇（涡轮）噪声的一种预测过程[19]

在图 2.12 中，参数 a_j 是经验常数，可以通过对特定类型发动机测量得到；f_{bp} 是转子叶片扫略频率；入口辐射、外涵道和出口辐射的声学处理修正取决于入口、出口衬层等被动降噪和风扇主动降噪。

风扇的宽带噪声一般是其气动噪声，而纯音则取决于其基频和 2 阶谐波。图 2.13 和图 2.14 分别给出了不同涵道比［(a) $m = 2.5$ 和 (b) $m = 6$］和三种发动机

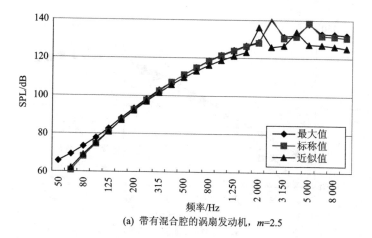

(a) 带有混合腔的涡扇发动机，m=2.5

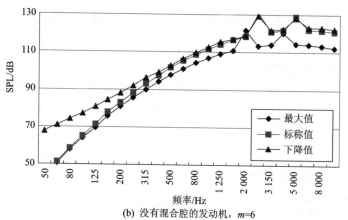

(b) 没有混合腔的发动机，m=6

图 2.13　在多种模式下，向前辐射的噪声三分之一倍频谱

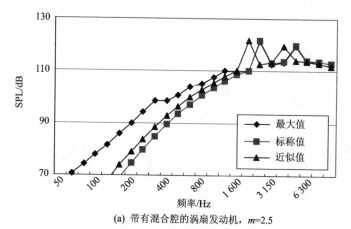

(a) 带有混合腔的涡扇发动机，m=2.5

图 2.14　在多种模式下，向后辐射的噪声三分之一倍频谱

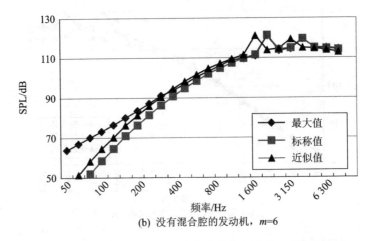

(b) 没有混合腔的发动机，$m=6$

图 2.14　在多种模式下,向后辐射的噪声三分之一倍频谱(续)

运行模式情形下向前和向后的预测三分之一倍频谱。在飞机着陆时,纯音频率也会随着转子转速的降低而降低。

在图 2.15(a)和(b)给出了特定发动机方向性对噪声影响以及运行模式等的关系,预测结果显示,向前辐射方向上风扇噪声的最大值在 200~400 之间,而向后辐射则在 1 200~1 300 之间。

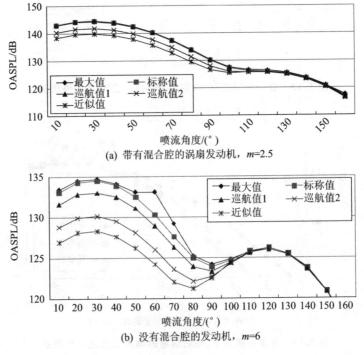

(a) 带有混合腔的涡扇发动机，$m=2.5$

(b) 没有混合腔的发动机，$m=6$

图 2.15　5 种模式的发动机方向性对噪声频谱的影响

图 2.16 给出了发动机最大推力和进场模式下风扇和外涵道喷流方向性的影响。图 2.16(a)中涵道比 $m=2.5$，图 2.16(b)中涵道比 $m=6$。通过比较，有助于了解涡扇飞机方向性特性对整体的不同贡献。

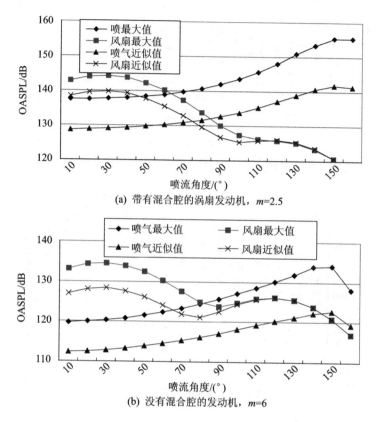

(a) 带有混合腔的涡扇发动机，$m=2.5$

(b) 没有混合腔的发动机，$m=6$

图 2.16　噪声辐射在最大和接近运作模式下的喷气和风扇噪声水平在不同方向的比较

涡轮噪声源与风扇类似，所不同的是，相应的气流变成燃烧室来的高温气流。核心机排气的传播和辐射也因此成为涡轮噪声特征需要考虑的内容。图 2.17 显示，对于涡扇发动机所有运行模式，都会同时存在宽带和高频离散纯音，因为纯音频率与涡轮叶片扫略频率对应，其主要贡献为高频噪声。

图 2.18 给出了涡轮噪声方向性影响，在向后辐射上，涡轮噪声低于风扇噪声(对比图 2.15(b)和 2.18)，因为通过发动机的空气只有很小一部分会通过涡轮，对于大涵道比涡扇发动机(在图 2.15(b)和 2.18 中，$m=6$)，通过涡轮的空气只有 $1/(1+m)$(在图 2.15(b)和 2.18 中计算可得 14.3%)。

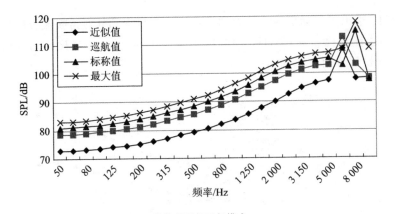

图 2.17　发动机 4 种运行模式下的三分之一倍频谱($m=6$)

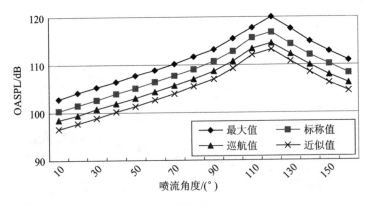

图 2.18　噪声的方向性($m=6$)

2.3　燃烧室噪声

燃烧室中燃料的燃烧和湍流也会产生噪声,其低频分量通过温度波动、涡轮中的压力突变等传播开来,最后通过排气喷嘴辐射出去,也就是我们提到的核心机噪声。核心机噪声在发动机喷流速度较低时可以观测到(比如飞机进场时)。在这种情况下,我们无法继续运用莱特希尔射流理论(也就是第 1 章式(1.17)中的八次方定律)预测噪声声压级。

不考虑空气吸收的影响,我们可以用如式(2.4)所示的半经验模型预测发动机燃烧室和核心机噪声:

$$L_4(f,\vec{\lambda})=10\lg\left(\frac{A_4}{r^2}\right)+\sum_i\Delta L_{4i}(f,\vec{\lambda})+\vec{Y}_4 \qquad (2.4)$$

其中 A_4 是燃烧室截面积,$\Delta L_{41}(\vec{\lambda})=10b_1\lg G$ 是质量流率修正,b_1 是经验常量;

$\Delta L_{42}(\vec{\lambda})$是根据燃烧室入口 $T_{\rm i}$ 和出口 $T_{\rm o}$ 温度修正;$\Delta L_{43}(\vec{\lambda})$是根据穿过涡轮机后的压降、温降修正;$\Delta L_{44}(f,\vec{\lambda})$是宽带和纯音声源的三分之一倍频谱($f$ 的函数)修正;$\Delta L_{45}(\theta,\vec{\lambda})$是宽带噪声方向性修正,可以表示为入口中轴线和出口中轴线极角 θ 的函数;$\Delta L_{46}(f,\vec{\lambda})$是飞行速度修正,可以表示为飞行速度的函数;$\Delta L_{47}(\vec{\lambda})$是燃烧室结构修正(罐型、环流、燃烧室长度等)。[19]

图 2.19 显示了 $m=2.5$ 的涡扇发动机最大推力下低频宽带燃烧噪声频谱,图 2.20 则显示了燃烧室(作为涡扇发动机的一部分)噪声的典型的方向特性。

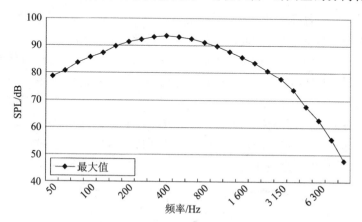

图 2.19　4 种运行模式的发动机($m=2.5$)燃烧室噪声频谱

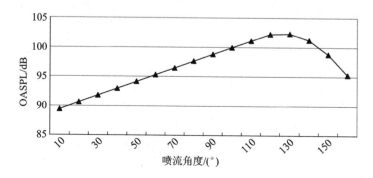

图 2.20　燃烧室噪声受方向性的影响($m=2.5$)

2.4　机身噪声

机身噪声是一种综合气动噪声,是气流在机翼、平尾、垂尾、襟翼、缝翼、齿轮、起落架口盖、各种腔体和翼尖涡作用的结果。在短距起飞和着陆过程中,还会有额外的噪声源,比如翼下、上表面鼓风喷流和吹气襟翼。气流与飞机机身、传动装置和翼面装置的相互作用会产生偶极子声源。

不考虑大气吸收影响的情况下，从式(2.1)可以推导出如下公式，用这个公式可以根据机身噪声三分之一倍频谱预测总声压级：

$$L_7(f,\vec{\lambda}) = -20\lg r + \sum_i \Delta L_{7i}(f,\vec{\lambda}) + \vec{Y}_7$$

其中 $\Delta L_{71}(\vec{\lambda}) = 10d_1\lg v$ 是飞行速度修正；d_1 是一个实测常量；$\Delta L_{72}(f,\vec{\lambda})$ 是宽带噪声频谱修正；$\Delta L_{73}(f,\vec{\lambda})$ 是宽带噪声方向性修正，是作为观测角度 θ 的函数；$\Delta L_{74}(f,\vec{\lambda})$ 是飞机设备特定型号和尺寸修正(比如设备面积、纵横比、襟翼角度、起落架结构等)。[14,19]

飞机进场时，随着推进系统噪声的降低，机身噪声变成主要噪声源之一，图2.21～图2.23分别显示机翼、襟翼和起落架的典型三分之一倍频谱。

图2.21中，机翼噪声谱被预测为三个不同飞行速度 v 下斯托拉赫数的函数。斯托拉赫函数可以通过 $Sh = fc_{mac}/v$ 计算得到，其中 c_{mac} 是机翼平均气动弦长度。图2.22显示了四种襟翼角度下的噪声频谱。图2.23中显示了三个不同飞行速度 v 下，起落架相关的噪声预测值。斯托拉赫函数可以通过起落架的直径计算得出。预测结果显示，起落架噪声与飞行速度无关。机翼和起落架噪声谱都是宽带噪声并且大致类似。襟翼噪声由襟翼角度、飞行速度和襟翼设计共同决定。

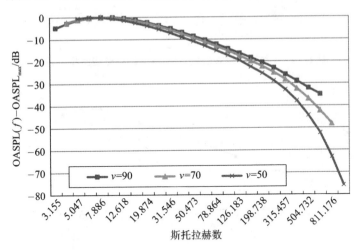

图2.21　机翼噪声频谱随斯托拉赫数的变化

图2.24显示了襟翼噪声可以写成襟翼角度的函数。

图2.25和图2.26对比了Tupolev-154M和Yakovlev-42两款飞机机身噪声与主要涡扇发动机噪声的方向性关系。对比显示，对于高涵道比发动机，机身噪声源贡献十分明显。

整个飞机的声学模式可以看成各种噪声源特定模型的总和，包括喷流(螺旋桨)、风扇(压缩机)、燃烧室、涡轮机和机身。通过这种分解可以完成复杂的飞机噪声评估，并对发动机等的参数设计进行声学影响研究。图2.27(a)、(d)显示了涡扇飞机

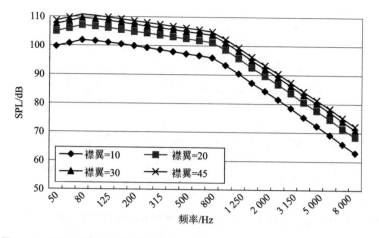

图 2.22　襟翼噪声频谱随襟翼角度的变化（Yakovlev‑42 飞机，$v=70$ m/s）

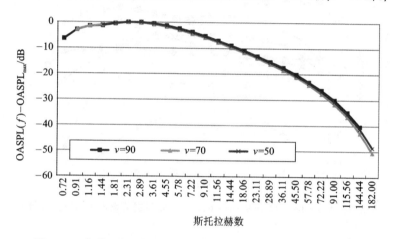

图 2.23　各种飞行速度下的起落架噪声频谱（Yakovlev‑42 飞机）

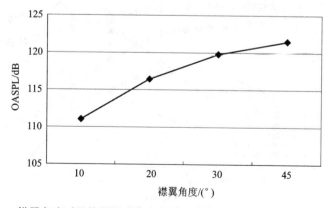

图 2.24　襟翼角度对总体襟翼噪声水平的影响（Yakovlev‑42 飞机，$v=70$ m/s）

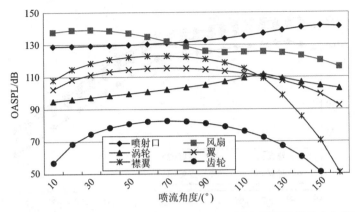

图 2.25　Tupolev‑154M 飞机($m=2.5,v=70$ m/s)主要噪声源的方向性特征

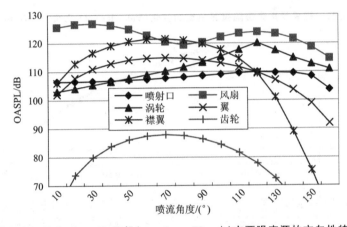

图 2.26　Yakovlev‑42 飞机($m=6,v=70$ m/s)主要噪声源的方向性特征

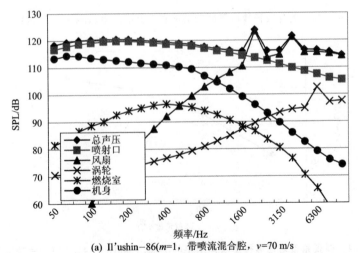

(a) Il'ushin‑86($m=1$，带喷流混合腔，$v=70$ m/s)

图 2.27　不同型号涡扇飞机进场时辐射角 90°方向上的噪声频谱预测性

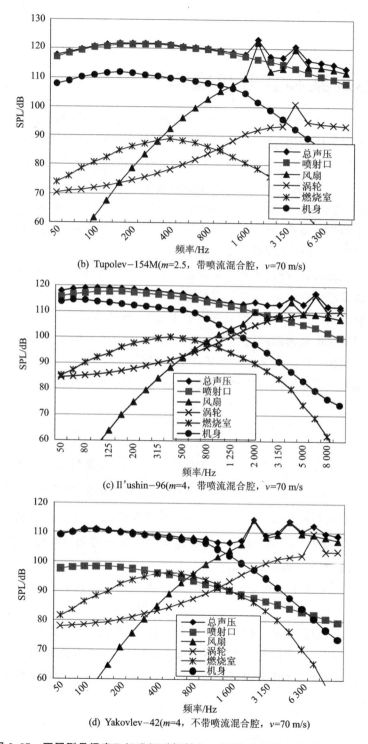

(b) Tupolev-154M(m=2.5，带喷流混合腔，v=70 m/s)

(c) Il'ushin-96(m=4，带喷流混合腔，v=70 m/s)

(d) Yakovlev-42(m=4，不带喷流混合腔，v=70 m/s)

图 2.27　不同型号涡扇飞机进场时辐射角 90°方向上的噪声频谱预测性(续)

噪声频谱中不同声源的贡献。后面章节中,这种方法还将被用来评估在机场附近不同运行参数对飞机噪声的影响。

2.5 螺旋桨和直升机噪声

螺旋桨是涡桨发动机的主要噪声源,随着叶片扫过体积的周期性变化,所涵盖的空气量也发生周期性变化,由此产生厚度噪声。拉力和阻力的共同作用致使压力场产生波动,这是负载噪声产生的根源。如果通过叶片截面表面的气流是跨声速的,噪声就会产生。[15-16,18-19] 螺旋桨噪声谱同时包括宽带噪声和谐波噪声。其中谐波噪声频率为 $f_k = nzk$,其中 $k = 1,2,\cdots,n$ 表示转速,z 表示桨叶数量。如果桨叶数量较少,则对于亚声速的桨叶速度,噪声主要取决于谐波噪声的前两项到前三项。对于这样的螺旋桨,宽带噪声要比基频谐波噪声低 10 dB。

对直升飞机而言,声场的主要噪声源是气动噪声和机械噪声。机械噪声包括齿轮箱和变速装置产生的噪声,主要是高频噪声,会在空气传播中迅速衰减;转子则是主要的脉冲噪声来源。直升机(如只有一个主旋翼)噪声频谱包括纯音和宽带噪声,其中主旋翼和尾桨形成离散的周期性的纯音频谱,宽带噪声则主要来源于桨叶和周围空气中湍流的相互作用和桨叶本身所产生的尾涡。

在不考虑大气吸收影响的情况下,我们经常会用式(2.1)中的经验方程来预测螺旋桨噪声:

$$L_5(f,\vec{\lambda}) = -20\lg r + \sum_i \Delta L_{5i}(f,\vec{\lambda}) + \vec{Y}_5$$

其中 $\Delta L_{51}(\vec{\lambda})$ 是推力、功率和叶尖马赫数修正;$\Delta L_{52}(\vec{\lambda})$ 是桨叶数量和螺旋桨直径修正;$\Delta L_{53}(f,\vec{\lambda})$ 是谐波和宽带噪声源的方向性修正,这个方向性修正主要考虑入口中轴线和出口中轴线极角 θ;$\Delta L_{54}(f,\vec{\lambda})$ 是飞行速度修正;$\Delta L_{55}(f,\vec{\lambda})$ 是宽带噪声频谱修正。$L_{56}(f,\vec{\lambda})$ 是直升机预测噪声,包括旋翼和尾翼谐波和宽带噪声。[18] 基频和纯音谐波总声压级(SPLs)取决于发动机运行模式。

图 2.28 展示了一个三种运行模式的涡轮螺旋桨发动机典型预测三分之一倍频谱。

尽管频谱本身包括了叶片扫过的基频和多达 10 阶的谐波,但在案例中显示,宽带水平遮蔽了 3 阶和更高阶的谐波。尽管如此,宽带噪声还是比基频噪声低 17 dB,飞机的飞行速度和环境条件会因多普勒效应、声音的对流放大和传播效应等一定程度改变噪声频谱。

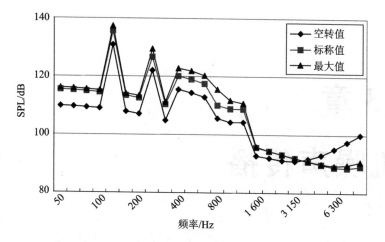

图 2.28　涡轮螺旋桨发动机噪声频谱受运行模式的影响

第3章

飞机噪声传播

3.1 影响户外声音的因素

本章详细描述了决定声音在户外传播范围的物理现象,回顾了展示其影响的数据,并描述了预测其声效应的方法。户外声音的传播涉及到几何传播、空气吸收、与风和温度梯度有关的折射以及大气湍流的影响。当声源和接受者相对靠近地面时,就会与地面、障碍物和建筑物、地形和植被相互作用。这些相互作用受到各种气象因素的综合影响。

3.1.1 扩散损失

仅距离就会导致波阵面扩散。在声源向各个方向均匀辐射的最简单情况下,在距离为 $r(\mathrm{m})$、功率为 $P(\mathrm{W})$ 处的声强 $I(\mathrm{W/m})$ 由下式得到:

$$I = \frac{P}{4\pi r^2} \tag{3.1}$$

这表示半径为 r 的球面波在单位面积上的功率,声压级 L_p 和声功率 L_w 之间的逻辑关系可以写成:

$$L_p = L_w - 20\log r - 11 \text{ dB} \tag{3.2}$$

对于点声源,这意味着在所有方向上每增加一倍距离声压级将减小 $20\log 2$ dB,即 6 dB(一个点声源是全方向性的)。当接受者离声源足够远时,大多数声源可看作点声源。如果声源是方向性的,则式(3.2)通过指向性指数 DI 进行修正。

$$L_p = L_w + \text{DI} - 20\log r - 11 \text{ dB} \tag{3.3}$$

指向性指数为 $10\log DF$ dB,其中 DF 为指向性因子,由给定方向的实际强度与相同功率输出的全向声源强度之比得出。这种方向性可能是由位置引起的。一个简单的位置引起的指向性的例子是,如果一个全向的声源被放置在一个全反射的平面上,通常会产生球形的声波波阵面。因此,辐射声源的辐射局限于一个半球。全向声源在全反射面上的指向性因子为 2,对应的方向性系数为 3 dB。对于一个位于垂直全反射墙与水平全反射面交界处的全向声源,指向性因子为 4,方向性指数为 6 dB。应该注意的是,这些调整忽略了相位效应,并假设了非相干反射。例如,这意味着假设在声学硬边界上存在能量倍增而不是压力倍增。

指向性也可能是声源的固有特征。IL-86 飞机在最大功率模式下(在参考距离 $R_0=1$ m 处定义)的固有方向性如图 3.1 所示。A 计权总声压级 L_A、PNL 和非计权声压级 L 表示距离为 1 m 的方向函数。

方向性也是一个声源的固有特征。在一个在最大能量 IL-86 飞机能量模式下的固有方向性的例子(在一个参考距离 $R_0=1$ m 地方定义)显示在图 3.1 中。所有的 A 计权总声压级的 L_A、PNL 和无计权总声压级的 L 是被标准化到一个距离 1 m 的"矢量函数"。

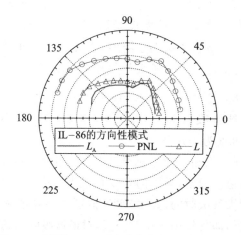

内圆 80 dB 到外圆 150 dB 之间的等高线网格圆间距为 10 dB

图 3.1　IL-86 飞机在最大功率模式下(定义在参考距离 $R_0=1$ m 处)的方向图形

一个全向的点声源将会是一个圈。对于 IL-86 引擎,全向性和最高水平的最大偏差发生在朝前方向(0°)145° 和 155° 之间。

3.1.2　大气吸收

声能的一部分在空气中传播时转化为热能。有热传导损失、剪切粘度损失和分子松弛损失。[3] 由此产生的空气吸收在高频和远距离上变得非常显著,因此,空气在远距离上起着低通滤波器的作用。对于平面波,在压力 p_0 给定时,距离 x 处的压力 p 为

$$p = p_0 \mathrm{e}^{-\alpha \frac{x}{2}} \tag{3.4}$$

空气吸收对应的衰减系数 α 取决于频率、湿度、温度和压力,可以由式(3.5)～

式(3.7)计算得到[3]。

$$\alpha = f^2 \left[\left[\frac{1.84 \times 10^{-11}}{\left(\frac{T_0}{T}\right)^{\frac{1}{2}} \frac{p_s}{p_0}} \right] + \left(\frac{T_0}{T}\right)^{2.5} \left(\frac{0.106\,80 e^{-3\,352/T} f_{r,\mathrm{N}}}{f^2 + f_{r,\mathrm{N}}^2} + \right. \right.$$

$$\left. \left. \frac{0.012\,78 e^{-2\,239.1/T} f_{r,\mathrm{O}}}{f^2 + f_{r,\mathrm{O}}^2} \right) \frac{\text{nepers}}{\mathrm{m} \cdot \mathrm{atm}} \right] \tag{3.5}$$

其中 $f_{r,\mathrm{N}}$ 和 $f_{r,\mathrm{O}}$ 分别是与氮气和氧气分子的振动对应的松弛频率。由下式得到：

$$f_{r,\mathrm{N}} = \frac{p_s}{p_{s\mathrm{O}}} \left(\frac{T_0}{T}\right)^{\frac{1}{2}} \left(9 + 280 H e^{-4.17\left[(T_0/T)^{1/3}-1\right]}\right) \tag{3.6}$$

$$f_{r,\mathrm{O}} = \frac{p_s}{p_{s\mathrm{O}}} \left(24.0 + 4.04 \times 10^4 H \frac{0.02 + H}{0.391 + H}\right) \tag{3.7}$$

其中 f 是频率；T 是热力学温度，该温度是以 $T_0 = 293.15$ K 为参考温度（相当于 20 ℃）的开尔文温度；$H = \rho_{sat} r_h p_0 / p_s$ 是在大气层中水汽的摩尔百分比；r_h 是相对湿度；p_s 是当地大气气压；p_0 是参考大气气压（1 atm = 1.013 25 × 105 Pa）；$\rho_{sat} = 10^{C_{sat}}$，其中 $C_{sat} = -6.834\,6^{(T_0/T)^{1.261}} + 4.615\,1$。

这些方程给出了纯音吸收的预估，$0.05 < H < 5$，253 K $< T <$ 323 K，$\rho_0 <$ 200 kPa 条件下，其精准度为 ±10%。

户外空气的吸收在一天和一年中都会变化。[4,5] 绝对湿度 H 是日变化的重要因素，一般在下午达到峰值。通常，夏季的日变化最大。应当指出，在评估环境噪声影响的最坏情况时，使用大气吸收的（算术）平均值可能会导致对衰减的估计过高。基于当地气候的统计数据，即一年中每小时的值，对最低吸收值的估计更准确。

3.1.3 地面效应

当声源和接受者被抬高但离地面很近时，直接从声源到接受者的声音与从地面反射的声音之间存在干涉。这种现象有时被称为地面吸收，但由于室外声音与地面声音的相互干扰，因此，既有与建设性干扰相关的增强，也有破坏性干扰导致的衰减。在接近无孔混凝土或沥青的地面，破坏性干扰的频率可以简单地从声源接受者几何形状计算出来。如果声源和接受者靠近地面，第一次破坏性干扰发生在一个相对较高的频率，因此，声压是可听频率带宽的两倍。这样的地面被描述为声学硬面。在多孔表面，如土壤、沙子和雪，增强往往发生在低频，因为声波越长，越不能穿透孔隙。然而，当声波穿透多孔地表时，反射过程中振幅和相位会发生变化，产生的破坏性干扰频率范围很宽，通常在 200～800 Hz 之间。植被的存在往往会使地面的表层，包括根部区域更加多孔。雪比土壤和沙子更多孔。森林中地面上部分腐烂的物质层也具有很高的渗透性。多孔的地面有时被称为声学上的软地面。由破坏性干扰而产生的衰减超过了波阵面扩散和空气吸收引起的衰减,而这种衰减是由于地面效应造成的。关于地面效应的预测详见第 3.2 节。

3.1.4　风和温度梯度造成的折射

由于地球表面的风切变和不均匀加热,大气在不断地运动(见图 3.2)。流体在粗糙固体表面上的任何湍流都会产生边界层。从社区噪声预测的角度来看,主要的研究热点是气象边界层的较低部分,即表层。在这个表层,湍流通量的变化幅度小于其量级的 10%,但风速和温度梯度最大。在典型的白天条件下,表层延伸超过 50～100 m,在夜间通常较薄。湍流可以用一系列具有大小分布的移动旋涡或"湍流"来建模。

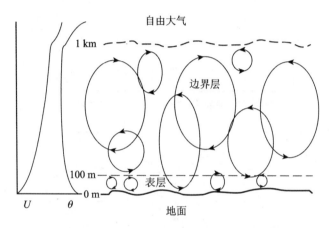

图 3.2　白天大气边界层和湍流涡结构示意图

图 3.2 中,左边的曲线显示了平均风速(U)和潜在的温度分布($\theta = T + \gamma_d z$,其中 $\gamma_d = -0.098\ ℃/km$ 是干绝热递减率,T 是温度,Z 是高度)。

在大多数气象条件下,声速随地面以上高度的变化而变化。通常,温度随高度(绝热减温条件)而降低。在没有风的情况下,声波会向上弯曲或折射。风速与声速相加或相减。当声源在接受者的下风向时,声音不得不逆风传播。随着高度的增加,风速增加,声速减去的量增加,导致声速梯度为负。顺风时,声音被折射到地面。当两者都存在时,风的影响往往比温度的影响更明显。温度逆温,即空气温度上升到反转高度,导致声波在该高度以下发生折射。在逆风或顺风的情况下,声级下降的速度比波阵面单独传播的速度要慢。

一般情况下,声速剖面 $c(z)$、温度剖面 $T(z)$ 与风速剖面 $u(z)$ 在声传播方向上的关系可以由下式表示:

$$c(z) = c(0)\sqrt{\frac{T(z) + 273.15\ \text{K}}{273.15\ \text{K}}} + u(z) \tag{3.8}$$

其中,T 的单位是 K,u 的单位是 m/s。

正常情况下,空气温度随着高度降低。对应的声射线(其代表声音传播的高频率近似值)离地曲线,声源两侧存在不被射线穿透的阴影区(见图 3.3(a))。如果气温先升高到某一高度,然后才恢复通常的随高度降低的温度,则会发生逆温。逆温的高度是由温度梯度的斜率符号变化的高度决定的。逆温高度以下的声源发出的声波往往会折射到地面(见图 3.3(b))。这是声音传播的有利条件,并可能导致比声中性更高的声级。由于风速随着高度的增加而增加,这也适用于声源的下风向的接受者。如果接受者位于入射波定义的阴影区域内,则情况可能相反,接受者在声源的逆风向(见图 3.4)。如果有一个风梯度,那么它往往主导对温度梯度的影响。

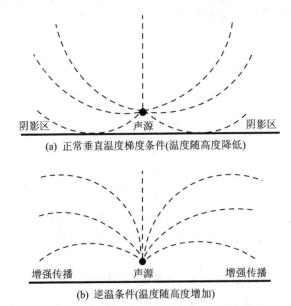

(a) 正常垂直温度梯度条件(温度随高度降低)

(b) 逆温条件(温度随高度增加)

图 3.3　温度梯度引起的声音折射

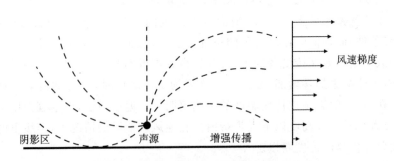

图 3.4　风梯度对点源声射线的影响

在多数情况下,当声源或接受者靠近地面时,需要考虑所有的地面反射。然而,与使用平面波反射系数来描述这些地面反射相比,更好的近似方法是使用球面波反射系数(见 3.2 节)。

3.2 预测地面影响

3.2.1 匀质地面

对于大多数的环境噪声预测,由于多孔地基介质的固体颗粒框架可能被认为是刚性的,因此,只需要考虑一种波型(即穿透孔隙的波)。在这种假设下,一般来说,地面的声速(c_1)一般要比空中的声速(c)小得多(即 $c \gg c_1$)。在地面固体颗粒间的空气间隙中声音的传播受到粘性摩擦的阻碍。这又意味着,地面的折射率 $n_1 = c/c_1 \gg 1$,任何入射的声波从空气传播到地面时,都被折射向法线。这种类型的地面称为局部反应,因为地面与空气的相互作用与入射波的入射角无关。地面局部反应的声学性质可能仅仅代表其相对垂直入射表面的阻抗(Z),或其逆(相对导纳 β)和地面形成一个有限阻抗边界。完全坚硬的地面具有无限阻抗(零导纳)。完全柔软的地面具有零阻抗(无穷大导纳)。如果地面不是局部反应(即如果是外部反应),则阻抗条件被控制压力连续性和空气粒子速度法向分量连续性的两个独立条件所取代。

考虑无限阻抗平面附近一个压力为 P 和谐波时间依赖性为[$\exp(-i\omega t)$]的点声源,位于平面 $z = 0$ 处。平面在声学上是均匀的,其特征是归一化导纳 β(见图 3.5)。

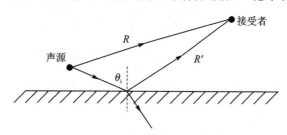

图 3.5　从点声源到地面上接受者之间的声传播

这个问题需要求解声源在阻抗面上的赫姆霍兹方程:

$$\Delta P + k^2 P = \Gamma(x, y, z) \tag{3.9a}$$

直接路径长度用 R 表示,反射路径长度用 R' 表示,则

$$\left(\frac{\partial P}{\partial z} + ik\beta P \right)_{z=0} = 0 \tag{3.9b}$$

其中 k 是波数量,$\Gamma(x, y, z)$ 表示在位置 (x, y, z) 处的声源项(通常是一个多极子声源,见 3.2.3 小节)。式(3.9a)在半空间 $z > 0$ 中有效。对于传出声波,也需要应用萨默菲尔德条件。

入射声压和反射声压边界问题式(3.9)的通解可采用第 1 章中方程(1.32)的形式表示:

$$P = \frac{1}{(2\pi)^{\frac{3}{2}}} \int\limits_{-\infty}^{\infty} \int\limits_{-\infty}^{\infty} \mathrm{d}\beta_x \, \mathrm{d}\beta_y \int\limits_{-\infty}^{\infty} \frac{\Gamma(\beta_x, \beta_y, \beta_z) \exp\left[-\mathrm{i}(\beta_x x + \beta_y y + \beta_z z)\right]}{k^2 - \beta_x^2 - \beta_y^2 - \beta_z^2} \mathrm{d}\beta_z +$$

$$\frac{1}{2\pi} \int\limits_{-\infty}^{\infty} \int\limits_{-\infty}^{\infty} A(\alpha, \delta) \exp(-\gamma z - \mathrm{i}\alpha x - \mathrm{i}\delta y) \, \mathrm{d}\alpha \, \mathrm{d}\delta \tag{3.10}$$

其中 $\Gamma(\beta_x, \beta_y, \beta_z)$ 是多极声源项的傅里叶变换：

$$\Gamma(\beta_x, \beta_y, \beta_z) = \frac{1}{(2\pi)^{\frac{3}{2}}} \int\limits_{-\infty}^{\infty} \int\limits_{-\infty}^{\infty} \int\limits_{-\infty}^{\infty} \Gamma(x, y, z) \exp\left[\mathrm{i}(\beta_x x + \beta_y y + \beta_z z)\right] \mathrm{d}x \, \mathrm{d}y \, \mathrm{d}z$$

β_x、β_y、β_z、α、δ 是复变量，$\gamma = \sqrt{\alpha^2 + \delta^2 + k^2} = -\mathrm{i}\sqrt{\alpha^2 + \delta^2 + k^2}$，$A(\alpha, \delta)$ 是一个未知的函数，且 $\mathrm{Re}\,\gamma > 0, z > 0$。

使用边界条件式(3.9b)，可以解出这个未知函数 $A(\alpha, \delta)$[6]：

$$A(\alpha, \delta) = A'(\alpha, \delta) + A''(\alpha, \delta)$$

$$A'(\alpha, \delta) = \frac{\mathrm{i}\sqrt{2\pi}(\sqrt{k^2 - \alpha^2 - \delta^2} - k\beta)\Gamma(\alpha, \delta, \sqrt{k^2 - \alpha^2 - \delta^2})}{\sqrt{k^2 - \alpha^2 - \delta^2}(\sqrt{k^2 - \alpha^2 - \delta^2} + k\beta)} \tag{3.11}$$

$$A''(\alpha, \delta) = -\frac{\mathrm{i}\rho\omega^2\sqrt{2\pi}\left(1 - \dfrac{k\beta}{\sqrt{k^2 - \alpha^2 - \delta^2}}\right)}{\sqrt{k^2 - \alpha^2 - \delta^2}\left(1 + \dfrac{k\beta}{\sqrt{k^2 - \alpha^2 - \delta^2}}\right)} x \tag{3.12}$$

$$x \frac{\Gamma(\alpha, \delta, \sqrt{k^2 - \alpha^2 - \delta^2})}{\left\{2\rho\omega^2 + \mathrm{i}\sqrt{k^2 - \alpha^2 - \delta^2}\left(1 - \dfrac{k^2\beta^2}{k^2 - \alpha^2 - \delta^2}\right)\left[D(\alpha^2 + \delta^2)^2 - \omega^2 m\right]\right\}}$$

$$\tag{3.13}$$

如果声源在 (x_0, y_0, z_0) 处是一个单极，则

$$\Gamma(x, y, z) = -\delta^{(D)}(x - x_0)\delta^{(D)}(y - y_0)\delta^{(D)}(z - z_0)$$

$$\Gamma(\beta_x, \beta_y, \beta_z) = -\frac{1}{(2\pi)^{3/2}} \exp\left[\mathrm{i}(\beta_x x_0 + \beta_y y_0 + \beta_z z_0)\right]$$

其中 $\delta^{(D)}(x - x_0), \delta^{(D)}(y - y_0), \delta^{(D)}(z - z_0)$，是狄拉克函数。

可以写出均匀平面上总声场的精确解析解：

$$P = \frac{\exp(\mathrm{i}kR)}{4\pi R} + \frac{\exp(\mathrm{i}kR')}{4\pi R'} + p_\beta \tag{3.14a}$$

$$p_\beta = -\frac{k\beta\exp\left[-\mathrm{i}k\beta(z + z_0)\right]}{4}\left[H_0^{(1)}(kr\sqrt{1 - \beta^2}) - H_0^{(1)}(s', kr\sqrt{1 - \beta^2})\right]$$

$$\tag{3.14b}$$

其中

$$R = \sqrt{(x - x_0)^2 + (y - y_0)^2 + (z - z_0)^2}$$

$$r = \sqrt{(x-x_0)^2 + (y-y_0)^2}, \quad s' = \vartheta'_1 - \mathrm{i}\vartheta_0$$

$$s' = \vartheta'_1 - \mathrm{i}\vartheta_0, \quad \mathrm{ch}\,\vartheta'_1 = \frac{R'}{r}, \quad \cos\vartheta_0 = \frac{1}{\sqrt{1-\beta^2}}, \quad \sin\vartheta_0 = \frac{\mathrm{i}\beta}{\sqrt{1-\beta^2}}$$

$H_0^{(1)}(s', kr\sqrt{1-\beta^2})$ 为第一类零阶不完全汉克尔函数。把汉克尔函数渐近展开：

$$|kr\sqrt{1-\beta^2}\sin(\vartheta'_1 - \mathrm{i}\vartheta_0)| > 1, \quad |kr\sqrt{1-\beta^2}| < \pi$$

$0 < \vartheta'_1 < \pi$ 可以用来获得压力均匀阻抗平面上的一个简单的解决方案：

$$p_\beta \approx -\frac{\beta\exp(\mathrm{i}kR')}{2\pi R(\beta+\cos\theta_\mathrm{i})}\left[1 - \frac{\mathrm{i}(1+\beta\cos\theta_\mathrm{i})}{R'k(\beta+\cos\theta_\mathrm{i})^2}\right] \tag{3.15}$$

其中 θ_i 是入射角（见图 3.5）。

对于阻抗平面上的点声源，可以写出一个应用广泛但计算量较大的解[9]：

$$p(x,y,x) \doteq \frac{\mathrm{e}^{\mathrm{i}kR}}{4\pi R} + \frac{\mathrm{e}^{\mathrm{i}kR'}}{4\pi R'} + \Phi_\mathrm{p} + \phi_\mathrm{s} \tag{3.16}$$

其中

$$\Phi_\mathrm{p} \approx 2\mathrm{i}\sqrt{\pi}\left(\frac{1}{2}kR'\right)^{1/2}\beta\mathrm{e}^{-w^2}\mathrm{erfc}(-\mathrm{i}w)\,\frac{\mathrm{e}^{\mathrm{i}kR'}}{4\pi R'} \tag{3.17}$$

且 w 有时称为数值距离，由下式得到：

$$w \approx \frac{1}{2}(1+\mathrm{i})\sqrt{kR'}(\cos\theta+\beta) \tag{3.18}$$

ϕ_s 表示一个表面波，且在大部分情况下对比 ϕ_ϑ 是小的。它包含在补充误差函数 erfc(x) 的详细计算中[10,11]。另一方面，它在式（3.15）中不明显。表面波重要的条件将在后面讨论。

利用式（3.16）和式（3.17）进行重新排列后，局部反映地面上方的单极子点声源产生的声场变为

$$p(x,y,z) = \frac{\mathrm{e}^{\mathrm{i}kR_1}}{4\pi R} + [R_p + (1-R_p)F(w)]\frac{\mathrm{e}^{\mathrm{i}kR_2}}{4\pi R'} \tag{3.19}$$

其中 $F(w)$ 有时也被称作边界损失因子，由下式得到：

$$F(w) = 1 + \mathrm{i}\sqrt{\pi}w\exp(-w^2)\mathrm{erfc}(-\mathrm{i}w) \tag{3.20}$$

该式描述了球形波与有限阻抗地面的相互作用。[12] 在式（3.13）中方括号中的项可以理解为球面波的反射系数。

$$Q = R_\mathrm{p} + (1-R_\mathrm{p})F(w) \tag{3.21}$$

其中包括平面波反射系数 R_p 和一个"校正"。Q 的第二项波阵面是球面而不是平面。它对整个声场的贡献被称为地面波，与 AM 无线电接收理论中相应的术语类似。它表示声源图像在地平面附近的一个贡献。如果波阵面是平面（$R_2\to\infty$），那么 $|w|\to\infty$ 且 $F\to0$。如果表面是声学硬面，那么 $|\beta|\to0$，这意味着 $|w|\to0$ 和 $F\to1$。如果 $\beta=0$，对于一个理想的反射面，声场包括两方面：一个直接贡献波，一个对应的声源

镜向的反射波。总声场的表达式如下：

$$p(x,y,z)=\frac{\mathrm{e}^{ikR_1}}{4\pi R}+\frac{\mathrm{e}^{ikR_2}}{4\pi R'}$$

当 $k(R'-R)=\pi$ 或 $f=c/2(R'-R)$ 时，在 h 直射和地面反射组件之间的破坏性干涉对应第一个最小值。通常情况下，声源和接受者靠近全反射平面，这个破坏性干涉频率太高，对户外声预测不重要。地面效应中第一个最小值出现的频率越高，其被湍流破坏掉的可能性就越大。

对于 $|\beta| \ll 1$ 且入射($\theta = \pi/2$)，则 $R_p = -1$，

$$p(x,y,z)=2F(w)\mathrm{e}^{ikr}/r \tag{3.22}$$

数值距离 w 为

$$w=\frac{1}{2}(1+\mathrm{i})\beta\sqrt{kr} \tag{3.23}$$

如果采用平面波反射系数而不是球面波反射系数来计算入射，那么，当声源和接受者都在地面上时，就可以预测出声压为零。方程式(3.19)是均匀大气中，局部反映地面上声场预测最常用的近似解析。有许多其他精确的渐近解和数值解可用，但对于实际的几何形状和典型的室外地面，各种预测之间没有显著的数值差异。

3.2.2　表面波

由式(3.14)和式(3.15)给出的解可能是一个有用的近似解，因为它避免了计算式(3.19)中出现的复杂参数的互补误差函数。但是，如式(3.19)所示，它没有明确包含表面波分量，见式(3.16)。然而在式(3.19)中，它是计算互补误差函数的一部分。尽管在这种声场的计算中，由于点声源在阻抗边界上的作用，表面波隐含在声场中，但表面波代表着一个独立的物理波实体，它在多孔地表附近传播，并与多孔地表平行。它是将平行于表面的运动与垂直于表面的运动相结合，在孔隙内外产生空气粒子的椭圆运动。表面波的衰减与范围的平方根成反比，而不是像其他分量那样与范围成反比。在一个归一化导纳 $\beta = \beta r + \mathrm{j}\beta x$ 的入射阻抗平面上，存在表面波的条件是：

$$\frac{1}{\beta_x^2} > \frac{1}{\beta_r^2} + 1 \tag{3.24}$$

对于有大阻抗的表面(即 $|\beta| \to 0$)，简单的条件是，地面阻抗的虚部(电抗)大于实部(阻力)。这种类型的表面阻抗由置于光滑坚硬表面的多孔层或晶格层所具有。在实验室实验中，点声源产生的表面波已经在这类表面上得到了广泛的研究。[14-16] 户外地面最可能产生可测量表面波的类型是冰冻地面上的一层薄薄的雪。通过在雪地上用手枪射击的实验，阿尔伯特证实了所预测的户外表面波的存在。[17]

有些情况下，地面不可能模拟为阻抗平面(即 n_1 不够高，以保证假设 $n_1 \gg 1$)。在这种情况下，声波的折射取决于声音进入多孔介质的入射角。这意味着阻抗不仅

取决于地表的物理性质,而且关键取决于入射角。有效导纳 β_e 的定义如下:

$$\beta_e = \zeta_1 \sqrt{n_1^2 - \sin^2\theta} \tag{3.25}$$

其中 $\zeta_1 = \rho/\rho_1$ 是空气密度与硬质多孔地面密度(复合)的比例。

这允许使用与以前相同的结果,但导纳被局部半无限非反应地面的有效导纳所代替。在某些情况下,在相对无孔的衬底上有孔度较高的多孔表面层。这是由于森林地面由部分分解的凋落物层组成,这些凋落物层位于相对较高的流阻性土壤之上,如新落下的雪落在坚硬的地面上,或者多孔沥青铺在非多孔的基材上。对于这种多层地基,将其作为半无限的外部反应地基来处理以满足上述条件的最小深度 d_m,则取决于地基的声学特性和入射角。我们可以考虑两种极限情况。如果表层内的传播常数用 $k_1 = k_r - jk_x$,垂直入射,$\theta = 0$,所需的条件是

$$d_m > 6/k_x \tag{3.26}$$

对于入射角,其中 $\theta = \pi/2$,所需的条件是

$$d_m > 6\left[\sqrt{\frac{(k_r^2 - k_x^2 - 1)^2}{4} + k_r^2 k_x^2} - \frac{k_r^2 - k_x^2 - 1}{2}\right]^{\frac{1}{2}} \tag{3.27}$$

可以推导出任意层数地面的有效导纳表达式。然而,在大多数室外地面上,声波很少能穿透几厘米。通常情况下,较低层对地面上的总声场贡献很小,预测室外声音不需要考虑两层以上的地面结构。尽管如此,也发现双层结构[18]的假设能够提高与雪地上获得数据的一致性。[19] 结果表明,在表面阻抗与角度有关的情况下,入射值代替正常表面阻抗对预测室外噪声具有足够的精度。[20]

3.2.3 近地面的多极声源

在近距离和中距离,一个飞机发动机必须被认为是一个多极声源。尽管多极声源辐射的声场比相应的单极声源弱得多,但在许多情况下,当多极声源强度非常大时,单极辐射对声场没有显著的贡献。例如,振动的球体或未封闭的无挡板扬声器的声辐射可以用偶极场表示。推导得到阻抗面附近垂直偶极子引起的声场近似表达式(见图 3.6),其形式与式(3.19)相似[9](见第 5 章)。

$$p_v = \frac{S_1 \cos\gamma_l}{4\pi}\left\{\cos\phi\left[\frac{1-ikR_1}{R_1^2}\right]e^{ikR_1} + R_p\cos\theta\left[\frac{1-ikR_2}{R_2^2}\right]e^{ikR_2} + \right.$$
$$\left.\cos\mu_p(1-R_p)F(w)\left[\frac{1-ikR_2}{R_2^2}\right]e^{ikR_2}\right\} \tag{3.28}$$

其中 S_1 是偶极子声源强度,ϕ 和 θ 分别是偶极轴之间的角度、直射和图像射线之间的角度,$\cos\mu_p = -\beta$。

图 3.7(a)和(b)显示了由垂直偶极子引起的声场预测(实线),该偶极子位于相当高的阻抗表面之上,其水平范围为 1 000 Hz 和 100 Hz。震源和接受者的高度分别位于地面以上 2.0 m 和 1.0 m。虚线表示由于单极子声源与垂直偶极子声源接受

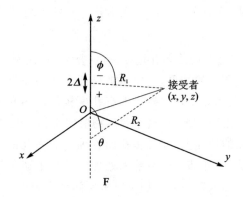

图 3.6　一种垂直偶极子，由 2Δ 一对不同相位的的单极子隔开

者几何形状和频率相同而产生的预测声级。将偶极子的声源强度归一化，使其在 0 m 范围内的声源强度与垂直偶极子相同。一般情况下，偶极子的干涉图样与单极子声源的干涉图样基本相同，但水平略低。与单极子或水平偶极子的相应频谱相比，它们表现出更强的干涉效应。

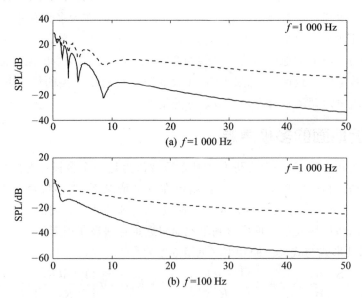

图 3.7　阻抗地面上方垂直偶极子(实线)的声压级(SPL)，由单极子(虚线)引起的预测声级也显示出来。声源高度 2.0 m，接受者高度 1.0 m

　　喷气发动机噪声源的噪声可以通过随机方向的纵向四极体或随机方向的横向四极体来进行理想化。对于任意倾斜的偶极子和四极子，可以得到式(3.28)的等价表达式(见第 5 章)。Taherzadeh 和 Li 研究了简单四极子的指向性模式，并预测了地面阻抗对射流噪声指向性的显著影响。[21] 这是纵向和横向四极子在近掠角处强度场近似抵消的结果。

3.2.4　地面阻抗模式

影响多孔地面声学特性的最重要特征是其流阻性。土壤学家倾向于用空气渗透性来表示，它与流阻率的倒数成正比。流阻率是衡量空气进出地面容易程度的指标。它表示施加的压力梯度与每单位厚度材料的诱导体积流量之比，单位为 Pa·s/m²。如果地表具有高的流阻率，就意味着空气很难在地表流动。通常，随着孔隙率的降低，流阻率增加。例如，传统热轧沥青具有很高的流阻率（10^7 Pa·s/m²），孔隙率可以忽略不计，而排水沥青的体积孔隙率高达 0.25，具有相对较低的流阻率（<30 kPa·s/m²）。土壤的体积孔隙率在 10%～40% 之间。湿压实粉砂的孔隙率可能低至 0.1，而流阻率相当高（$4×10^6$ Pa·s/m²）。新下的雪的孔隙率约为 60%，并且流阻率相当低（<10 kPa·s/m²）。表面多孔层的厚度可能是重要的，无论它是否具有声学硬底层。

户外表层声学特质是一个广泛使用的单参数模型[22]，其用有效的流阻率 σ_e 描述地面的特征。根据该单参数模型，得到了传播常数 k 和标准特性阻抗 Z，具体如下：

$$\frac{k}{k_1} = [1 + 0.097\,8(f/\sigma_e)^{-0.700} + i0.189(f/\sigma_e)^{-0.595}] \tag{3.29a}$$

$$Z = \frac{\rho_1 c_1}{\rho c} = 1 + 0.057\,1(f/\sigma_e)^{-0.754} + i0.087(f/\sigma_e)^{-0.732} \tag{3.29b}$$

该模型既可用于局部反应地面，也可用于扩展反应平面。假设地面是厚度为 d[23] 的硬质多孔层，地面阻抗 Z_S 由下式得到：

$$Z_S = Z\coth(-ikd) \tag{3.29c}$$

另一方面，有相当多的证据表明式（3.29a）倾向于高估具有高流阻性的多孔材料（如土壤）的衰减。

有人提出了一种基于孔隙度随深度指数变化的模型。[24,25] 它使一些室外地面的声学特性与实测数据比式（3.29b）更符合。这两个可调参数是另一个不同于式（3.29）有效流阻率（σ_e）和有效孔隙度随深度的变化速度（α_e）。利用该方法预测了地面阻抗。

$$Z = 0.436(1+i)\sqrt{\frac{\sigma_e}{f}} + 19.74i\frac{\alpha_e}{f} \tag{3.30}$$

更为复杂的刚性多孔材料声学特性理论模型包括孔隙率、孔隙的弯曲度（或扭曲度）、与孔隙形状和多层结构等有关的因素。引入孔隙[27]粘性和热特性尺寸的模型是基于 Johnson 等人的一个公式。[28]最新的研究表明，通过假设相同堆积球的特定微观结构，可以得到特征尺寸与晶粒尺寸之间的显性关系。[29]另一种允许对数正态孔径分布的研究（同时假设孔隙形状相同[30]）是基于山本和 Turgut[31] 对水下沉积物声学特性模型进行的。

获取地面阻抗的标准方法是基于过量衰减的近程测量的模板法。[32] 由式(3.29)和式(3.30)推导出的参数值表明，"草地"[9] 的参数值范围较大(见第 4 章)，可以通过拟合复杂声压的测量直接推导出地表阻抗。

3.2.5　地表粗糙度效果

通过对未开垦草地上复杂过度衰减的直接测量，可以得到一些地表阻抗谱，表明在入射频率 3 kHz 以上的地表阻抗趋于零。来自随机粗糙多孔表面的非相干散射效应可以用来解释这些测量结果。只要特征粗糙度尺寸小于入射声波波长，就存在相干正向散射。随着入射频率的增加，最终以非相干散射为主。采用凸包方法，对于垂直于粗糙度轴方向随机分布的二维(2 - D)粗糙度的硬表面，入射的近似有效导纳计算公式如下[6]：

$$\beta \approx \left(\frac{3V^2 k^3 b}{2}\right)\left(1 + \frac{\delta^2}{2}\right) + iVk(\delta - 1) \tag{3.31}$$

其中 V 是表面的粗糙度体积单位面积(相当于粗糙度高，这是假定与声音的波长相比较小)，b 是平均中心间距，δ 是一个取决于粗糙度形状和包装密度的交互因素，k 是波数。式(3.31)的一个有趣的结果是，表面将是声学硬面(即零导纳，如果光滑时有效导纳大于零，入射时粗糙)。导纳的实部允许非相干散射，它也随着频率的立方体和每单位面积粗糙度平方的变化而变化。采用"老板"方法对二维粗糙度多孔表面的标准导纳进行了预测。对于入射附近随机粗糙多孔表面[9]，可以得到如下近似：

$$Z_r \approx Z_s - \left(\frac{\langle H \rangle R_s}{\gamma \rho_0 c_0}\right)\left(\frac{2}{v} - 1\right) \quad (\mathrm{Re}(Z_r) \geqslant 0) \tag{3.32}$$

其中 $v = 1 + \frac{2}{3}\pi(H)$，$\langle H \rangle$ 是均方根粗糙度高度，Z_s 是平滑透气表面的阻抗。这样可以通过阻抗模型或测量光滑表面阻抗来预测长波长表面粗糙度的影响。

栽培措施可能会改变土壤表面的性质，从而对土壤效应产生重要影响。Aylor[35] 注意到，在地表 50 m 范围内，在没有明显气象条件变化的情况下，土壤的过度衰减发生了显著变化。另一种栽培方法是亚污染。它的目的是压实地表以下 300 mm 或更多的碎土壤，例如，重型车辆反复通过。通过用单个或两个带有锋利边缘的叶片齿的方式在压实层中建立裂纹来获得。地下污染对地表剖面的影响很小。耕作使土壤表面高出约 0.15 m。在耕作前和耕作后对耕地表面进行的测量表明，其结果与预测的表面粗糙度和流阻率的变化效果相一致。[25,36]

3.2.6　阻抗不连续的影响

De Jong[37] 从两侧表面声阻抗不同的楔块出发，考虑了皮尔斯的声衍射公式。然后，他让楔子向外折叠，并推导出从点声源通过阻抗间断传播声音的表达式。De Jong 的表达式可以改写为

$$P_t = \frac{\mathrm{e}^{ikR_1}}{R_1}\left\{1 + (Q_b - Q_a)\frac{\mathrm{e}^{-i\pi/4}}{\sqrt{\pi}}\cdot\frac{R_1}{R_d}F\left[\sqrt{k(R_d - R_1)}\right]\right\} +$$

$$\frac{\mathrm{e}^{ikR_2}}{R_2}\left\{Q_{a,b}\pm(Q_b - Q_a)\frac{\mathrm{e}^{-i\pi/4}}{\sqrt{\pi}}\cdot\frac{R_2}{R_d}F\left[\sqrt{k(R_d - R_2)}\right]\right\} \qquad (3.33)$$

其中 R_1 和 R_2 分别是声源到接受者的直接射线路径和图像射线路径，R_d 是声源—不连续—接受者路径。下标 a 和 b 指的是两个阻抗表面，$Q_{a,b}$ 是适当的球面反射系数，如果镜面反射的点落在区域 a，表达式中 $Q_{a,b}$ 等于 Q_a 加上正号；如果镜面反射的点落在区域 b，等于 Q_b 加上负号。波数是用 k 表示，$F(x)$ 是 Fresnel 积分函数。它的定义如下：

$$F(x) = \int_x^\infty \mathrm{e}^{it^2}\,\mathrm{d}t \qquad (3.34)$$

图 3.8 显示了基于式(3.33)和式(3.34)的 A 计权噪声水平的预测，即从单极子声源(其频谱核心与 Il'usshin - 86 发动机的频谱核心相对应)传播到距离声源不同距离的草地和混凝土之间的阻抗不连续处。总体趋势是在预测的混凝土水平和草地水平之间的过渡。这些预测与后来关于地面运行噪声的讨论有关(见第 3.3.3 小节)。

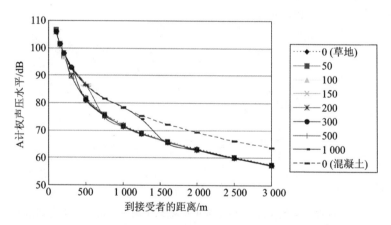

上面的线表示 100％混凝土覆盖的预测水平，下面的线表示 100％草地的预测水平

图 3.8　预测了 A 计权声压级随范围的变化，该范围是从安装在混凝土上的 Il'ushin - 86 发动机到草地的阻抗不连续点的不同距离

3.2.7　横向衰减计算

不同频段，在给定接收点处地面效应对噪声参数影响的计算，可按传递损失计算：

$$TL = 10\lg\left(\frac{p_t p_t^*}{p_d p_d^*}\right) \qquad (3.35)$$

或通过横向衰减公式计算：[39]

$$\Delta L_{\text{LAT}} = 10\lg\{1 + S^2 \mid Q_i \mid^2 + 2S \mid Q_i \mid \{\sin[\alpha(\Delta R/\lambda_i)]/$$
$$[\alpha(\Delta R/\lambda_i)]\}\cos[\beta\Delta R/\lambda_i + \delta]/(\Delta R/\lambda_i)\} \tag{3.36}$$

其中 $Q_i = \mid Q_i \mid e^{-i\lambda i}$；$S = R_1/R_2$；$\Delta R = (R_2 - R_1)$；$\alpha = \pi(\Delta f/f_i)$，$\Delta f$ 是频带的宽度，f_i 是频带的中心频率；λ_i 是波长；$\beta = 2\pi[1 + (df/f_i)^2/4]^{1/2}$；下标 i 表示中心频带。

对于三分之一倍频程，$\alpha = 0.725$，$\beta = 6.325$。

3.3　测量和预测地面影响的比较

3.3.1　近　程

图 3.9 和图 3.10 分别为实测的过量衰减谱、推导出的标准表面阻抗谱的实部和虚部，以及基于式(3.15)和式(3.29b)的相应预测，有效流阻率分别为 190 kPa·s/m² 和 150 kPa·s/m²。测量是使用草坪上的点声源(11/2 ft 的压缩驱动器)完成的。气温在 200 ℃ 左右，风速小于 1 m/s，云层密集。

注意，阻抗的实部预测值大于虚部预测值 630 Hz 以上，但从数据中推导出的阻抗虚部预测值往往大于相应的实部。

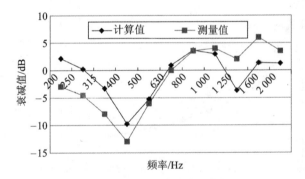

图 3.9　在声源高 1.5 m、接受者高 0.5 m、水平间隔 4 m 的草坪上测量的过量衰减谱，采用式(3.15)和式(3.29b)进行预测，有效流阻率为 190 kPa·s/m²

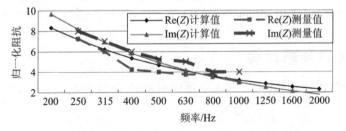

图 3.10　当有效流阻率为 150 kPa·s/m² 时，由复杂近程数据(数值解由式(3.19)得出)推导出阻抗谱，由式(3.29b)计算得到阻抗谱

3.3.2　Parkin 和 Scholes 数据

在英国的两个机场(Hatfield 和 Radlett 机场),利用一台固定的罗尔斯罗伊斯 Avon 喷气发动机作为动力源,开展了地面和气象条件[40-41]综合影响的开创性研究。在 Hatfield 机场,跑道附近和周围的草地高 5.1 cm,草地高 20.3 cm。测量场地宽 304.8 m,长1 127.8 m。风速和温度是在两个高度进行监测的,因此,在测量过程中可以推断出风和温度梯度的一些情况。也许因为没有认识到湍流的作用,所以没有监测到湍流的大小。然而,这是首次注意并量化地面效应随地表类型变化的研究。

在图 3.11 所示示例的结果数据中,引用 19 m(参考位置)处的声压级与较远位置的声压级之间的差值,这些差值是根据预期的球形扩展和空气吸收的减少而修正的。在风速(<2 m/s)和温度梯度小(<0.01(°)/m)的轻微顺风条件下,Hatfield 机场青草覆盖地面上的地面衰减虽然仍然是一个主要的传播因素(即在 400 Hz 附近超过 15 dB),但低于在其他草覆盖的 Hatfield 机场地面,其最大值发生在更高的频率。测量期间的降雪量也使我们能够观察到在低频段(即在 63 Hz 和 125 Hz 的三分之一倍频带中,降雪量衰减超过 20 dB)下雪所造成的巨大变化。

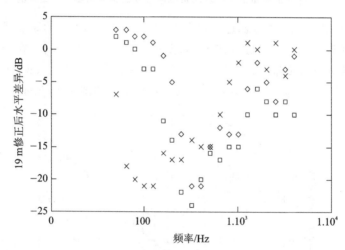

□和◇分别表示 Radlett 和 Hatfield 机场上(草覆盖)的数据,在声源和接受者之间的正矢量风为 1.27 m/s(5 ft/s),×表示在 Hatfield 机场获得的超过 0.15 m 厚(6.9 ft)的雪和 1.52 m/s(6 ft/s)的正矢量风的数据。

图 3.11　修正了波前传播和空气吸收后,麦克风在 1.5 m 高度和距离固定喷气发动机声源(喷嘴中心高度 1.82 m)19 m 和 347 m 时,Parkin 和 Scholes 的噪声水平数据差异

3.3.3　飞机发动机测试噪声

图 3.12 显示了在混凝土台架上测试的飞机发动机在 50 m 处的三分之一倍频程

数据,以及在硬表面上点声源横向衰减的预测公式(3.36)。

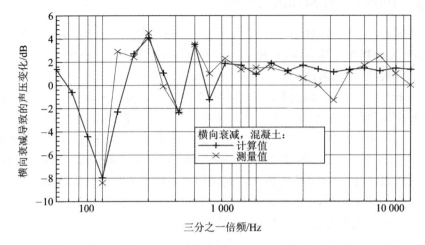

接受者高度 1.5 m,假定点声源高度 4.5 m,发动机与麦克风水平距离 50 m。

预测假设混凝土的阻抗半经验单参数模型为公式(3.38b),有效流阻率$\sigma_e = 20\ 000$ kPa s/m^2

图 3.12   混凝土地面上一个发动机试验台架的预测与测量[42] 结果的比较

为确定机场附近的噪声线,已对飞机发动机起动时 3 km 的距离进行了噪声测量。在弱折射天气条件下(风速<5 m/s,温度在 20~25 ℃ 之间),在数个夏季对一系列动力装置进行了测量。每个测量站(按照国际民用航空组织(ICAO)附件 16 的要求)进行了 7~10 次测量,结果取平均数。算例结果如图 3.13 所示。

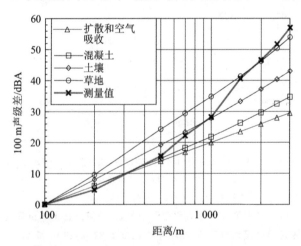

图 3.13   假设球面波加上空气吸收和各种地面类型,且是发动机中心高度的点声源,
在一个伊尔-86 飞机引擎和水平预测的测试期间,在 100 m 处 A 计权重噪声水平
与那些测量点最大射流噪声方向上(排气轴方向 40°)3 km 范围远处噪声值之间的测量差异

结果表明,这些数据与声速中性(即零声速梯度)条件是一致的。注意,在 3 km

处,测得的噪声水平比波阵面扩散和空气吸收预计的要低 30 dB 以上。在距离发动机 500～700 m 的范围内,数据显示衰减率接近混凝土或球形扩散加上空气吸收的预测。700 m 以上的实测衰减率更接近土壤预测,或介于土壤和草地预测之间。这些结果与下列事实是一致的:在停机坪的混凝土表面以及更远的地面是土壤和/或草的地方(即在不同方向的 500～700 m 之间),地面影响有相应差异。

地面操作的噪声将在第 4 章进一步讨论。

3.4　阴影区

假设风和温度梯度产生线性有效声速剖面且忽略矢量风有明显的优势,因为这种假设导致了圆形射线路径和相对容易处理的解析解。因此在这种假设下,有效的声速 c 可以写成

$$c(z) = c_0(1 + \zeta_z) \tag{3.37}$$

其中 ζ 是名义上的声速率梯度,$\xi = (dc/dz)/C_0$,z 是地面高度。如果假定声源接受者距离和有效声速梯度足够小,那么有且只有一个单独的"射线弹跳"(即在源和接收之间一个单独的地面反射),可以简单改变公式(3.19)获得路径,取代几何射线路径定义和反射路径长度。因此,声场近似为

$$p = \left[\exp(-jk_0\xi_1) + Q\exp(-jk_0\xi_2) \right] / 4\pi d \tag{3.38a}$$

其中 Q 是适当的球面波反射系数,d 是声源和接受者之间的横向距离,ξ_1 和 ξ_2 分别是直射波和反射波的声学路径长度。这些声音的路径长度可以由下式[43-44]确定。

$$\xi_1 = \int_{\phi_<}^{\phi_>} \frac{d\phi}{\zeta \sin \phi} = \zeta^{-1} \ln \left[\tan(\phi_> /2)/\tan(\phi_< /2) \right] \tag{3.38b}$$

和

$$\xi_2 = \int_{\theta_<}^{\theta_>} \frac{d\theta}{\zeta \sin \theta} = \zeta^{-1} \ln \left[\tan(\theta_> /2)\tan^2(\theta_0/2)/\tan(\theta_< /2) \right] \tag{3.38c}$$

其中 $\phi(z)$ 和 $\theta(z)$ 是直射和反射波的极角(从正轴测量的)。下标">"和"<"分别表示在 $z_>$ 和 $z_<$ 处计算的对应参数,$z_> = \max(z_s, z_r)$ 和 $z_< = \min(z_s, z_r)$。

$\phi(z)$ 和 $\theta(z)$ 的计算,需要在 $z = 0$[45] 处相应的极坐标角度 ϕ_0 和 θ_0,一旦确定 $z = 0$ 处的极坐标角度 $\phi(z)$ 和 $\theta(z)$,在其他高度可以使用斯涅尔定律得到:

$$\sin \vartheta = (1 + \zeta z) \sin \vartheta_0 \tag{3.39}$$

其中 $\vartheta = \phi$ 或 θ。将这些角分别代入式(3.38b)和式(3.38c),再代入式(3.38a),就可以计算出存在线性声速梯度时的声场。

对于向下折射,由于射线跟踪中使用的内在近似,额外的射线将导致预测声级的不连续。确定临界范围 r_c 是可能的,在其中有两个额外的射线到达。

对于 $\zeta > 0$,这个临界范围的确定如下:

$$r_c = \frac{\left\{ \left[\sqrt{(\zeta z_>)^2 + 2\zeta z_>} + \sqrt{(\zeta z_<)^2 + 2\zeta z_<} \right]^{2/3} + \left[\sqrt{(\zeta z_>)^2 + 2\zeta z_>} - \sqrt{(\zeta z_<)^2 + 2\zeta z_<} \right]^{2/3} \right\}^{3/2}}{\zeta}$$

$$\tag{3.40}$$

图 3.14 表明，声源和接受者在 1 m 高度处，对于声源和接受者水平间隔小于 1 km，且正常的声速梯度低于 0.000 1/m(例如，相应的风速梯度小于 0.1 s)，那么合理地假设一个地面反射线。假设的有效性范围随着声源和接受者高度的增加而增大。

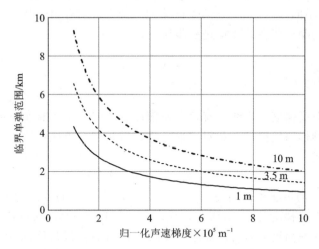

图 3.14 在式(3.37)的基础上，假设声源和接受者高度相等，均为 1 m(实线)，假设对线性声速梯度有效的最大范围：3.5 m(虚线)和 10 m(点划线)

一个负的声音梯度意味着向上折射，根据梯度在声源的一个距离上产生一个声学阴影区。阴影区的存在意味着声级的下降速度比单独从远处看的预期要快。在仔细监测的实验中，观测到微小负温度梯度、强逆风传播和空气吸收相结合，在相对坚硬的地面上，一个 6 m 高的声源在 640 m 处降低的声级比球形传播预计的要高出 20 dB。[46] 由于阴影区是有明显过度衰减的地区，因此，能够确定它们的边界是很重要的。

对于向上折射，当接受者是在阴影区和半影区时，基于射线的预测是不正确的；否则，阴影区域可以从几何考虑中确定。对于一个特定的声源和接受高度，关键的范围 r'_c 由下式计算得出。

$$r'_c = \frac{\sqrt{(\zeta' z_>)^2 + 2\zeta' z_>} + \sqrt{\zeta'^2 z_< (2z_> - z_<) + 2\zeta' z_<}}{\zeta'} \tag{3.41}$$

其中，$\zeta' = \dfrac{|\zeta|}{1 - |\zeta| z_>}$。

图 3.15 显示，对于声源和接受者高度 1 m、一个正常的声速梯度 0.000 1/m，到阴影区界限的距离大约是 300 m。这不足为奇，随着声源和接受者高度的增加，到阴影区边界的距离预计会增加。通过对式(3.41)近似处理，距离阴影区较远时，当声源接近地面时，ζ(规范化声速梯度)很小，

对于到阴影区的距离，当声源距离地面近和 ξ(归一化声音速度梯度)小的时候，

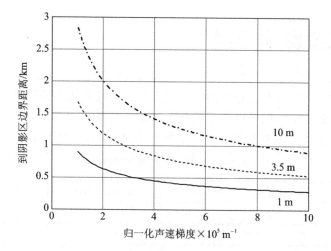

图 3.15　基于式(3.37)假设同样的声源和接受者高度,根据线型声速梯度
得到阴影区界限的距离:1 m(直线),3.5 m(虚线),10 m(点划线)

式(3.14)一个合理的估算是

$$r_c = \left[2c_0 \middle/ \left(-\frac{\mathrm{d}c}{\mathrm{d}z} \right) \right]^{1/2} (\sqrt{h_s} + \sqrt{h_r}) \tag{3.42}$$

其中 h_s 和 h_r 分别是声源和接受者的高度,对于温度感应到的阴影区,$\mathrm{d}c/\mathrm{d}z$ 必须是负的。

弱折射条件:在向下折射的情况下,地面反射线只经过一次反射,而在向上折射的情况下,接受者在受照区内。

当有风存在时,由于风速随高度增大而增大,温度梯度和风的共同作用会使声源逆风区域的阴影区域增大。然而,在声源的下风向,风将抵消温度下降的影响,阴影区将被破坏。在任何情况下,由于衍射和湍流,声学阴影区永远不会像光学阴影区那样完整。当存在风速梯度为 $\mathrm{d}u/\mathrm{d}z$ 的风时,距离阴影区边界的距离公式为

$$r_c = \left[2c_0 \middle/ \frac{\mathrm{d}u}{\mathrm{d}z} \cos\beta - \frac{\mathrm{d}c}{\mathrm{d}z} \right]^{1/2} (\sqrt{h_s} + \sqrt{h_r}) \tag{3.43}$$

其中 β 是风向与声源和接受者连线的角度。

注意,会有一个角 β 的值(即 β_c),由 $\dfrac{\mathrm{d}c}{\mathrm{d}z}\cos\beta_c = \dfrac{\mathrm{d}c}{\mathrm{d}z}$ 公式得出,或

$$\beta_c = \arccos\left(\frac{\mathrm{d}c}{\mathrm{d}z} \middle/ \frac{\mathrm{d}u}{\mathrm{d}z} \right) \tag{3.44}$$

超出这个角度,就没有阴影区。这表示临界角度,在这个角度,风的影响抵消了温度梯度的影响。

3.5　气象影响分类

科学家们关于气象对空气质量的影响和羽流扩散进行了大量的研究。羽流行为取决于温度垂直梯度及与之相应的大气混合程度。随着风力的增强，温度垂直梯度变小。涉及羽流扩散的问题可通过帕斯奎尔分类来描述，该分类主要基于太阳辐射、白昼时间和风速等。帕斯奎尔分类有 6 个等级（A～F），详见表 3.1。

表 3.1　帕斯奎尔气象稳定性类别

风速/(m·s⁻¹)	昼间太阳总辐射/(mW·cm⁻²)				日落前一小时或日出后一小时	夜间云量(octas)		
	>60	30～60	<30	阴天		0～3	4～7	8
≤1.5	A	A～B	B	C	D	F 或 Gᵇ	F	D
2.0～2.5	A～B	B	C	C	D	F	E	D
3.0～4.5	B	B～C	C	C	D	E	D	D
5.0～6.0	C	C～D	D	D	D	D	D	D
>6.0	D	D	D	D	D	D	D	D

气象站可以通过这种方式记录数据，第一眼看去，这是一个很方便的噪声预测分类系统。A 类代表一个带有强垂直空气流动的不稳定大气层（即混合）。F 类代表一个带有弱垂直空气流动的稳定大气层。D 类代表中性气象大气层。这样的大气层一般由对数风速剖面和正常的随着高度（热力学温度梯度）降低的温度梯度。气象上中性的大气层多形成于风速较高且云量很大时，这也决定了气象中性并不意味着声学中性。一般而言，大气层在白天相对不稳定，在晚上相对稳定，也就是说通常而言 A～D 是白天分类，D～F 是夜间分类。实际上，对于特定时间或季节，可以用肉眼观察估计某个区域内的帕斯奎尔分类稳定性等级。修正的帕斯奎尔气象分类已经被应用于多种噪声预测方案的分类系统。[47,48] 从表 3.1 可以清楚地看出，作为中性气象等级，C 类代表了相当程度上的温带气候，这些地区，风速剖面范围很大，因此，C 类无法正常地作为噪声预测等级。在 CONCAWE 计划中[47]，基于帕斯奎尔分类和风速建立了 6 个噪声预测等级，因此，考虑不同风速影响，总计有 18 个子等级，详见表 3.2。

表 3.2　用于噪声预测的 CONCAWE 气象分类

气象类别	帕斯奎尔稳定性类别和风速(m/s)：正值表示面对接受者		
	A,B	C,D,E	F,G
1	v<−3.0	—	—
2	−3.0<v<−0.5	v<−3.0	—
3	−0.5<v<+0.5	−3.0<v<−0.5	v<−3.0

续表 3.2

气象类别	帕斯奎尔稳定性类别和风速(m/s)：正值表示面对接受者		
	A,B	C,D,E	F,G
4ᵃ	$+0.5<v<+3.0$	$-0.5<v<+0.5$	$-3.0<v<-0.5$
5	$v>+3.0$	$+0.5<v<+3.0$	$-0.5<v<+0.5$
6	—	$v>+3.0$	$+0.5<v<+3.0$

注：a 表示气象影响为零的类别。

CONCAWE 分类中，等级 4 被认定为不存在气象影响（即相应的声学中性条件）。在 CONCAWE 方案中，需要进一步的倍频谱分析。Parkin 和 Scholes 关于多个工厂噪声的分析[40,41]为方案中的声学校正提供了数据支持。数据显示，随着距离的增加，分类中每个级别倍频谱的逾量损失都会趋于渐近极限。表 3.3 给出了 2 km 处 CONCAWE 分类等级 1（存在从接受者到声源的强风，即向上折射）和 6（向下折射）的值。

表 3.3　CONCAWE 气象分类等级 1 和 6 的气象修正值

频带中心频率/Hz	63	125	250	500	1 000	2 000	4 000
等级 1	8.9	6.7	4.9	10.0	12.2	7.3	8.8
等级 6	−2.3	−4.2	−6.5	−7.2	−4.9	−4.3	−7.4

风速和温度梯度并不是彼此独立的。比如，温度和风速梯度不可能存在同时很大的情况，因强风产生的强烈湍流也不允许明显的温度分层存在。表 3.4 显示了各种风速和温度梯度发生概率的大致估计。[46]

表 3.4　风和温度梯度的各种组合发生的概率的估计值

温度梯度	无　风	强　风	超强风
很大的负数	频繁的	偶然的	罕见的或没有
较大的负数	频繁的	偶然的	偶然的
零	偶然的	频繁的	频繁的
较大的正数	频繁的	偶然的	偶然的
很大的正数	频繁的	偶然的	罕见的或没有

回到声音的传播上，声源和接受者之间风矢量是最重要的因素之一，也是分类等级中必须要考虑到的。甚至我们还能给出更多的细节，但定性描述详见表 3.5。（风记作 W，温度梯度记作 TG。）

89

表 3.5　基于定性描述噪声预测的气象分类

W1	从接收端到源端之间存在强风(>3～5 m/s)
W2	从接收端到源端之间存在温和的风(≈1～3 m/s),或者在45°存在强风
W3	没有风,也没有交叉的风
W4	从源端到接收端之间存在温和的风(≈1～3 m/s),或者在45°存在强风
W5	从源端到接收端之间存在强风(>3～5 m/s)
TG1	强负:日间辐射强(太阳高,云层少),地面干燥,风力小
TG2	中度负:但比TG1少一个条件
TG3	接近等温:清晨或傍晚(例如日出后一小时或日落前一小时)
TG4	等温:温度梯度为零,这种情况很少发生
TG5	中度正:夜间有阴天或大风
TG6	强正:夜间天气晴朗,几乎没有风

在表 3.6 中,通过各级别对噪声级别影响的定性预测可以得到修正分类。分类在 0 气象影响周围并不对称。典型的比如气象条件组合对衰减的影响明显强于对增强的影响。从声压级数据上,声压级的升高(1～5 dB)明显比降低(5～20 dB)的幅度更小。用 500 Hz 的值作为大致指导来看,对于相应的 A 计权总声压级,CONCAWE 气象等级校正结果在 0 气象影响两侧也并非对称分布。CONCAWE 方案给出的建议显示,对于声源和接受者之间来说,相比中性声源等级,强向上折射低 10 dB,强向下折射高 7 dB。

表 3.6　气象条件对噪声水平影响的定性估计

类　别	W1	W2	W3	W4	W5
TG1	—	较大衰减	较小衰减	较小衰减	—
TG2	较大衰减	较小衰减	较小衰减	无衰减	较小衰减
TG3	较小衰减	较小衰减	无衰减	较小衰减	较小衰减
TG4	较小衰减	无衰减	较小衰减	较小衰减	较大衰减
TG5	—	较小衰减	较小衰减	较大衰减	—

3.6　典型的声速剖面

户外声音预测需要风速、方向和温度(一般为接近传播路径高度的函数)等信息,这些信息决定了声速剖面。理想情况下,对于特定高度,相应的气象数据能够反映这些信息。如果这些信息不可用,需要有替代的流程,比如用莫宁-奥布霍夫相似理论[49]在特定的高度给予温度和风速生成近似的声速剖面并将其直接应用于预测方案中。

根据该理论,沿着声源到接受者方向的风速分量(m/s)和高度 z 处的温度(℃)可以根据海平面的水平值和其他参数一起给出:

$$u(z) = \frac{u_*}{k}\left[\ln\left\{\frac{z+z_M}{z_M}\right\} + \psi_M\left(\frac{z}{L}\right)\right] \tag{3.45a}$$

$$T(z) = T_0 + \frac{T_*}{k}\left[\ln\left\{\frac{z+z_H}{z_H}\right\} + \psi_H\left(\frac{z}{L}\right)\right] + \Gamma_z \tag{3.45b}$$

其中,各种参数定义如表 3.7 所列。

表 3.7　用于描述莫宁-奥布霍夫剖面的参数定义

符　号	参　数	说　明
u^*	摩擦力/(m·s^{-1})	取决于表面粗糙度
z_M	动量粗糙度长度	取决于表面粗糙度
z_H	热粗糙度长度	取决于表面粗糙度
T^*	缩放温度/K	这一精确值对声音传播并不重要,通常取 283 K
k	冯·卡曼常数	$=0.41$
T_0	零高度温度/℃	通常取 283 K
Γ	绝热校正因子	$=-0.01$ ℃/m 空气湿度会有影响,但是误差很小
L	奥布霍夫长度/m	$=\pm\dfrac{u_*^2}{kgT^*}(T_{av}+273.15\ \text{K})$ 表面或边界层的厚度用 $2L$ m 表示
T_{av}	平均温度/℃	通常 $T_{av}=10$,这样($T_{av}+273.15$ K)$=\theta_0$
ψ_M	非绝热动量剖面校正(混合)函数	如果 $L<0$,$=5(z/L)$,如果 $L>0$,$=-2\ln\left(\dfrac{(1+\chi_M)}{2}\right)-\ln\left(\dfrac{(1+\chi_M^2)}{2}\right)+2\arctan(\chi_M)-\pi/2\pi$
ψ_H	非绝热热剖面修正(混合)函数	如果 $L<0$,$=5(z/L)$,如果 $L>0$ 或 $z\leqslant0.5L$,$=-2\ln\left(\dfrac{(1+\chi_M)}{2}\right)$
χ_M	反绝热影响或动量的函数	$=\left[1-\dfrac{16z}{L}\right]^{0.25}$
χ_H	动量反绝热影响函数	$=\left[1-\dfrac{16z}{L}\right]^{0.5}$

相应的声速剖面 $c(z)$ 如下:

$$c(z) = c(0)\sqrt{\frac{T(z)+273.15\ \text{K}}{273.15\ \text{K}}} + u(z) \tag{3.45c}$$

对于中性大气,$1/L=0$ 且 $\psi M = \psi H = 0$。可以通过式(3.37)计算相应的声速剖面 $c(z)$。

值得注意的是,得到的剖面仅仅在表面或边界层适用,不能应用于 0 高度。事实上,由以上公式给出的剖面,有时也被称为布辛格-戴尔剖面[50],通过证明,其与 100 m 高度的测量结果高度一致。这一高度范围是传播距离为 10 km 的声音的主要传播高度。不仅如此,改进的剖面预测公式对于更高的高度也是可用的,比如:

$$\psi_M = \phi_H - 7\ln\{z/L\} - 4.25/(z/L) + 0.5/(z/L)^2 - 0.852, \quad z > 0.5L$$

$$(3.46)$$

通常,z_m 和 z_h 被认为是相等的。粗糙长度取值在 0.000 2(平静的水)和 0.1(草地)之间。粗糙长度可以由达文波特分类得到[53]。

联立方程(3.45)和(3.46),代入如下(a)和(b)可以得到声速(差)剖面 $c(z) - c(0)$,如图 3.16 所示(其中 $\Gamma = -0.01$):

(a) $z_M = z_H = 0.02, u^* = 0.34, T^* = 0.021\ 2, T_{av} = 10, T_0 = 6$,(给定 $L = -390.64$)

(b) $z_M = z_H = 0.02, u^* = 0.15, T^* = 0.137\ 1, T_{av} = 10, T_0 = 6$,(给定 $L = -11.76$)

图 3.16 中,连续曲线对应较大的奥布霍夫长度和多云多风的夜晚,可以近似为对数曲线。虚线对应一个较小的奥布霍夫长度和平静的夜晚,而且在远离地面时可以近似为线性曲线。

以上参数的选取分别对应多云多风和安静晴朗的夜晚[54]。

所罗门等人[55]通过式(3.47)和帕斯奎尔分类(P)给出了其与未知参数 u_*、T_* 和 L 的对应关系。

$$L = \frac{u_*^2}{kgT_*} \qquad (3.47)$$

根据经验气象表格可以得到帕

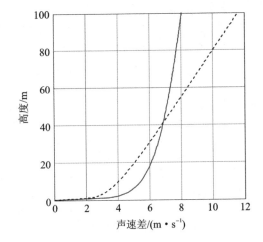

图 3.16 由相似理论得到的两个相对于地面声速的向下折射的声速曲线

斯奎尔分类(P)、高度 10 m 处的风速 u_{10} 和云量分布 N_c 之间的关系。其中后者决定了地面可以得到的太阳辐射及其对应的热量,前者则给出混合程度。近似关系可以表示如下:

$$P(u_{10}, N_c) = 1 + 3\left[1 + \exp(3.5 - 0.5u_{10} - 0.5N_c)\right]^{-1} \quad \text{白天}$$
$$P(u_{10}, N_c) = 6 - 2\left[1 + \exp(12 - 2u_{10} - 2N_c)\right]^{-1} \quad \text{夜晚}$$

$$(3.48)$$

奥布霍夫长度 L_M 和粗糙长度 $Z_0 < 0.5$ m 之间有

$$\frac{1}{L(P, z_0)} = B_1(P)\log(z_0) + B_2(P) \qquad (3.49a)$$

其中

$$B_1(P) = 0.043\,6 - 0.001\,7P - 0.002\,3P^2 \tag{3.49b}$$

$$\left.\begin{array}{l} B_2(P) = \min(0, 0.045P - 0.125), \quad 1 \leqslant P \leqslant 4 \\ B_2(P) = \max(0, 0.025P - 0.125), \quad 4 \leqslant P \leqslant 6 \end{array}\right\} \tag{3.49c}$$

B_1 和 B_2 的值也可以从表 3.8 得到。

表 3.8　六个帕斯奎尔类别的常量 B_1 和 B_2 的值

	帕斯奎尔类别					
	A	B	C	D	E	F
B_1	0.04	0.03	0.02	0	−0.02	−0.05
B_2	−0.08	−0.035	0	0	0	0.025

由方程(3.44)有

$$L = L(u_{10}, N_c, z_0) \tag{3.50}$$

u_{10} 可以通过方程(3.32)($z = 10$ m)得到,也就是

$$u(z) = \frac{u_*}{k}\left[\ln\left\{\frac{10 + z_M}{z_M}\right\} + \psi_M\left(\frac{10}{L}\right)\right] \tag{3.51}$$

联立方程(3.37)、(3.50)和(3.51)可以求解 u_*,T_* 和 L,并以此计算 ψ_M、ψ_H、$u(z)$ 和 $T(z)$。

图 3.17 显示了对于地面 0.1 m 的粗糙长度,列表所示的是白天两组顺风或逆风天气不同的计算结果。

因为大气湍流的存在,温度和风速的即时剖面随时间和位置变化而变化。这种变化的影响可以通过在 10 min 左右的范围内取平均值来消除。莫林-奥布霍夫或布辛格-戴尔模型则给出较长时间内的平均剖面。

图 3.17 中的帕斯奎尔分类 C 剖面可以近似写成如下对数形式:

$$c(z) = c(0) + b\ln\left(\frac{z}{z_0} + 1\right) \tag{3.52}$$

其中参数 b 是对大气折射强度的度量(向下折射为正,向上折射为负),对于特别是在白天没有障碍物的开放地面而言,该对数式可以很好地表示声速剖面。

通过应用幂定律则可以很好地拟合晚上的声速剖面:

$$c(z) = c(0) + b(z/z_0)^\alpha \tag{3.53}$$

其中

$$\alpha = 0.4(P - 4)^{\frac{1}{4}}$$

有效声速剖面的温度项可以通过在计算第 1 项后截取泰勒膨胀获得:

$$c(z) = c(T_0) + \frac{1}{2}\sqrt{\frac{\kappa R}{T_0}}\left[T(z) - T_0\right] + u(z) \tag{3.54}$$

由方程(3.37)可得,声速剖面与温度呈线性相关,与风速及高度则呈对数相关。

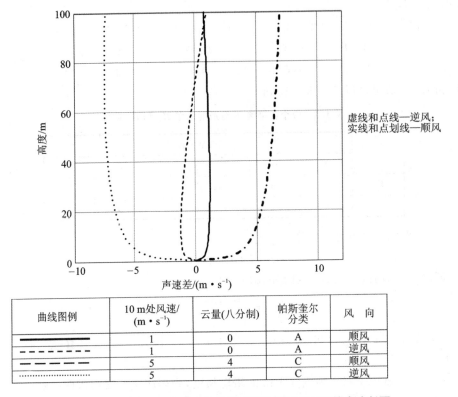

图 3.17　根据表 3.8 中列出的参数确定的两种情况下的声速剖面

曲线图例	10 m处风速/ (m·s⁻¹)	云量(八分制)	帕斯奎尔 分类	风　向
———————	1	0	A	顺风
— — — — —	1	0	A	逆风
– – – – –	5	4	C	顺风
··················	5	4	C	逆风

通过比较 12 个月来在德国气象塔测得的 50 m 高度的气象数据,海曼和萨隆蒙[56] 发现这是对声速剖面的很好近似,即使在不稳定或莫林-奥布霍夫原理不适用的情形下。通过对不同气象情况的总声压级进行预测(使用抛物线方程),发现 121 个参考分类至少有 25 个等级可以确保 2 dB 或更小的偏差。这些剖面首先可以以高度 300 m 的表面为基准得到＋ 15 ℃/km 的温度梯度,或者对于 20 ℃的等温面有 8 ℃/km。这样的剖面经常发生在白天或大气中存在风切变或很强的逆温现象时。如果说这种情况太极端而过于罕见的话,那第二个可能性就是浅层反演,这种现象一般发生在夜晚,典型深度为 200 m。这些剖面首先可以以高度 200 m 的表面为基准得到＋20 ℃/km 的温度梯度,或者对于 20 ℃的等温面有 8 ℃/km。

户外声音传播的预测同样还需要湍流信息。

3.7　在湍流中的声音传播

通过湍流空气声音传播将会在幅度和相位振动,结果是在大气和风向量振动引起的折射指数的振动。当预测户外声音,通常是指这些在风向量和温度的振动而不是湍流引起的。由湍流起初引起的振幅在声音水平的幅度随着传播距离、声音频率和湍流强度的增加而增加,但是相当快地达到一个限制值。这就意味着从距离源(比如,在数公里处一架飞机的视线)在整个声音水平的振动可能有一个不超过大约 6 dB 的标准差异[57]。

有两种类型的气体的不稳定性对湍流的运动能量负责:剪切和平移。剪切不稳定性是与机械的湍流相关联的。强风情况和在空中和地面之间的温度差异是引起机械湍流的主要原因。平移或对流是与热不稳定性相关的。这样的湍流揭示了当地面比上空中更暖时,比如晴天,在温度和风领域的不规则性是在大气中与声波散射有着直接的关系。

在湍流中液体分子经常会进入循环状态,也就是漩涡(swirls 或 eddies,见图 3.2),湍流可以被看作在时间和空间上的连续漩涡分布。最大的漩涡可以延伸到边界层高度(比如晴天下午可能高达 1~2 km)。尽管如此,在居民区噪声预测中一般我们更感兴趣的外部尺度量级为米。这样的范围有时又被称作湍流惯性子区,在这些区域中,最大的漩涡动能会连续传递给更小的漩涡。由于涡流漩涡不断变得更小,可以预见所有的能量都将耗散为热能。对于大气湍流而言,粘滞耗散过程主要开始的涡长尺度约为 1.4 mm。

湍流产生的散射可以渗透到因大气折射而形成的阴影区,这导致声波阴影区的降噪效果至多只有 20~25 dB。[58]

在研究到阴影区的散射时,旋涡本身的尺寸是最为重要的,可以通过布拉格折射估计。[59] 对于波长 λ 角度为 θ 的声波散射(见图 3.18),最重要的散射结果一般具有空间周期性,其空间周期 D 满足:

$$\lambda = 2D\sin(\theta/2) \tag{3.55}$$

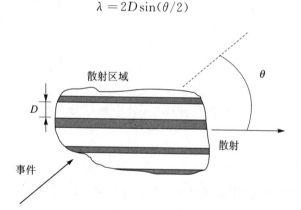

图 3.18　湍流声波散射的布拉格反射条件

如对频率 500 Hz 和散射角为 10°的声波,可以预计影响散射波进入影区的最重要的旋涡尺寸为是 4 m。

当声源到接受者之间声波接近水平传播时,有效折射率方差 $\langle\mu^2\rangle$ 接近于可以用速度方差和温度方差来表示:

$$\langle \mu^2 \rangle = \frac{\langle u'^2 \rangle}{c_0^2} \cos^2 \phi + \frac{\langle v'^2 \rangle}{c_0^2} \sin^2 \phi + \frac{\langle u'T \rangle}{c_0} \cos \phi + \frac{\langle T^2 \rangle}{4T_0^2} \tag{3.56}$$

其中 T、μ'、v' 分别是在温度波动、平行和垂直于平均风速方向的风速分量波动。ϕ 为风速和波前法向量之间的夹角。由相似理论可知[61]：

$$\langle \mu^2 \rangle = \frac{5u_*^2}{c_0^2} + \frac{2.5u_* T_*}{c_0 T_0} \cos \phi + \frac{T_*^2}{T_0^2} \tag{3.57}$$

其中，μ_* 和 T_* 分别表示摩擦速度和扩展温度（$= Q/\mu^*$，其中 Q 表示表面热流）。

很显然，白天，相比温度而言，速度才是有效折射率的主要影响因素。即使晴天中平移湍流大于剪切湍流，该结论也依然成立。强烈的平移不稳定性会使得空气剧烈运动。温度波动起主要作用的情况则多发生在平静、晴朗的夜晚。

尽管公式 3.56 的第二项协方差项可能和温度波动影响一定重要[61]，但实际声音传播预测中我们常常将其忽略。u_* 和 T_* 的波动估计及莫林-奥布霍夫长度 L 如下[62]：

当 $L > 0$ 时（稳态，比如夜晚），

$$\sqrt{\langle u'^2 \rangle} = \sigma_u = 2.4u_* , \sqrt{\langle v'^2 \rangle} = \sigma_v = 1.9u_* , \sqrt{\langle T^2 \rangle} = \sigma_T = 1.5T_*$$

当 $L < 0$ 时（非稳态，比如白天），

$$\sigma_u = \left(12 - 0.5 \frac{z}{L}\right)^{1/3} u_* , \quad \sigma_v = 0.8\left(12 - 0.5 \frac{z}{L}\right)^{1/3} u_* , \quad \sigma_T = 2\left(1 - 18 \frac{z}{L}\right)^{-1/2} T_*$$

对于视距传播，声波平面波相位波动方差（有时也称为强度参数）如下[63]：

$$\Phi^2 = 2\langle \mu^2 \rangle k_0^2 XL$$

其中 X 表示范围，L 表示湍流惯性长度尺寸。或者声波平面波通过湍流传播时也可以用下式表示其对数振幅波动：

$$\langle \chi^2 \rangle = \frac{k_0^2 X}{4}\left(L_T \frac{\sigma_T^2}{T_0^2} + L_v \frac{\sigma_v^2}{c_0^2} \right)$$

其中 L_T、σ_T^2 和 L_v、σ_v^2 分别表示温度和速度波动对应的整体长度尺寸和方差。

对于湍流漩涡尺寸分布有多种模型，其中高斯分布中，对应折射率的能量谱 $\phi_n(K)$ 有

$$\phi_n(K) = \langle \mu^2 \rangle \frac{L^2}{4\pi} \exp\left(-\frac{K^2 L^2}{4} \right) \tag{3.58}$$

其中 L 为单标尺长度（整体长度尺寸或外长度尺寸），L 与相关长度（内长度尺寸）l_G 成正比，即

$$L = l_G \sqrt{\pi}/2$$

尽管如下所示中我们只能对大气湍流谱简单地整体描述[63]，但高斯模型声音通过湍流传播的理论模型还是不乏用处，因为它用简单的分析给出许多有用的结果。

在已知适用于高雷诺数湍流的冯·卡门谱中，可以用式（3.59）表示折射率方差谱：

$$\phi_n(K) = \langle \mu^2 \rangle \frac{L}{\pi(1 + K^2 l_K^2)} \tag{3.59}$$

其中

$$L = l_K \sqrt{\pi} \, \Gamma(5/6)/\Gamma(1/3)$$

图 3.19 将由冯·卡门谱(参数设定为 $\langle \mu^2 \rangle = 10^{-2}$ 和 $l_K = 1$ m)给出的谱函数 $(K\phi(K)/\langle \mu^2 \rangle)$ 与两个由高斯湍流谱给出的谱函数(参数分别设定为 $\langle \mu^2 \rangle = 0.818 \times 10^{-2}$, $l_G = 0.93$ m 和 $\langle \mu^2 \rangle = 0.2 \times 10^{-2}$, $l_G = 0.1$ m)进行了比较。为了与低波数(大涡尺寸)的冯·卡门谱完全匹配,此处选取了第一高斯谱的方差和内长度标度,同时还在谱峰附近提供了一种合理的表示方法。在经过谱峰和高波数时,第一高斯谱衰减得太快。第二高斯谱在较小涡流的小范围内与冯·卡门谱匹配得很好。如果这恰好是湍流散射中值得关注的波数范围,那么高斯谱可能是满足要求的。

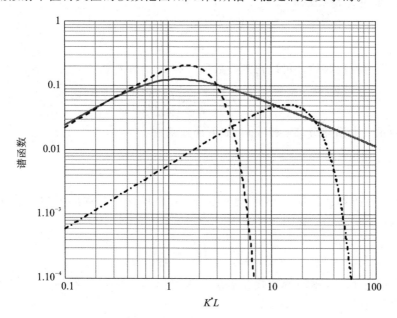

图 3.19 冯·卡门谱和高斯谱被选取以分别在低波数和窄波数范围内匹配

最近,大部分关于户外声音湍流效应的计算都主要依据估计或拟合值而不是实际测量的湍流参数。在这种情形下,我们甚至没有理由来假设谱线而不是高斯分布的。通常而言,现在大部分的计算依靠预估或者最好的匹配数值,而不是湍流参数测得的数值。高波数谱部分是影响声音传播的湍流效应的主要贡献来源。这也就解释了为什么用高斯谱的假设反而比测得的数值更能给出最好的拟合结果。

事实上,湍流会破坏声波本身和地面反射声波之间的相干性,从而减少地面效应的破坏性干扰。经修正的方程(3.19)[65] 可以给出湍流中中性声学(无折射)大气的接受者处感受到的压力的均方值。

$$\langle p^2 \rangle = \frac{1}{R_1^2} + \frac{|Q|^2}{R_2^2} + \frac{2|Q|}{R_1 R_2} \cos\left[k(R_2 - R_1) + \theta\right] T \tag{3.60}$$

其中 θ 是反射系数的相位，$(Q = |Q|e^{-j\theta})$，T 是取决于湍流效应的相干因子。

声压级 P 可以表示如下：

$$P = 10\log_{10}(\langle p^2 \rangle) \tag{3.61}$$

对于高斯湍流谱，相干因子 T 如下：

$$T = e^{-\sigma^2(1-\rho)} \tag{3.62}$$

其中 σ^2 是折射率沿着路径相位波动的方差，ρ 是与附近路径之间的协方差（比如，直接和反射的），L_0 表示湍流外部惯性长度：

$$\sigma^2 = A\sqrt{\pi}\langle \mu^2 \rangle k^2 R L_0 \tag{3.63}$$

系数 A 可以表示如下：

$$A = 0.5 \quad R > kL_0^2 \tag{3.64a}$$

$$A = 1.0 \quad R < kL_0^2 \tag{3.64b}$$

通过实地测量或估计可以得到参数 $\langle \mu^2 \rangle$ 和 L_0。相位协方差可以表达如下：

$$\rho = \frac{\sqrt{\pi}}{2} \frac{L_0}{h} \text{erf}\left(\frac{h}{L_0}\right) \tag{3.65}$$

其中 h 表示最大横路分离，$\text{erf}(x)$ 为如下误差函数：

$$\text{erf}(x) = \frac{2}{\sqrt{\pi}} \int_0^x e^{-t^2} dt \tag{3.66}$$

当不存在折射或折射很小时，如范围很小，声场计算只需要考虑直接和反射路径，对 h 有

$$\frac{1}{h} = \frac{1}{2}\left(\frac{1}{h_s} + \frac{1}{h_r}\right) \tag{3.67}$$

其中 h_s 和 h_r 分别表示声源和接受者的高度，Daigle[66] 使用此值的一半来获得与数据更好的一致性。

如果 $h \to 0$，那么有 $\rho \to 1$ 和 $T \to 1$，这对应掠入射附近的情况。如果 h 取较大值，那么 T 趋近于最大值，这对应于声源或接受者被显著升高的情况。折射率的均方可以通过测量接受者位置的风速和温度随时间的瞬时变化来计算。具体计算方法为

$$\langle \mu^2 \rangle = \frac{\sigma_w^2 \cos^2\alpha}{C_0^2} + \frac{\sigma_T^2}{4T_0^2},$$

其中，σ_w^2 表示风速的方差，σ_T^2 表示温度变化量的方差，α 表示风的矢量方向，C_0 和 T_0 分别表示环境声速和温度。最佳拟合均方折射率的典型值在 10^{-6}（平静条件下）和 10^{-4}（强湍流条件下）之间，L_0 的典型值为 1 m，但通常应该使用与声源高度相等的值。

图 3.20 中显示利用式（3.60）～式（3.67）给出的逾量损失计算结果。值得注意的是，湍流的增加会降低地面效应的有效深度。

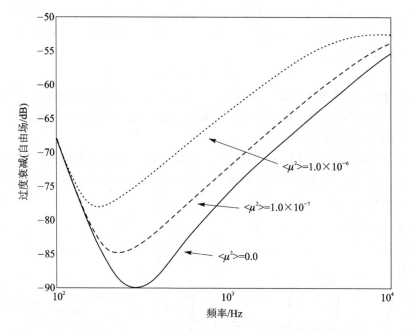

图 3.20　根据式(3.60)～式(3.67)预测的在声学中性大气中声源和接受者之间的
过度衰减与频率的关系,具体结果用三个在 0 到 10^{-6} 之间的 $\langle\mu^2\rangle$ 来表示

图 3.20 中,假设声源和接受者的高度分别为 1.8 m 和 1.5 m,两者相距 600 m。这里采用双参数阻抗模型(3.30),参数取值分别为 30 000.0 N·s/m⁴ 和 0.0/m。

图 3.21 给出 Parkin 和 Scholes 的测量数据[40] 和式(3.60)～式(3.67)预测结果的比较。引入湍流的影响能够明显提升预测的水平,这一点在谱中接近地面效应有效深度的地方体现得尤为明显。

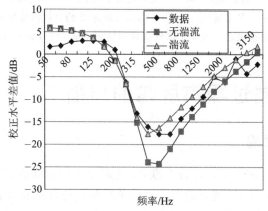

图 3.21　19 m～347.47 m 之间 Parkin 和 Scholes 测量数据
与是否考虑湍流($\sigma^2=2*10^{-6}$,$L_0=1$ m,通过式(3.60)～式(3.67)预测)
和地面效应(通过式(3.29b)估计)的比较,其中有效流阻为 300 kPa·s/m²

图 3.22(a)和(b)对比了在考虑和不考虑湍流影响时,使用完整的 FFP(快速场)数值求解结果和测量数据之间的差。图 3.22(a)中的数据是使用对数风速模型模拟强逆风条件下的扬声器声源。

$$c(z) = 340.0 - 2.0\ln(z/6 \times 10^{-3}) \tag{3.68}$$

图 3.22(b)则模拟了负温度梯度下、风速为 4 m/s 的环境中的固定喷气式发动机声源(模型中模拟为两个线声源),风速表示声源到接受者之间的风速,基本可以看作是常数,不随高度而变化。

尽管在考虑湍流的情况下,FFP 计算的结果仍然不能完美地与实测数据相吻合,但已经比不考虑湍流有了巨大的进步。其中在图 3.22(a)中,已经与抛物线方程给出的结果基本一致[68]。

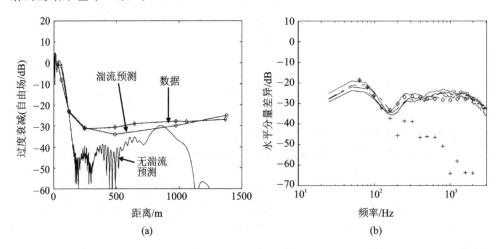

图 3.22 (a)1.5 km 范围内 424 Hz 的纯音传播结果[67] 比较是否考虑湍流影响的 FFP 计算结果[6] 和实测数据对比。(b)是否考虑湍流影响[9]的情况下(分别用菱形和十字形表示)26 s 内平均声压级宽带 FFP 模拟结果水平分量差异(结果分别表示距离固定喷气式发动机 6.4 m、152.4 m 和 762 m)

3.8 声音越过噪声屏障的传播

3.8.1 噪声屏障

有目的地建造噪声屏障已经成为欧洲、远东和美国的城市规划的共同特征。以美国为例,仅仅在 2001 年,就有超过 1 200 英里的公路屏障被建设。大部分的噪声屏障都建立在交通枢纽和工业噪声源的周围来保证周围的宜居性。在机场周围,这些噪声屏障被用于减小飞机发动机测试或/和地面滑跑起飞的噪声影响。对包括几栋建筑在内的大片区域的保护,噪声屏障的成本效益是非常明显的,它也很少用于保护个别人。通常噪声屏障高度(高达 3 m)决定了其对多层住宅的上层隔音效果基本无用。

过去 20 年中,噪声屏障已经成为被广泛研究的课题之一,研究结果已经被汇总应用于一些国家和国际标准及预测模型中。[69-71] 大量噪声屏障声学和视觉设计都被证明是可行的[72-73]。当然噪声屏障的隔音效果受到多重因素的影响,包括风、温度梯度、局部大气湍流、移动声源的瞬时特性、当地植被、屏障的美学质量和它们本身对环境的影响等。

3.8.2　单刃衍射

噪声屏障的工作原理是阻挡声音直接从噪声源到接受者。遇到屏障后,噪声只能通过在屏障边缘的衍射到达接受者,因此,屏障衰减的计算结果就变成了对衍射问题求解。早在 19 世纪末[74]20 世纪初[75],就已经有了对衍射问题的精确整体解决方法。然而实际计算中,使用近似值替代精确解还是有必要的。通常,需要假定声源和接受者到屏障处的距离都超过一个波长,且接受者处于阴影区。只要通过阻隔材料的传输损耗足够高,屏障的隔音性能就只取决于几何形状(见图 3.23)。

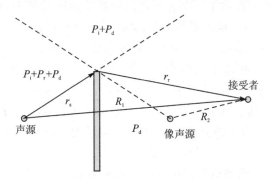

从左到右 3 个点分别是声源、像声源和接受者

图 3.23　薄屏障的声音的衍射

用基什霍夫-菲涅尔近似[76] 以及楔形和厚障碍物几何衍射理论[77] 可以推导出噪声屏障计算的实用公式。对刚性楔形屏障,哈登和皮埃尔斯[78] 解法给出相对简单的而又具有高度精准性的计算。基于基什霍夫-菲涅尔近似的线积分解描述了沿屏障边缘的源分布所产生的衍射压力,相关研究可以用于扩展到处理锯齿状边缘的屏障[80]。对这些问题也会经常用一个时域模型[81]。

半无限半平面附近的总声场取决于声源、接受者和薄平面的相对位置。图 3.23 所示的三个区域中每个区域的总声场 p_T 可以表示如下:

屏障前:

$$p_T = p_i + p_r + p_d \tag{3.69a}$$

屏障上方:

$$p_T = p_i + p_d \tag{3.69b}$$

阴影区：

$$p_T = p_d \tag{3.69c}$$

其中 N_1 和 N_2 分别为声源和其像的菲涅尔数，定义如下：

$$N_1 = \frac{R' - R_1}{\lambda/2} = \frac{k}{\pi}(R' - R_1) \tag{3.70a}$$

$$N_2 = \frac{R' - R_2}{\lambda/2} = \frac{k}{\pi}(R' - R_2) \tag{3.70b}$$

其中 $R' = r_s + r_r$ 表示从声源到"刃"再到接受者的最短路径。

屏障衰减 Att，又被称为插入损失 IL，经常被用来评估屏障的声学性能。IL 定义如下：

$$\text{Att} = \text{IL} = 20\lg\left(\left|\frac{p_w}{p_{w/o}}\right|\right) \, dB \tag{3.71}$$

其中 p_w、$p_{w/o}$ 分别表示有无屏障时的声场。由此可以知道，如果不考虑地面效应，屏障衰减等于插入损失。

Maekawa[82] 的研究提供了一个表示薄刚性屏障衰减的图表，衰减的计算基于与源相关的菲涅尔数（N_1）。该图是从大量的实验数据中得到的经验图表，但是菲涅尔数的应用却是可以用基尔霍夫-菲涅尔衍射理论给出相关依据。Maekawa 图的应用还可以延伸到照明区，在这个区域中 N_1 取负数。Maekawa 图被证明是非常成功的，已经事实上成为了屏障计算的标准经验方法。很多国家或国际标准中[70-71] 各式各样的屏障计算方法其实都是从该图衍生出来的。人们也进行了大量的尝试，旨在将 Maekawa 图用一个简单的公式给出，其中最简单的[83] 如下：

$$\text{Att} = 10\lg(3 + 20N_1) \tag{3.72}$$

数学上，Maekawa 曲线可以用公式（3.73）来表示[84]：

$$\text{Att} = 5 + 20\lg\frac{\sqrt{2\pi N_1}}{\tanh\sqrt{2\pi N_1}} \tag{3.73}$$

引入菲涅尔数可以得到这一结果的高阶版本：

$$\text{Att} = \text{Att}_s + \text{Att}_b + \text{Att}_{sb} + \text{Att}_{sp} \tag{3.74a}$$

其中

$$\text{Att}_s = 20\lg\frac{\sqrt{2\pi N_1}}{\tanh\sqrt{2\pi N_1}} - 1 \tag{3.74b}$$

$$\text{Att}_b = 20\lg\left[1 + \tanh\left(0.6\lg\frac{N_2}{N_1}\right)\right] \tag{3.74c}$$

$$\text{Att}_{sb} = (6\tanh\sqrt{N_2} - 2 - \text{Att}_b)(1 - \tanh\sqrt{10N_1}) \tag{3.74d}$$

$$\text{Att}_{sp} = -10\lg\frac{1}{(R'/R_1)^2 + (R'/R_1)} \tag{3.74e}$$

Att_s 是 N_1 的函数,表示接受者到声源相对距离的一个测量值。第 2 项值取决于 N_2/N_1 的比值,也就是声源或接受者到半平面的接近程度。第 3 项仅仅在 N_1 特别小的时候需要被考虑,体现的是接受者到影区边缘的距离。最后一项是比值 R'/R_1 的函数,表示由球形波引起的衍射效应。

3.8.3　地面对屏障性能的影响

方程 (3.72)~(3.74) 仅仅预测了声波的振幅而没有考虑彼此的干涉效应。事实上,因为地面的存在(详见第 3.2 节),不同衍射声波,也包括从有限长度的垂直"刃"(详见第 3.8.4 小节)衍射出的声波,会形成干涉效应。接下来我们加入屏障和地面效应的相互作用。

如图 3.24 所示,假设声源 S_g 位于屏障的左边,接受者 R_g 位于屏障的右边,E 表示屏障边缘的衍射点。

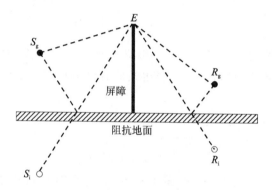

图 3.24　阻抗地面上的屏障衍射

来自于地面反射的声波可以用像声源 S_i 表示,相应地,对于接受者来说,同样也存在一个"像"接受者,记作 R_i。因此,接受者感受的声压可以表示为 S_gER_g、S_iER_g、S_gER_i 和 S_iER_i 四条声音传播路径的和。假设地面是完美反射的,则总声场可以表示为四个路径衍射声场的总和。

$$P_T = P_1 + P_2 + P_3 + P_4$$

其中

$$P_1 = P(S_g, R_g, E), \quad P_2 = P(S_i, R_g, E), \quad P_3 = P(S_g, R_i, E), \quad P_4 = P(S_i, R_i, E)$$

$P(S, R, E)$ 表示声源 S、接受者 R 和屏障边缘衍射点 E 组成的衍射路径形成的相关声场。如果地面是有限阻抗性的(比如草地或多孔路面),则从这些表面反射出的声压应当乘以球面波相应的反射系数以适应其相位和振幅的变化:

$$P_T = P_1 + Q_S P_2 + Q_R P_3 + Q_S Q_R P_4$$

其中 Q_S 和 Q_R 分别表示声源和接受者球面波反射系数。球面波反射系数的计算可以根据不同类型地表及声源和接受者的几何计算来得到(详见第 3.2 节)。

通常,对于给定的声源和接受者位置,地面屏障的声学性能通过逾量衰减 EA 或

插入损失 IL 进行评估,定义分别如下:

$$EA = SPL_f - SPL_b \tag{3.75}$$

$$IL = SPL_g - SPL_b \tag{3.76}$$

其中 SPL_f 是自由声场声压级,SPL_g 表示存在地面影响时的声场声压级,SPL_b 表示考虑地面屏障影响时的声场声压级。相应地,如果不考虑地面反射,数值上 EA(我们在之前也将其称为 Att)与 IL 是一致的。如果仅仅需要计算振幅,则对于每个传播路径的衰减可以直接用合适的菲涅耳数 F_n 给出。对刚性地面,某个屏障的逾量衰减可以表示为

$$A_T = 10 \lg (10^{-\left|\frac{Att_1}{10}\right|} + 10^{-\left|\frac{Att_2}{10}\right|} + 10^{-\left|\frac{Att_3}{10}\right|} + 10^{-\left|\frac{Att_4}{10}\right|}) \tag{3.77}$$

考虑到模型复杂性和对计算结果的精确性接受程度,每个路径的衰减都可以通过经验公式或解析公式计算。式(3.78)给出了一个改进的经验公式[70]

$$IL = 10 \lg \left(3 + \left(C_2 \frac{\delta_1}{\lambda}\right) C_3 K_{met}\right) \tag{3.78}$$

其中如果考虑地面反射,$C_2 = 20$;如果不考虑地面反射影响,$C_2 = 40$。C_3 是考虑双缝衍射或有限屏障效应的修正因子(表达式稍后给出),对于单缝衍生,$C_3 = 1$,$\delta_1 = (r_s + r_r) - R_1$。

式(3.78)中的 K_{met} 是考虑顺风气象影响的修正因子,可以用下式表示:

当 $\delta_1 > 0$ 时,$K_{met} = e^{-\frac{1}{2\,000}\sqrt{\frac{r_s r_r r_o}{2\delta_1}}}$;当 $\delta_1 \leqslant 0$ 时,$K_{met} = 1$。

相应地,在薄屏障情况下,地面不存在且气象影响可以忽略,可以简化为式(3.72)。

对于驻波效应,可以用一种简单的方法给出近似,即假设经过屏障上方到达接受者的衍射波存在 $\pi/4$ 的相位变化。这个相位变化假设对于所有的声源—屏障—接受者是一致的,则相应的衍射波声场(以传播路径 $S_g E R_g$ 为例)可以表示为

$$P_1 = Att_1 e^{-j[k(r_0 + r_r) + \pi/4]} \tag{3.79}$$

这种方法为许多有趣的情景提供了合理的近似值,比如声源和接受者都距离屏障达到许多个波长之远且接受者处于阴影区之中。

对于一个宽度为 w 的厚屏障,ISO 9613-2[69] 给出修正因子 C_3 如下所示:

$$C_3 = \frac{1 + \left(\frac{5\lambda}{w}\right)^2}{\frac{1}{3} + \left(\frac{5\lambda}{w}\right)^2}$$

其中对于双缝衍射,$\delta_1 = (r_s + r_r + w) - R_1$

需要注意的是,该经验方法仅仅适用于有限厚度的刚性屏障,因为它并没有考虑表面对声波的吸收。

3.8.4　有限长屏障和建筑衍射

事实上,所有的噪声屏障长度都是有限的,在某些时候,在屏障的垂直面尽头,衍射是非常重要的,比如建筑周围声波衍射。图 3.25 显示了有限阻抗地面上有限长度屏障的衍射情况,总计包括 8 条衍射传播路径,除了图 3.24 中所示的正常路径外,还存在 4 条垂直边缘形成的衍射路径(每边 2 条,分别是直接衍射和反射衍射)。严格来说,在每一边还有 2 条射线,分别涉及地面反射而后垂直边缘上的衍射,但是它们通常可以被忽略。

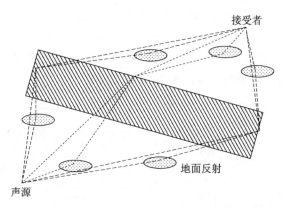

图 3.25　地面上有限长度屏障或建筑周围射线路径示意图

两条衍射-反射路径的反射角与屏障位置无关,它们或发生于声源侧,或发生于接受者那边,具体情况取决于声源、接受者和屏障的相对位置。总声场如下所示:

$$P_T = P_1 + Q_s P_2 + Q_R P_3 + Q_s Q_R P_4 + P_5 + Q_R P_6 + P_7 + Q_R P_8 \quad (3.80)$$

其中 $P_1 \sim P_4$ 是前文给出的正常衍生声场。尽管对于每一个 $P_i(i=1,\cdots,8)$,可以用精确的衍生理论给出计算,但我们更喜欢用一个简单的近似,即忽略声源、接受者和衍射点的位置关系,假设每条衍射路径间存在 $\pi/4$ 的相位差。

为了预测单个建筑的衍射衰减,可以运用前文提到的双缝衍射模型计算。对于多建筑区域,ISO 9613-2[69] 给出了一个综合考虑屏障和多次反射效应的经验计算方法,即净衰减 $A_{\text{buid}}(<10\text{ dB})$ 等于:

$$A_{\text{bulid}} = A_{\text{build},1} + A_{\text{build},2}$$
$$A_{\text{build},1} = 0.1 B d_0$$
$$A_{\text{build},2} = -10\log[1-(p/100)] \quad (3.81)$$

其中 B 是区域建筑密度(计划建筑面积/地面总面积),d_0 是通过建筑从声源到接受者的折射路径长度。$A_{\text{build},2}$ 仅仅用于接近道路或铁路的界限清楚但是非连续成排的建筑,p 表示道路或铁路正面长度占总长度的百分比。随着屏障衰减,仅仅当建筑衰减大于地面效应时,相应衰减才被考虑在内。对于工业区的建筑阵列,ISO 9613-2 还给出了一个与频率相关的工业噪声衰减系数(dB/m)。

3.9 声音经过树木的传播

一个成熟的森林或林地对声音的传播有三方面影响。首先是地面效应，当森林地面部分存在部分降解的枯枝落叶层时，地面效应尤为明显。在这种情况下，地表包含一个低流阻的厚厚的多孔物质层，将产生很大的逾量衰减，对低频率声波这种衰减甚至比典型的草地更大。其次是树干和树枝的散射作用，这种散射将大大改变原本从声源到接受者的传播路径。最后是叶子的摩擦。为了预测林地噪声总衰减量，普莱斯等人[87]建立了简化模型，用大圆柱体代表树干，小圆柱体代表叶子，同时考虑地面效应。就定性而言，这种预测方法与他们的测量结果相一致，但是要想在定量层面得到一致性，还需要增加一些必要的参数。普莱斯等人发现叶子摩擦衰减主要作用于超过 1 kHz 的声波且与频率线性相关，如图 3.26 所示。

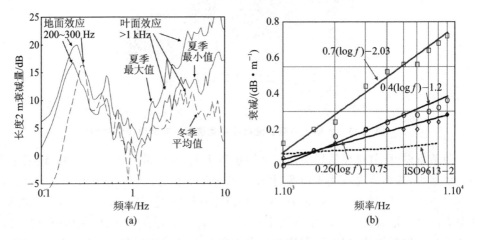

(a)   (b)

图 3.26　(a) 森林噪声衰减测量值 (长度 2 m 减少的 dB 值) 和频率 (kHz) 的关系，林中包括挪威云杉、种植于 1946 年的橡树，地面上还有一些山楂树、玫瑰和金银花，能见度小于 24 m。
(b) 对于非落叶混合植被 (正方形标记)、落叶混合植被 (圆形标记) 和单循环云杉 (菱形标记) 1 kHz 以上的衰减线性拟合，图中还给出了 ISO 9613 - 2[69] 建议的叶面摩擦衰减估计值

通常，沿着高速路的树林带插入损失被认为比开放的草地相对要高。不幸的是，相对软的地面上，树木之间也会形成敏感频域噪声 (接近 1 kHz) 的彼此干涉，尽管对于成熟的林地而言低频噪声的地面效应同样存在，因此，就实际效果而言，沿着高速路的树林带并不能带来比同样宽度的开放草地更多的插入损失。一项丹麦的研究发现，一个 15～41 m 宽的树林带可以减少大约 3 dB 的等效 A 计权声压级[88]。但另外一方面，英国相关数据则显示[89]，对于同样厚度的云杉和草地，前者造成的 A 计权 L_{10} 声压级衰减比后者最大可以多达 6 dB。研究结果还显示降噪最有效的是距离道路最近的植被，大约 10 m 厚，L_{10} 声压级降低约 5 dB。如果使用一条相对较窄的树

林防护带降噪,需要注意三方面问题:(a)地面效应与草地相类似;(b)能够显著降低 1 kHz 及以上的直接或地面反射噪声;(c)植被足够稠密,确保对反射和粘滞散射噪声足够的衰减作用。

如果树林防护带足够宽,相应噪声的地面效应的更大延伸将有效弥补其低频率。海斯勒等人[90]发现,相比开放的草地,100 m 的红松林可以多降低公路 A 计权噪声 L_{eq} 8 dB 以上。森林边缘一般定义为高速路旁边 10 m 左右的范围,沿高速公路每个方向,树木的作用逐步递减,一般可以延伸到 325 m 左右。惠斯曼[54]指出,交通噪声通过 100 m 的红松林将会比通过开放草地额外衰减 10 dBA。他同时也指出,之所以更推荐林地降噪是因为向下折射将一定程度升高草地上的噪声,而林地则基本不受影响;不过树木的额外降噪效果同样也会受到气象改变的强烈影响。

德弗朗斯等人[91]对比了不同气候情况下高速公路附近杉树林位置的数值模拟和户外测量结果。他们针对抛物线方程开发了数值模型,并将其应用于公路交通噪声研究,应用时将公路线声源等效为一系列高度为 0.5 m 的点声源,模拟数据显示,以 A 计权 L_{eq} 为例,向下折射降噪 3 dB,均匀情况降噪 2 dB,向上折射降噪 1 dB。数值预测表明,在向下折射条件下,对于距离道路 100 m 外的接受者,林地至少可以实现 2~6 dBA 的噪声额外衰减。在向上折射条件下,森林的存在可能会使得远距离的接受者感受到的噪声声压级增加,但因为整体声压级较低,这种增加显得并不那么重要。在均匀的情况,通过森林的声音传播仅仅被树干和叶子的散射影响。据此,德弗朗斯等人[91]认为,100 m 宽以上的森林带可以作为有效的自然噪声屏障。但是,研究还对不存在树木的地面(简单地将模型中的树木移除)进行了对比,结果显示无论树木是否存在,地面效应基本相同,这并不符合一般结论。

最近还有研究者建立了一个类似的数值模型[94],纳入了对地面效应、通过树叶的风速梯度等的考虑,同时给予树干、树枝和树叶的多次散射理论推导出有效波数。这个模型同样预测到,因为树叶间存在大风速梯度,声波在向地面的传播过程中会发生折射,这种效应在逆风时尤为明显。但是,PE 模型[91,94]都没有考虑反向散射或对流效应。作为一种"单程"预测方法,对反向散射的忽略本就是 PE 模型无法避免的。对于平坦地面上的传播这不是一个严重的问题,因为反向散射本身就很小;对于不可渗透的屏障,这种效应同样可以忽略不计,因为尽管反向散射很强,但是相关的波却无法通过屏障。但是对于森林,反向散射则有必要予以考虑,事实上,森林边缘的声音反射是可以测量的。

第4章

噪声预测方法

4.1 引　言

机场周围的声学模型是为了满足许多使用者的需要。它的自然范围在复杂噪声模型和实际噪声环境评估之间,根据累加噪声暴露或通过量效关系的方法,通过关注区域内的噪声,预测人口烦恼度的大小[1-3]。必须注意噪声指数的形式和结构,它必须在专门的飞行路径下方或机场周围进行评估和探测,用一个影响域的方法对其进行评价。噪声辐射、传播和衰减的建模方法包括分析和半经验方法。目前的趋势是更少的经验和更多的分析。应该注意的是国际民航组织(ICAO)正在基于现有模型进行分析并寻找评估飞机噪声的方法和他们可能用到的提案[4-5]。

在计算机程序中,定义了两种分析飞机噪声的方法。第一种方法是基于三分之一倍频程谱,对飞行状态或维护状态下机场附近或机场内所有类型飞机进行噪声分析。飞行路径下方或地面状态下(试车、滑跑、起飞前在跑道上排队)飞机周围对应的飞机噪声预测方法,是基于声音是沿着飞机与噪声控制点之间的最短距离进行波前扩展的假设的。这个方法在著名的计算机程序中得到实现,如 ANOPP(美国)和Flula(瑞士)。BELTRA 程序(乌克兰)将两大模块结合起来:BELTAS 用于对声源周围关键点的评估和由此导出的噪声效应指向性图案,TRANOI 用于显示飞行路径下方的噪声控制需求。

第二种方法是基于噪声比的概念,或基于"噪声-功率-距离"和提供机场周围或任意噪声监测点的飞机噪声暴露单元计算。两者间的基本关系(噪声比和"噪声-功率-距离")可以通过试验数据得到,也可以通过计算得到(例如通过 BELTRA 程序)。第二种方法的主要特点在于额外的噪声产生效果,它包括几何传播(通过波阵面发散)和沿着声传播路径的吸声。这个预测针对非常特殊的环境条件,而不仅仅取决于飞行参数。通常在标准天(SA)或 SA+10 ℃的环境条件下,用于计算机场噪声。需要考虑的每一类飞机的声学模型的计算任务,已经通过被试验的计算解决了。因此,BELTRA 中使用的飞机噪声模型是可信和准确的。第二种建模方法已经在许多计算机程序中得到应用,包括 ISOBELL'a(乌克兰),Fanomous(荷兰),INM 和 NOISEMAP(美国)。

两种方法的优点可以集成在一个复杂的工具中。例如,两个乌克兰程序 BELTRA 和 ISOBELL'a,已经被集成在一个软件 ISOBELL'a Plus 中,它是一个飞机噪声相关问题的决策程序。这两种方法的详细内容将在本章结合它们在飞机噪声计算中的应用实例进行讨论。

用于评估环境噪声问题的模型和方法必须基于相关国家和国际的噪声控制规范和标准中使用的噪声暴露指标。这些在其结构和定义所用的基本方法(见表 1.6)方面有巨大差异。另外,有一个简单的相互关系。在目前的噪声轮廓分析中,使用 EPNL=100 和 90 EPNdB,其对应的值分别是 L_{Aeq}=75 和 65 dB。在噪声监测点处,噪声轮廓区域 S 和 EPNL 值之间的相互关系在起飞和降落阶段也非常适用(见图 4.1(a)和(b))。

通常,预测方案由以下三个部分组成:

● 对应于飞机排放噪声模型的噪声辐射模型;
● 噪声源至控制点之间的声传播模型,以一个飞机噪声传播模型的形式呈现;
● 一个噪声控制点的噪声影响模型,以一个飞机噪声排放模型的形式呈现。

ICAO 持续不断地分析可以获得的模型和其使用的用于评估飞机噪声影响源和推荐因素的方法,这是非常重要的[4]。

模型在结构、实施过程中要求的参数和必要的初始信息方面存在差异。这个模型可能与一个兼顾航空噪声(AN)问题(见图 4.2)的方法的飞机全寿命周期阶段相关。

AN 模型的三个阶段如表 4.1 所列。

表 4.1 AN 模型的三个阶段

第一阶段	第二阶段	第三阶段
声音任意传播方向的噪声频谱	根据飞机噪声标准后的频率修正+根据标准进行噪声指向性图案	噪声距离关系(针对特定的频率修正和选定的飞机噪声指数时间平均)

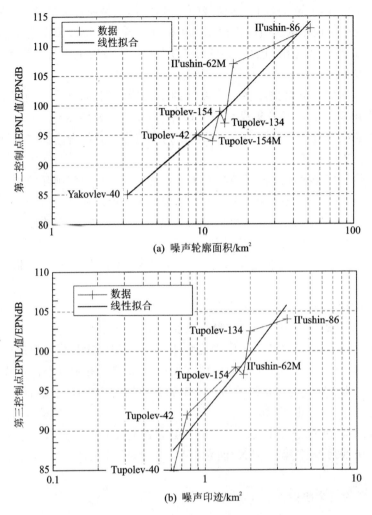

图 4.1　(a)噪声轮廓面积与起飞阶段 EPNL 值之间的关系；
(b)噪声轮廓面积与飞机降落阶段第三个控制点 EPNL 值之间的关系

第一阶段是最复杂的。它包括飞机周围一般声场和声源部件对一般声场贡献量的频谱分析。因此,它为降低各种源产生的噪声提供了技术建议的基础。它是构建任意类型飞机的初步声学模型的基础。它需要了解声源的辐射噪声频谱图,确定指向性、环境条件和飞行模式参数。

第二阶段包括基于测量和计算得到噪声指向性图的方法,确定 LA 或 PNL。这些在飞行中是变化的。

第三阶段最简单。为了能够评估飞机噪声造成的区域影响,包括飞机噪声区域和机场周围的土地规划,需要利用飞行噪声关系如'噪声–功率–距离'（NPD 关系）,详见第 4.2 节。

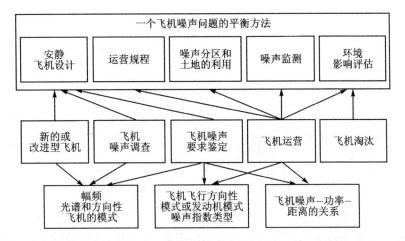

图 4.2　一个兼顾航空噪声控制的方法,包括飞机全寿命周期内飞机噪声模型的各个阶段

　　最简单的模型结构仅适用于第三阶段,包括所有飞机在所有特殊飞行模式下的噪声印迹的定义(噪声指数和区域的等值线)。

　　例如,如果飞机正在考虑的噪声鉴别数据是已知的,则任何类型标准的第一个噪声印迹区域面积 S 的近似值都可以在图 4.1 中找到线性关系。对于飞机起飞的航班周期,可以根据下列公式得到:

$$S = 10^{[(L_1+L_2)/C]+D} \qquad (4.1)$$

其中 L_2 是起飞阶段在第二个监测点处的认证噪声水平,L_1 是跑道侧边第一个监测点处的认证噪声水平,系数 C 和 D 根据噪声印迹(轮廓)决定。认证噪声水平的总和 $L_1 + L_2$ 能够提供一个比单独使用这些噪声水平更好的相关性[6]

　　根据噪声半径的概念,详细解释见第 4.2 节,噪声印迹的一种简化的形式是一个椭圆(见图 4.3),因此,近似值有一个简单的几何解释。

　　起飞阶段认证的噪声水平(L_2)和沿着飞行轴线(降落或起飞)在轮廓线上对应的最终的印迹噪声水平 L 之间的差值如下:

$$L_2 - L = C\lg(a/a_2) \qquad (4.2)$$

其中常数 C 是衰减率(对于球面波,该常数接近 20),a 是轮廓图上从飞机路径到最终点的最小距离(见图 4.3),a_2 是起飞路径到第二个认证点(起飞阶段)的最小距离。性能曲线如下:

　　对相似三角形(见图 4.3),$a/a_2 = x/x_2$,所以

$$L_2 - L = C\lg(x/x_2) \qquad (4.3)$$

同样,跑道侧边第一个监测点处,b_1 能有效定义认证噪声水平 L_1 与 最终点的(最大半角)轮廓 b 的关系:

$$L_1 - L = C\lg(b/b_1) \qquad (4.4)$$

于是

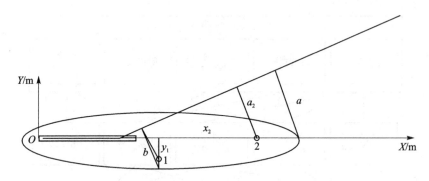

图 4.3　起飞路径下方的一个简化的椭圆形噪声印迹

$$L_1 - L = C\lg(y/y_1) \tag{4.5}$$

　　因为面积 S 与产品的尺寸成正比，因此，由式(4.3)和式(4.5)可知，它正比于 L_2 和 L_1。

$$\lg(S) = (L_2 + L_1)/C + D \tag{4.6}$$

这个结果与方程(4.1)一样。

　　作为该方法的例子，采用 INM 方法利用鉴定噪声水平对表 4.2 中所列的飞机进行了噪声印迹计算，这些飞机安装的都是高涵道比(涵道比在 1~6 之间)发动机，发动机的数量和起飞重量也不同(所有飞机都是苏联的)。噪声印迹的结果如表 4.3 所列。

表 4.2　在鉴定点测得的苏联飞机的噪声水平

飞机类型	EPNL/EPNdB	
	起　飞	降　落
伊尔-76T	107.3	102.7
伊尔-86	107.4	104.2
图-154	100.1	97.8
伊尔-62	106.9	95.2
图-134	95.3	101.9
雅克-42	93.8	93.6
雅克-40	88.7	85.5

　　在表 4.3 中，由计算噪声印迹得到的声暴露水平，SEL＝80 dBA，展示了鉴定噪声数据和印迹噪声面积之间可能的直接关系。相关的值 $D = -4.74$ 和 $1/C = 0.033\,91$，通过关联的系数 $0.935\,9$、标准偏差 $0.354\,5$ 和 $0.001\,902$ 分别得到。

表 4.3　LAmax 和 SEL 计算结果

水平/dB	给定 L_{Amax} 得到的印迹区域面积/km²					给定 SEL 得到的印迹区域面积/km²				
	65	70	75	80	85	80	85	90	95	100
伊尔-76T	246.679	172.762	102.743	53.545	27.251	210.882	132.237	63.454	28.980	13.384
伊尔-78	268.596	190.537	120.396	57.612	25.223	229.589	146.866	68.204	26.064	9.209
图-154	268.596	190.537	136.487	60.799	23.733	270.810	170.748	76.322	24.441	7.458
图-134	306.134	199.374	105.585	48.805	22.232	254.218	139.672	56.903	22.046	9.383
伊尔-62	194.105	128.185	69.313	35.995	17.822	156.303	84.481	39.174	16.922	7.367
雅克-42	86.840	48.667	26.523	13.884	7.526	59.097	28.942	13.378	6.387	3.333
雅克-40	51.253	25.431	12.115	5.768	2.774	28.216	10.941	4.381	1.908	0.840

如果鉴定数据无法获得，可以使用飞机类型组。根据飞机需要考虑的最重要的参数，对飞机规定了恰当的飞机类型，包括起飞重量、发动机数量。例如，根据苏联的方法，分成了五组（如表 4.4 所列）。

表 4.4　所使用的苏联飞机的分类

编　号	飞机类型	Δ_1/dBA
1	喷气飞机：伊尔-86 螺旋桨飞机：安 22	+5
2	喷气飞机：伊尔-62、伊尔-62ì、伊尔 76T、图-154B、图-134、B732 螺旋桨飞机	0
3	喷气飞机：雅克-42 螺旋桨飞机：安-12、伊尔-18	-5
4	喷气飞机：雅克-40 螺旋桨飞机：安-24、安-26	-10
5	喷气飞机 螺旋桨飞机：安-28、L410	-15

第 2 组飞机飞行路径下的平均噪声水平和平均噪声水平的差异如图 4.4 所示。该方法对分组飞机噪声水平预测的精度在起飞和爬升阶段为±5 dBA，在降落阶段为±3 dBA。这是一种相似，但却能更准确地评估每种特定组飞机飞行路径下方噪声水平的方法。图 4.5 展示了四种特定飞机在起飞阶段的示例：四发长航程飞机（LRA4）、双发长航程飞机（LRA2）、中航程飞机（MRA）和公务飞机（BC）。起飞和爬升阶段精度大约为±3 dBA，降落阶段为±2 dBA。

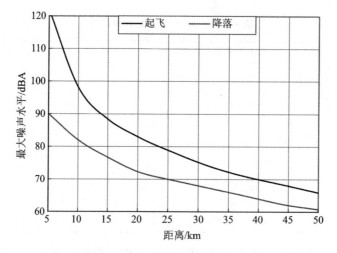

图 4.4　起飞或降落阶段飞行路径下第 2 组飞机的平均噪声水平

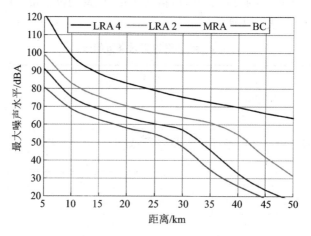

图 4.5　起飞飞行路径下四组飞机的平均噪声水平：长航程四发
飞机—LRA4，长航程双发飞机—LRA2，中航程飞机—MRA，公务机—BC

4.2　一种飞机噪声模型

　　如第 2 章所述，飞机在控制点的声学特性以 0.5 s 间隔的三分之一倍频程声压级（SPL）谱的形式呈现。这个信息用于计算飞机噪声指标，通常是 SEL 或 EPNL。飞机在地面上运行时，SPL 谱（包括指向性）在特定距离和飞机方向角度（或飞机发动机，或测试设备）上进行了定义。在任意工况下，一套 SPL 谱，定义了特定飞行模式（发动机运行模式）和与飞机的距离，以噪声矩阵的形式呈现，该矩阵适用于特定类型的飞机。矩阵的每行都定义了特定的频带，每列都定义了特定的噪声辐射角度。表 4.5 中给了一个特定的例子。

表 4.5 特定发动机特定模式特定范围内运行的噪声矩阵（样例）

角度/(°)	频谱带/Hz																							
	50	63	80	100	125	160	200	250	315	400	500	630	800	1 000	1 250	1 600	2 000	2 500	3 150	4 000	5 000	6 300	8 000	10 000
10	85.0	88.0	91.0	93.0	93.0	90.0	84.0	83.0	82.0	84.0	93.0	91.0	91.0	88.0	90.0	89.0	92.0	96.0	92.0	91.0	90.0	88.0	86.0	83.0
20	86.0	88.0	91.0	92.0	93.0	91.0	86.0	84.0	84.0	89.0	97.0	92.0	92.0	90.0	92.0	90.0	93.0	96.0	94.0	92.0	90.0	89.0	86.0	84.0
30	85.0	88.0	91.0	92.0	92.0	92.0	88.0	86.0	86.0	86.0	94.0	92.0	93.0	94.0	93.0	94.0	93.0	98.0	95.0	92.0	91.0	89.0	87.0	85.0
40	87.0	89.0	92.0	92.0	92.0	91.0	90.0	88.0	86.0	87.0	97.0	95.0	93.0	92.0	93.0	95.0	94.0	99.0	96.0	94.0	92.0	90.0	88.0	85.0
50	87.0	90.0	92.0	92.0	90.0	91.0	90.0	89.0	86.0	86.0	99.0	96.0	97.0	93.0	92.0	95.0	94.0	97.0	93.0	91.0	90.0	87.0	85.0	81.0
60	88.0	89.0	92.0	93.0	92.0	92.0	90.0	89.0	87.0	88.0	95.0	98.0	100.0	97.0	94.0	99.0	95.0	97.0	94.0	92.0	91.0	88.0	86.0	83.0
70	90.0	91.0	95.0	95.0	94.0	94.0	92.0	90.0	88.0	88.0	97.0	98.0	100.0	98.0	95.0	98.0	97.0	99.0	95.0	92.0	92.0	89.0	87.0	84.0
80	89.0	92.0	94.0	94.0	93.0	93.0	90.0	89.0	87.0	87.0	96.0	98.0	102.0	97.0	94.0	96.0	95.0	100.0	95.0	93.0	92.0	89.0	87.0	84.0
90	89.0	92.0	93.0	93.0	93.0	92.0	91.0	89.0	87.0	87.0	95.0	96.0	98.0	96.0	91.0	94.0	95.0	97.0	92.0	89.0	88.0	87.0	81.0	77.0
100	90.0	91.0	93.0	93.0	93.0	93.0	92.0	90.0	89.0	88.0	93.0	96.0	97.0	95.0	92.0	95.0	95.0	98.0	95.0	91.0	90.0	87.0	84.0	80.0
110	91.0	93.0	94.0	96.0	95.0	95.0	94.0	93.0	90.0	89.0	95.0	96.0	99.0	95.0	93.0	95.0	96.0	102.0	98.0	94.0	93.0	90.0	88.0	84.0
120	92.0	94.0	96.0	97.0	97.0	97.0	96.0	94.0	94.0	91.0	92.0	94.0	96.0	95.0	94.0	95.0	96.0	105.0	99.0	95.0	95.0	92.0	90.0	87.0
130	95.0	96.0	98.0	98.0	99.0	98.0	98.0	96.0	94.0	93.0	93.0	94.0	97.0	94.0	93.0	93.0	94.0	101.0	97.0	94.0	93.0	89.0	88.0	84.0
140	102.0	102.0	104.0	103.0	103.0	102.0	101.0	99.0	96.0	94.0	95.0	96.0	94.0	92.0	92.0	92.0	92.0	99.0	94.0	92.0	91.0	88.0	86.0	83.0
150	104.0	105.0	104.0	103.0	101.0	99.0	97.0	95.0	93.0	91.0	92.0	89.0	89.0	88.0	88.0	88.0	89.0	98.0	90.0	86.0	87.0	82.0	80.0	77.0
160	104.0	105.0	104.0	103.0	101.0	99.0	97.0	95.0	93.0	91.0	92.0	89.0	89.0	88.0	88.0	88.0	89.0	98.0	90.0	86.0	87.0	82.0	80.0	77.0

这样的一个矩阵方法，定义了不同飞行（发动机）模型辐射噪声的指向性，该结果是基于飞机作为整体或单独发动机试航期间进行的噪声测试。这些矩阵可用于飞行路径下的噪声水平计算（例如，采用 TsAGI 方法或 Flula 方法），SPL 由测量方向上的网格值并根据距离和模型进行插值后确定，这个模型会根据距离（通常发动机试验会沿着 50 m、75 m 和 100 m 的半径进行测量）其他声传播影响进行修正。

在某些工况下，噪声测量矩阵是通过试验获得的。其他情况下，通过基于模型的计算获得，使用的模型是根据飞机自身需要考虑的特殊噪声源。不可能仅通过分析和半经验模型确定所有的特征。最常见的影响噪声矩阵模型准确性和决定性的因素是飞机发动机的安装和降噪措施。精度不足的、存在特殊声源附件因素的模型除外，非常准确的模型必须使用（总声压级误差在 1～2 dBA 以内）。测量和计算有一些不利因素和偏离必须进行表述，以便克服它们。

通常情况下，任意类型飞机在频谱带上的声压级频谱（SPL_{jk}，$j=1,\cdots,N_j$）和第 k 个噪声传播方向，其中 $k=1,\cdots,N_k$，参考之前的因素，可以定义为

$$\mathrm{SPL}_{jk} = \mathrm{SPL}_{jkp} + \Delta\,\mathrm{SPL}_{jk} \tag{4.7}$$

其中 SPL_{jkp} 是 SPL_{jpk} 的预测值，SPL_{jpk} 是根据噪声源的特性（见第 2 章）得到的详细模型值 SPL_{jki} 的总和，$i=1,\cdots,N_s$；$\Delta\mathrm{SPL}_{jk}$ 是预测值 SPL_{jpk} 和测量值 SPL_{jk} 之间差值的频谱校正值。每个飞机的 SPL_{jpk} 计算公式如下：

$$\mathrm{SPL}_{jkp} = \sum_{i=1}^{N_S} \mathrm{SPL}_{jki} \tag{4.8}$$

当考虑飞机类型和发动机类型（见表 4.6）和飞行模式时，特定类型的飞机的声源数量是足够的。声源模型是基于 ICAO[4] 推荐的半经验模型，该模型在频谱和总声压级评估方面有较高的准确度（$\sigma_\Sigma = 1.2$ dBA）。

每个基本声源对总声压级 SPL 频域的贡献量由每个噪声控制点处的声功率公式总和确定：

$$\mathrm{SPL}_{\sum}(f) = 10\lg\sum_j 10^{0.1\mathrm{SPL}_j(f)} \tag{4.9}$$

对于任意特殊的声源，有

$$\mathrm{SPL}_{\sum}(f) = L_w - \Delta L_\theta - \Delta L_f - \Delta L_v - \Delta L_{\mathrm{int}} - \Delta L_{\mathrm{scr}} - 20\lg\frac{R}{R_0} - \alpha(R - R_0)$$

其中 L_w 是特定频带 f 的总声压级 SPL，标准化参照距离 R_0（通常 $R_0 = 1$ m）；L_θ 是声辐射的方向性修正；ΔL_f 是频谱修正；ΔL_v 是飞机速度修正；ΔL_{int} 是侧面噪声衰减对应的声干涉修正；ΔL_{scr} 是"屏障"对应的声衍射修正；α 是空气的吸声系数。模型中主要的贡献量来自 L_w、ΔL_θ 和 ΔL_f。所有的贡献量由表 4.6 所列的模型的个体声源清单确定。

表 4.6　不同类型飞机的主要噪声源

发动机类型	飞机噪声源							
	喷　流	外涵道喷流	风扇前部	风扇后部	涡　轮	燃烧室	机　身	螺旋桨
喷气发动机	⊕		⊕					
发动机旁路混合腔和 $m \leqslant 2.5$	⊕		⊕				⊕	
带混合室的内外涵涡喷发动机和 $m > 2.5$	⊕		⊕		⊕	⊕	⊕	
分流旁路发动机 $m \leqslant 2.5$		⊕	⊕	⊕			⊕	
分流旁路发动机 $m > 2.5$		⊕	⊕	⊕	⊕	⊕	⊕	
涡轮螺桨发动机	⊕							⊕
桨扇发动机		⊕	⊕	⊕	⊕	⊕		

飞机的总声学模型中频谱修正函数 ΔSPL 的定义如下：

$$\Delta \text{SPL}_{jk} = \text{SPL}_{jko} - \text{SPL}_{jkp} \tag{4.10}$$

其中 SPL_{jko} 是 SPL_{jk} 的测量值。观察值必须在噪声鉴定飞行试验过程中得到或者发动机外场测试期间得到。当然，第二种情况中，各种飞行影响和机身噪声源必须排除掉。

一般情况下，SPL_{jko} 和 SPL_{jkp} 是许多参数的函数，所以传递函数 ΔSPL_{jk} 也是这些参数的函数。主要的参数是飞行模型（发动机类型和推力）和声源到接受者的噪声传播方向。如果发动机噪声试验以噪声矩阵的形式呈现，则可以确定传递函数 ΔSPL_{jk} 的方向关系。SPL 谱可以在瞬时最大噪声水平 $L_A(t)$ 方向上的飞行噪声测试中获得。在实际操作中，PNL(t)（或 PNLT(t)）更易获得。这些飞行模式关系可以确定这些方向，然后在噪声传播的任意方向上产生。为了消除噪声传播对噪声传递函数的影响，计算时有一个标准参考距离 R_0（通常 $R_0 = 1$ m）。

一个初始的或基本的飞机声学模型可以根据观察数据 SPL_{jko} 在每种噪声工况（或方向）k 噪声源特性下的详细模型总数和需要考虑的每种噪声源获得。这一步可以使用计算机程序 ANOPP 或 TsAGI[7] 来实现。TsAGI 程序使用噪声矩阵概念作为噪声控制点噪声评估的基础。总和通过详细的飞机（见方程(4.10)）总声学模型的频谱传递函数进行修正。计算机程序 BELTASS 结合了前一步和后一步。

NPD 关系是飞机声学模型中最通用的类型，现在多用来计算集成附近的噪声水平。图 4.6 是一个图形化描述。移动的飞机是一个轴对称噪声源，圆柱面周围形成一个恒定的噪声水平。圆柱体的中轴线与飞行轨迹一致，圆柱体的半径根据给定的噪声水平确定。

在乌克兰程序的计算方法中，会用到噪声半径 R_n 的概念。它是 NPD 关系中

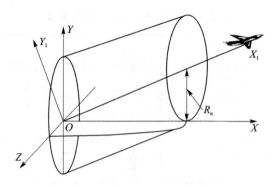

图 4.6 飞机噪声评估中的噪声半径 R_n

(见图 4.7)用到的最短距离概念 D_0 的延伸。

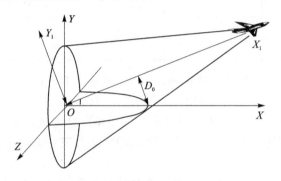

图 4.7 飞机噪声评估中的噪声功率距离和最短距离 D_0

如果在计算噪声水平中,噪声半径无法得到,其值可以通过飞机初步(或基本)噪声模型得到。R_n 关系的实例如图 4.8～图 4.10 所示。

图 4.8 展示了以 90 m/s 速度飞行的某一特定类型的飞机基本噪声半径关系及各种飞行模式。图 4.9 展示了以发动机转子频率和飞机空气动力学外形(襟翼偏转角度)的形式表示的关系。图 4.10 展示了噪声半径和气动外形对应的飞行速度的关系。

噪声半径的概念具备一些实用优势。对于噪声印迹对应的单向飞行路径的调查,噪声轮廓的边界和区域坐标,由圆柱体表面与地球表面的交集确定。整个飞行轨迹可以分成几个单独的部分,$k=1,\cdots,N$,每个部分的飞行参数近似保持恒定,在每部分 k 中计算都会被执行,且结果会进行合计。稳定爬升阶段等噪声水平轮廓根据下列方程用矩阵的形式进行确定[8]。

$$U^{\mathrm{T}}SU=R_n^2, \quad m^{\mathrm{T}}X=K, \quad X_0=\Omega U, \quad X_0=\lambda X \tag{4.11}$$

方程的第一项表示圆柱体的表面积,方程的第二项表示飞机地面面积,第三项是系统 X 坐标轴的转换,第四项表示特定系统飞行路径上第 k 部分到最开始部分的一个循环。

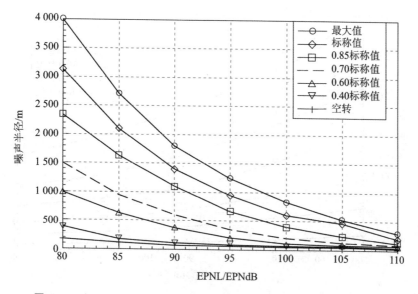

图 4.8　以 90 m/s 速度飞行的某一特定类型的飞机基本噪声半径关系

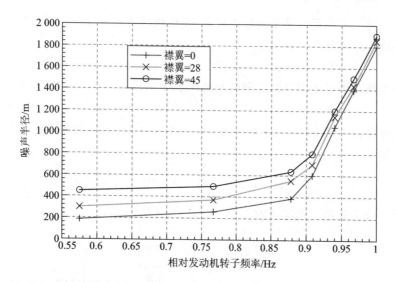

图 4.9　以 90 m/s 速度飞行的飞机在恒定值 EPNL＝90 EPNdB 下飞行模式与噪声半径的关系，飞行模式采用发动机转子频率和飞机空气动力学外形(襟翼偏转角度)的形式表示

矩阵 S、Ω、λ 的公式如下：

$$S = \begin{bmatrix} 0 & 0 & 0 \\ 0 & 1 & 1 \\ 0 & 0 & 1 \end{bmatrix}, \quad \Omega = \begin{bmatrix} \cos\theta & 0 & -\sin\theta \\ 0 & 1 & 0 \\ \sin\theta & 0 & \cos\theta \end{bmatrix}, \quad \lambda = \begin{bmatrix} \cos\varphi & -\sin\varphi & 0 \\ \cos\varphi & \sin\varphi & 0 \\ 0 & 0 & 1 \end{bmatrix}$$

$$(4.12)$$

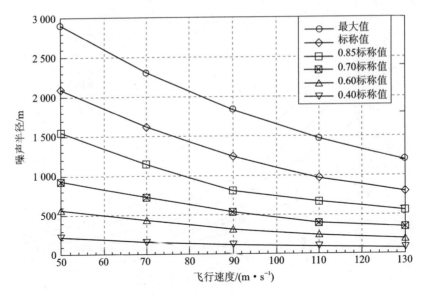

图 4.10　噪声半径和特定飞机飞行速度之间的关系（EPNL＝90 EPNdB，襟翼角度 $\delta = 0$）

其中 θ 和 φ 是飞机路径上某个特定阶段下，飞机相对于地面的倾斜角和翻转角，由此得到的轮廓的通用计算公式如下：

$$\sin^2 \theta (x \cos \varphi - z \sin \varphi)^2 + (x \sin \varphi + z \cos \varphi)^2 = R_n^2 \tag{4.13}$$

在飞机路径中每个部分的零翻转角特殊工况下，椭圆形转换公式如下：

$$z^2 \sin^2 \theta + x^2 = R_n^2 \tag{4.14}$$

飞行路径的 k 部分（初始坐标为 X_i，最终坐标为 X_f）对应的噪声轮廓面积 S_k 的计算公式如下：

$$S_k = \left[\frac{R_n^2}{\sin \theta} \arcsin\left(\frac{X \sin \theta}{R_n} \right) + X \sqrt{R_n^2 - X^2 \sin^2 \theta} \right]_{X_i}^{X_f} \tag{4.15}$$

在 ICAO 手册的飞机噪声附件中，EPNL 的计算公式如下：

$$\text{EPNL} = \frac{1}{T} \int_{t_1}^{t_2} 10^{0.1\text{PNLT}(t)} \, dt \tag{4.16}$$

飞机被看作是一个以恒定速度 v 移动的点声源。在飞机路径下方的关注点：

$$\text{PNL}(t) = \text{PNL}_{\max} + 10 \lg [R_n^2 / (R_n^2 + v^2 t^2)] \tag{4.17}$$

其中 $\text{PNL}_{\max}$ 给定噪声事件中的 $\text{PNL}(t)$ 的最大值。对于简化工况，当飞机飞过关注点正上方时，该值就会出现。

$$\text{PNL}_{\max} = \text{PNL} - 20 \lg R_n \tag{4.18}$$

其中 PNL 由飞行模式（发动机类型、飞行速度和气动外形）确定。如果 b 对于声波扩散和衰减是一个定值，且 t 是飞行时间，那么，将方程（4.17）和方程（4.18）代入方程（4.16）中可得

$$\text{EPNL} = \text{PNL} + 10\lg\left[I(b)/T_0\right] - 10\lg(R_n v) \tag{4.19}$$

其中

$$I(b) = \int_{-\varphi_0}^{\varphi_0} \cos^{2(b-1)}\varphi\, \mathrm{d}\varphi, \quad F_0 = \arctan\left[vt_2/R_n\right]$$

对应的 $\text{PNL}(t) = \text{PNL}_{max} - 10$ 时，得出：

$$t_2 = \sqrt{\left[10^{1/b} - 1\right]}\, R_n/v$$

将声吸声看作 0，即 $b=1$，则方程(4.19)可以进一步简化为

$$\text{EPNL} = \text{PNL} + C_R - 10\lg(R_n v) \tag{4.20}$$

其中 C_R 是跑道和关注点之间随着距离而变化的声吸声函数，对应的参考时间是 T_0。

这就意味着 EPNL 或任何其他时间的综合噪声水平是噪声半径 R_n 和速度 v 的函数。由最后一个表达式分析可得出下列结论：

（a）对于移动的噪声源，对应的时间综合噪声水平功率在距离趋势上是 1，而不是 2，因为它将会成为瞬时噪声水平，如 OASPL、LA 和 PNL(t)。需要注意：虽然已经忽略了大气吸声，真实的条件指数将会稍高一些。

（b）根据飞行速度 v 的变化，对 EPNL 的修正等于 ICAO 的推荐值：

$$\Delta L_v = 10\lg\left(\frac{v}{v_0}\right) \tag{4.21}$$

其中 v_0 是参考速度。

（c）对于飞行操作和噪声水平量级 EPNL 恒定的模型，产品的 $R_n v$ 一定值。该结果已经得到不同类型飞机的数据验证，甚至考虑了大气吸收的影响。在高速飞行速度下，相比发动机噪声源，机身噪声源对飞机噪声水平的贡献非常明显，因此，$R_n v$ ＝定值的关系式不适用。然而，在大部分实际飞行中的起飞和降落阶段，飞行速度是不会超过临界值的，因此，该模型可以用于计算和模拟机场周围的噪声。

4.3　飞机声学模型的评估

频谱传递函数 ΔSPL_{jk} 是一个飞机基本声学模型的核心参数之一。它是基于最小经验误差将公式 4.10 修正后得到的下式：

$$\Delta\text{SPL}_{jk} = \text{SPL}_{jko} - \text{SPL}_{jkp} - E_j \tag{4.22}$$

其中 E_j 是测量和预测噪声水平之间的频谱误差，传递函数中不包括该误差。如果误差 E_j 有一个常规高斯分布，似然原理可以用平方和最小值的形式表示：

$$\sum_k E_{jk}^2 = \sum_k \left(\text{SPL}_{jko} - \text{SPL}_{jkp} - \Delta\text{SPL}_{jk}\right)^2 = \min \tag{4.23}$$

因此，通常 $\text{SPL}_{jkp} + \text{SPL}_{jk}$ 的和可以由线性回归 SPL_{jkr} 的结果通过最小二乘法来确定，SPL_{jk} 是 SPL_{jko} 和 SPL_{jkp} 之间的系统性差异部分。误差 E_j 是 $\text{SPL}_{jko} - \text{SPL}_{jkr}$ 的

非系统性差异部分，所以它们可以被理解为解决方案精确度的测量。根据似然原理，总和如下：

$$M = \sum_k E_{jk}^2 / \sigma^2 \tag{4.24}$$

必须有一个 $N_k - 1$ 维的 x^2 自由度分布，其中 σ 是误差分布的离散量，N_k 是考虑在内的声传播的方向数目（N_k 是 16～19 之间的完整噪声矩阵，其中所有的方向都一律被按照 $10°$ 进行划分）。这个性质可用于评估关于 E_j 的假设。

因此，飞机的声学模型包括以下几步：

(1) 一个初步的飞机声学模型，可以根据每种工况 k 下测得的 SPL_{jko} 和需要考虑的每种噪声源声源特性的所有模型求和得到（参考方程(4.9)）。这一步使用程序 BELTASS。为了排除传递函数对声传播的影响，将参考距离标准化为 R_0（通常 $R_0 = 1$ m）。

(2) 为了用最小二乘法确定 SPL_{jkr}，进行线性回归。

(3) 传递函数和误差函数的定义如下：

$$\Delta SPL_{jkp} = \sum_{jk} W_j [SPL_{jkr} - SPL_{jkp}] \Big/ \sum_j W_j \tag{4.25}$$

$$E_{jk} = \sum_{jk} W_j [SPL_{jkr} - SPL_{jko}] \Big/ \sum_j W_j \tag{4.26}$$

其中 W 是频谱加权函数，它的每一部分在任意频带上是 1 或者在包含所有单音波的频带上大于 1。在这个阶段，下面的方程是有用的。总光谱向量差异 E 定义为

$$E = \Big\{ \sum_{jk} W_j [SPL_{jkr} - SPL_{jko}] \Big/ \sum_j W_j \Big\}^{1/2} \tag{4.27}$$

所以

$$E^2 = \Delta SPL_{jk} + E_{jk}^2$$

且相对误差指数协议 d 的定义如下：

$$d_j = 1 - \frac{\sum_j [W_j (SPL_{jko} - SPL_{jkp})]^2}{\sum_j \{W_j [(SPL_{jkp} - SPL_{jkor}) + (SPL_{jko} - SPL_{jkor})]\}^2} \tag{4.28}$$

其中，$SPL_{jkor} = \sum (W_j SPL_{jko}) / \sum W_j$ 是观测数据的估算平均值[1]。指数协议 d_j 是在 0 和 1 之间变化的无量纲值。如果 $d_j = 1$，则预测模型的结果是可信的，在第 j 频带上与观测值一致。第 2 步和第 3 步在计算机程序 TRANSFER 中已经得到实现。

(4) 可能的答案是通过残差的平方和与 χ^2 的统计比较，其中，χ^2 是通过计算机程序 TRANSCHI 计算得到的。

因此，一个任意类型飞机的基本声学模型源自噪声矩阵和由方程(4.7)确定的矩阵中每个部件的值。这个模型由飞机飞行（发动机）模式和周围环境的参数确定，所以它们可用于飞机噪声问题的任意方面。已经得到的目前所有类型的飞机和发动机的准确可靠的声学模型见表 4.7。

表 4.7　各种飞机和飞行模型的 d_j 平均频谱指数

飞行阶段或发动机运行模式	涡轮喷气发动机和低涵道比发动机($1\leqslant m\leqslant 2.3$)	高涵道比发动机($2.4\leqslant m\leqslant 5.6$)
起飞	0.88	0.93
爬升	0.86－0.93	0.84－0.92
收油门爬升	0.83－0.97	0.85－0.95
降落	0.89－0.97	0.84－0.94

飞机的声学模型已经通过一架雅克－40飞机的噪声鉴定试验的测试数据得到了验证。在起飞和降落阶段进行了测量,所以传递函数通过两个飞机模型得到了确定。图 4.11(a)和(b)展示了测试和初始预测之间频谱差异 E 的上限和下限。

"No.11"飞行从改进模型中排除掉了,因为相应的数据异常。改进模型 SPL_{jko} (1)、SPL_{jkh} (2)和 SPL_{jk} 的频谱结果如图 4.11(c)所示。在所有的案例中(当然,除了"No.11"),指数协议 d_j 在整个频带上在 0.88～0.96 之间变化。"No.11"飞行的指数协议 d_j 平均值=0.62。大多数频带,概率 P 的 χ^2 统计评估的概率比 χ^2 分布概率高,在 0.92～1.00 之间,所以声学模型的可信度非常高。在低频带上,这些好的结果会有小的偏离(d_j =0.77)。虽然知道是地面的影响,且在预测过程中使用了地面干涉模型,但还是不能更准确地预测全频段。因为关于反射面类型及它们的特性无法获得。

在表 4.8 中,对基本声学模型的结果与雅克－40 相同声源贡献量的总和进行了比较,模型使用的数据是通过噪声鉴定试验得到的。差异非常大,这些差异显示了具体声源(主要是风扇)的模型工具的准确性,这些具体声源是飞行模型中必须考虑的主要因素。

表 4.8　基于雅克－40飞机飞行的模拟 SPL 结果的指数协议 d_2 的对比(见方程(4.28))

飞机声学模型	飞行数				
	6	7	8	9	12
所有声源贡献的总和(4.9)	0.63	0.71	0.52	0.86	0.67
基本声学模型(4.7)	0.96	0.87	0.96	0.92	0.94

雅克－40飞机的各种声学模型已经被用于噪声半径评估。表 4.9 中,(1)是改进后的模型的传递函数;(2)是初步模型 SPL_{jkp} ;(3)是当前国际惯例中通用的评估方法。

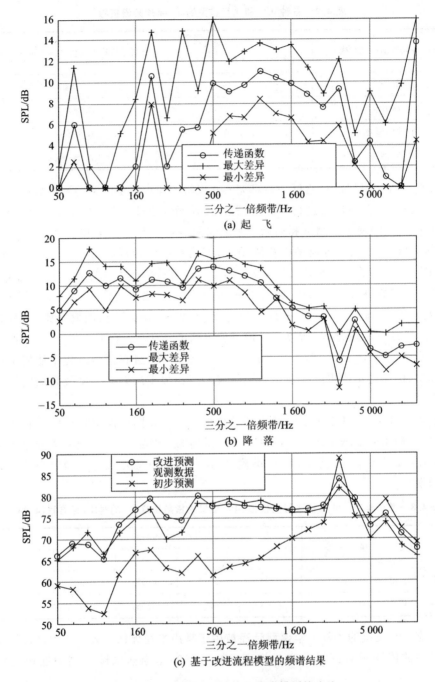

(a) 起 飞

(b) 降 落

(c) 基于改进流程模型的频谱结果

图 4.11　一架雅克-40 飞机声学模型的确认

表 4.9　L_{Amax} 的噪声评估半径结果

噪声半径/m	进场模型的 L_{Amax}/dB			起飞模型的 L_{Amax}/dB		
	(1)	(2)	(3)	(1)	(2)	(3)
100	91.3	93.9	92.3	101.3	97.6	99.8
300	79.0	80.6	80.0	87.2	82.9	88.1
500	72.4	72.3	73.8	79.0	73.8	81.9
700	67.9	66.0	69.5	73.1	66.6	77.4
1 000	62.9	58.1	64.8	66.7	58.7	72.5
1 300	59.2	51.9	61.6	62.1	53.4	69.1
1 500	57.2	48.5	59.2	59.6	50.7	66.5
2 000	53.1	42.2	55.2	54.5	45.7	62.1
2 500	49.8	38.1	51.6	50.3	42.0	58.5

改进后的模型和国际上使用的评估方法差异是最小的。在噪声半径值更大时（意味着噪声源与接收点的距离更大），偏差更大，尤其在起飞模型中。然而，这个在观测值数据近似值中的误差用于确定现有国际通用评估方法的关系，在更远的距离上可能更大。在起飞阶段，在 500～1 000 m 的范围内，大部分数据都可以获得；在降落阶段，100～200 m 的范围内，大部分数据也都可以获得。通常，这些结果可以推测至更远的距离。

飞行模型方法中的近似值 L_{Amax} 已经通过 lg R 中的二阶多项式得到，表 4.10 中展示了它们的准确性（T 是均方根误差）。

表 4.10　根据飞行模型方法得到的 L_{Amax} 近似二次方程式

模　型	L_{Amax} 方程	T
初步的	$101.158 + 18.442 \lg R - 10.904(\lg R)^2$	0.273 206
改进的	$126.02 - 9.95\lg R - 3.683(\lg R)^2$	0.039 562
早期的国际噪声评估方法	$127.02 - 10.58 \lg R - 3.39(\lg R)^2$	

由伊尔-86 的飞行测试数据（SPL_{TF}）推导出的传递函数如图 4.12 所示。飞行中伊尔-86 的计算和测试 NPD 之间的关系如表 4.11 所列。

飞行高度 300～900 m 的范围不足以建立 NPD 关系。推荐范围是 80～8 000 m。[4]根据 ICAO 技术手册[4]，高于 800 m 的噪声水平确定后，综合考虑发散量 L_R 和大气衰减 L_{ATM}，可以推出 $H \leqslant 800$ m 的数据。因此，L_{AE}：

$$L_{AE} = L_{Amax} + L_{AEH} - L_{AmaxH} + 7.5\lg(d/800) \qquad (4.29)$$

其中 d 是控制点到飞机路线之间的最小距离（近似等于飞行高度 H），在距离 d 处，噪声水平随指数"H"对应的测量值和推测值变化：

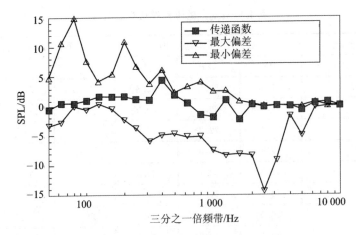

图 4.12　基于伊尔-86 飞行测试数据的声学模型推导出的经验传递函数

$$\left.\begin{aligned} L_{A\max} &= 10\lg\left[\sum_j 10^{0.1(L_j - \Delta L_A)}\right] \\ L_j &= L_{jH} - \Delta L_R - \Delta L_{ATM} \end{aligned}\right\} \qquad (4.30)$$

表 4.11　伊尔-86 飞机飞行测试中,测量和预测噪声-功率-距离(NPD)之间的关系

飞行高度/m	EPNL/EPNdB　最大发动机模型			EPNL/EPNdB　正常发动机模型		
	由声学模型计算得到	ΔSPL_{TF} 为 0 时的计算值	测量值	由声学模型计算得到	ΔSPL_{TF} 为 0 时的计算值	测量值
300.0	115.4	111.9	115.0	107.7	108.0	107.6
400.0	113.2	110.2	113.0	105.7	106.2	105.7
500.0	111.6	108.8	111.0	104.2	104.5	104.2
600.0	110.4	107.7	109.8	103.0	103.4	102.9
700.0	109.2	106.7	109.0	101.9	102.3	102.0
800.0	108.3	105.9	108.4	100.9	101.3	101.4
900.0	107.6	105.2	107.8	100.1	100.6	101.0

　　图 4.13 中的 NPD 关系对比,由公式(4.29)推导得出的 EPNL$=f(d)$,用程序 RADIUS_N 和方程(4.30)进行了预测并使用了程序 RADIUS 进行预测,该程序模型基于一架伊尔-86 飞机声学模型,并考虑了地面草坪的影响。

　　使用鉴定程序评估控制点处噪声水平的算法是基于计算得到的 NPD 关系。为了达到该目的,确定发动机模型、确定允许的最小爬升梯度要求以及确定控制点至飞机路径间的距离是非常必要的。根据一架最大起飞质量 210 t 的伊尔-86 飞机飞行调查数据,允许的发动机停车和允许的爬升梯度为 4%,由高压压气机在最大值的 87.5% 时的相对频率确定。距离 d 由等于 300 m 的飞行数据确定。因此,在控制点的噪声水平等于 107.6 EPNdB。伊尔-86 给出的在控制点处的噪声鉴定结果是

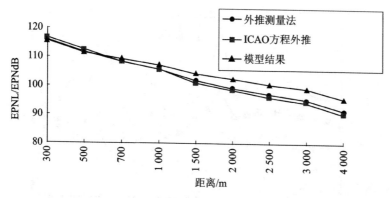

图 4.13　用多种噪声模型对一架伊尔-86 飞机进行噪声预测得到的噪声-功率-距离(NPD)对比

107.4±0.6 EPNdB。根据鉴定要求,确定使用 NPD 关系评估噪声水平的可能性。

　　静态飞机发动机噪声测试结果也已经用于构造飞机声学模型,以评估 NPD 关系和确定相应鉴定条件下的噪声水平。相比于飞机中的检测,静态测试数据不包括飞机速度产生的噪声水平。另外,没有关联测试场所中噪声测试条件的标准。检测直射声波和反射声波的干涉影响中用到两个麦克风高度($h_r=4.5$ m 和 0.5 m)。根据简化方程($f_0=Ra_0/(4b_sh_R)$)可知,4.5 m 高度的麦克风最大干扰(第一最小)影响位于 420 Hz,0.5 m 高度的麦克风最大干扰影响在 3 780 Hz。低于 800 Hz 的发动机平均噪声频谱由 0.5 m 高的麦克风接收,高于 3 500 Hz 的发动机平均噪声频谱由 4.5 m 高的麦克风接收,800~3 500 Hz 之间的频谱由两个高度记录它们的干涉效应。通过方程(4.22)~(4.28),利用发动机的噪声测试数据来确定传递函数。最大和正常发动机模型的 SP_{LTF} 结果如图 4.14 所示。声学模型的结果已经用于计算最大和正常发动机模型的 NPD 关系(见表 4.12)。

表 4.12　基于一架伊尔-86 飞机的测试数据计算得到的噪声-功率-距离(NPD)关系

飞行高度/m	EPNL/EPNdB　最大发动机模型		EPNL/EPNdB　正常发动机模型	
	最大模型的 ΔSP_{LTF}	正常模型的 ΔSP_{LTF}	正常模型的 ΔSP_{LTF}	最大模型的 ΔSP_{LTF}
300.0	115.4	114.2	108.0	109.4
400.0	113.4	112.1	106.0	107.5
500.0	112.0	110.7	104.6	106.1
600.0	110.8	109.5	103.4	105.0
700.0	109.6	108.3	102.4	104.0
800.0	108.8	107.2	101.4	103.2
900.0	107.8	106.3	100.6	102.4

　　在真实的操作条件下,尤其是起飞和爬升阶段,飞机的飞行过程与鉴定试验的飞行过程有很大差异。飞机噪声鉴定试验结果与运行数据的适应性通过两组参数来确定:

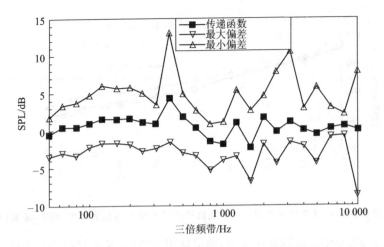

图 4.14 根据一架伊尔-86 飞机发动机噪声测试数据建立的声学模型推导出的经验传递函数

飞行轨迹参数和 NPD 关系。例如，根据一架 210 吨重的伊尔-86 飞机的飞行操作手册，控制点 No.2 到爬升轨迹间的距离是 330 m（发动机最大模式），飞机速度 90 m/s 左右。使用表 4.12 中的 NPD 关系，这些参数对应的噪声水平是 114.5 EPNdB。噪声鉴定试验结果是（107.4±0.6）EPNdB，发动机停车效应（即由于起飞和爬升过程中发动机推力减小导致的噪声降低）大约为 7 EPNdB。

4.4 飞行路径下方的噪声预测：轨迹模型

轨迹模型用于研究和评估飞行路径下方一个或多个噪声特征点的噪声水平。噪声水平要么根据时变声学频谱进行计算，要么根据 PNL、EPNL（公式（4.16））、L_{Amax} 或 SEL 等噪声指数计算。

$$SEL = \frac{1}{T}\int_{t_1}^{t_2} 10^{0.1L_A(t)}\,dt \tag{4.31}$$

指数代表了单一事件的水平，但它们可能包括根据白天和夜间发生事件的权重，或这段时间内发生事件的数量权重。事件限制和权重通常根据公共舆论（根据问卷调查确定）和噪声控制原则来进行选择。

噪声印迹（跑道周围一个线性的恒定噪声水平，在规定条件下，飞机起飞和降落产生的噪声，包括天气、大气条件和飞行剖面图等）用于飞行路径下的噪声影响评估。飞行路径是一个飞机通过空气中的路径，在三个维度上确定，通常以起飞滑跑或落地点作为参考原点。飞行路径的正视图展示了飞机高度沿着地面轨迹的变化，是一个飞行剖面图。飞行路径在地面上的投射面是一个飞行轨迹。

飞机飞入和飞出机场时在地面点的噪声，跟大量因素有关。主要有：

（1）飞机类型和动力系统总发动机的推力、叶片数和飞机自身使用的空速管理程序；

（2）影响声音传播的因素,包括各种飞行路径到控制点的距离,当地的地形和天气条件。

通常,对于给定大气条件,假设地形平坦,具有恰当的声学模型或恰当的 NPD 关系和飞机性能数据,单个移动物体的噪声水平就可以计算出来。性能数据包括大气温度和湿度、机场海拔和风速。然而,在长期平均条件下计算得到的噪声印迹,若基本数据相同,也适用于特定条件范围。

轨迹模型用于评估降噪措施、低噪声飞行和实际飞行规则的效果,以及评估特定机场附近的环境。这个模型对于飞机噪声调查评估专家来说非常复杂。原则上,轨迹模型有三个主要部分：

● 一个飞机参数评估的空气动力学模型；

● 一个包括用总 SPL 形式定义的声传递和声衰减的声学模型,以便于得到恰当的模型用于飞机噪声评估；

● 一个基于噪声半径方法的声学模型,模型中包括声衰减和声传播影响,这种影响以相关噪声标准和这些影响的基本参数之间的关系的形式呈现。

数学上,轨迹模型是以一套由飞行速度坐标系中飞机的重心推导得到的常微分方程形式表示。在本书第 6 章给出了矩阵表达式。

下列方程描述了一个离散质量点飞机在几分钟的时间跨度内的三维运行。图 4.15～图 4.17 中展示了方程所有的矢量参数。

$$
\begin{aligned}
m\dot{V}_t &= [T\cos(\alpha_t) - D] - mg\sin(\gamma_a) - \dot{\omega}_x\cos(\gamma_a)\sin(\psi_a) - \\
&\quad \dot{\omega}_y\cos(\gamma_a)\cos(\psi_a) - \dot{\omega}_h\sin(\gamma_a) \\
mV_t\dot{\gamma}_a &= [L + T\sin(\alpha_t)]\cos(\varphi_a) - mg\cos(\gamma_a) + \dot{\omega}_x\sin(\gamma_a)\sin(\psi_a) - \\
&\quad \dot{\omega}_y\sin(\gamma_a)\cos(\psi_a) - \dot{\omega}_h\cos(\gamma_a) \\
\dot{h} &= V_t\sin(\gamma_a) + \omega_h \\
mV_g\dot{\psi}_i &= L[\sin(\varphi_a)\cos(\theta_t) + \cos(\varphi_a)\sin(\gamma_a)\sin(\theta_t)] + D\cos(\gamma_a)\sin(\theta_t) + \\
&\quad T[\sin(\alpha_t)\sin(\varphi_a)\cos(\theta_t) + \sin(\alpha_t)\cos(\varphi_a)\sin(\theta_t) - \\
&\quad \cos(\alpha_t)\cos(\gamma_a)\sin(\theta_t)] \\
\dot{x} &= V_g\sin(\psi_i) \\
\dot{y} &= V_g\cos(\psi_i) \\
\theta_c &= \psi_i - \psi_a
\end{aligned}
$$

$$(4.32)$$

其中 g 是重力加速度,m 是飞机质量,V_t 是真实空速,$\dot{V}_t$ 是真实空速变化率,V_g 是地面对地速度,T 是推力,D 是阻力,L 是升力,α 是迎角(见图 4.16),$\alpha_t = \alpha + \varepsilon$ 是推力和相对风之间的夹角,ε 是发动机推力倾角,γ_a 是空气相对飞行路径的角度,$\dot{\gamma}_a$ 是空气相对飞机路径角度的变化率，ψ_a 是气动航向，ψ_i 是惯性航向，$\dot\psi_i$ 是惯性航向变化率，ϕ_a 是气动航向倾斜角，$\theta_c=\psi_i-\psi_a$ 是偏航角，$\dot w_x$ 是 x 方向的风分速度变化率，$\dot w_y$ 是 y 方向的风分速度变化率，w_h 是 h 方向的风速分量，$\dot w_h$ 是 h 方向的风分速度变化率，$\dot x$ 是位置 x

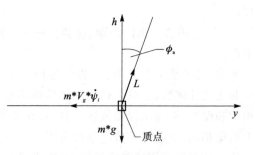

图 4.15 质点在 y、h 方向上的升力

的变化率，$\dot y$ 是位置 y 的变化率，$\dot h$ 是位置 h 的变化率。

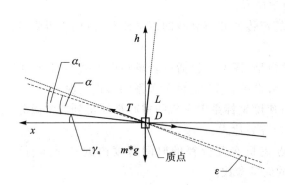

图 4.16 质点在 x、h 方向上的升力

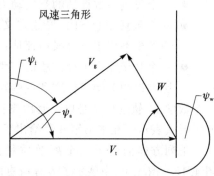

图 4.17 风速三角形

　　第一个假设是飞机可以被看作一个质点。这就意味着只有质点可以被模拟，而质点以外的位置是无法模拟的。空气动力学模型中的阻力参数被平衡掉了，即由飞行试验分析得到的阻力和升力系数已经被考虑到，在纵轴方向达到了平衡。后面的方程对所有的飞行阶段都是适用的，包括地面阶段和飞行阶段。

　　起飞和爬升路径不包括围绕飞机质点的旋转运动，即轨迹模型仅在垂直面内考虑，并由下列阶段参数组成的一组四个方程表示：飞行速度 v、航迹倾角 θ、纵坐标 x 和垂直坐标 y。飞机轨迹模型中的飞行控制参数是飞机发动机的总推力 T、襟翼角 δ 和俯仰角 $\nu=\alpha+\theta-\phi$，其中 α 是攻角，ϕ 是发动机安装角。

　　发动机高压压缩机主轴的转速直接定义了发动机在特定高度、飞行速度、发动机运行模式和大气环境条件下的推力（研究过程中用到了发动机性能的高度-速度图和果壳图）。必须选择控制参数俯仰角 ν（例如代替攻角），因为它可以产生更多系列方程(4.32)的稳态结果。[9]

　　一个重要的假设（参见前面章节[1]）是垂直和水平路径规范是不耦合的，它们可以被分别定义。这里有四个简化的假设：

● 大部分时间（在巡航、巡航-爬升、爬升-下降），飞机假定是沿着直线运动的。

相比直线运动,转弯很少。

● 所有在稳态飞行和飞行途中:假定攻角(α)、飞机路径和航迹倾角(γ 或某些工况下的 θ)非常小。假定角速率非常小。在这种情况下,航迹倾角的变化设定为零,假设为准稳态飞行。

● 模拟过程中飞机燃油消耗导致的飞机质量变化忽略不计。

● 风的影响忽略不计。真实航道上,风是有影响的,但不是目前仿真的目标。

飞行路径角 γ 很小,因此,真实的空气速度 V_t 和地面速度 V_g 是相等的。例如,在起飞和爬升或在落地前(见图 4.18)的降落阶段,运动方程为

$$\left.\begin{aligned}
\frac{\mathrm{d}v}{\mathrm{d}t} &= \frac{P}{m}\cos(v-\Theta-\varphi) - C_{Xa}\frac{\rho v^2 S}{2m} - g\sin\Theta \\
\frac{\mathrm{d}\Theta}{\mathrm{d}t} &= \frac{P}{mv}\sin(v-\Theta-\varphi) + C_{Ya}\frac{\rho v^2 S}{2m} - \frac{g}{v}\cos\Theta \\
\frac{\mathrm{d}x}{\mathrm{d}t} &= v\cos\Theta, \quad \frac{\mathrm{d}y}{\mathrm{d}t} = v\sin\Theta
\end{aligned}\right\} \tag{4.33}$$

起飞过程中的初始控制参数由发动机功率设定(由转子频率 n 的相对值简单确定),如倾斜角 ν(倾斜角的解决方案比攻击角更稳定)和襟翼偏转角 δ。

每架飞机的空气动力学阻力和升力信息可从飞机的数据库中得到,由基于攻角条件得到的基本升力和阻力数据、马赫数和构型组成。所有运行条件和飞行类型的值都可以更改。

降落飞行阶段的噪声评估,使用的方法是相同的。飞行路径上飞机不会绕着垂直轴旋转,所以仅在垂直平面内进行观察,且方程系统与起飞和爬升阶段(见图 4.18)是相同的。如果考虑该工况下仅沿着滑翔角飞行,则不假设滑翔角为定值,第二个方程由一个数学微分转换而来。

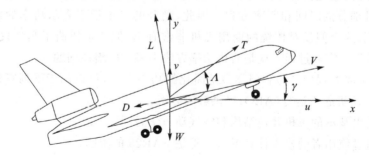

图 4.18　飞机的爬升过程

地面运动阶段,方程(4.32)中的空气动力学梯度用一个恒定的跑道坡度代替,倾斜角 ϕ_a 假设为零。起飞和落地阶段旋转的部分,假定攻角 α 是恒定值,旋转过程它被假定为时间的函数。更多的飞机空气动力学模型中特殊的细节这里不考虑。

在飞机起飞期间,简化的功率方法仅用了一个运动方程[10,11]。它是通过水平方向的的力学平衡建立的。飞机上的力如图 4.19 所示,其中,对于简化的功率方法,推

力转向角 Λ 为零。所有的力求和,并且引入升力和阻力的无量纲系数:

$$\mathrm{d}v/\mathrm{d}t = g/W\left[(P - \mu W) + 0.5\rho S(\mu C_L - C_D)u^2\right]$$

关于恒定推力的功率消耗,这个运动方程可以综合分析两个速度 V_a(初始速度)和 V_b(最终速度)的时间和距离需求。时间和距离方程为

$$t_b - t_a = \frac{G}{\bar{V}}\ln\left[\frac{(\bar{V} + V_b)(\bar{V} - V_a)}{(\bar{V} - V_b)(\bar{V} + V_a)}\right] \tag{4.34}$$

$$X_b - X_a = -G\ln\left(\frac{\bar{V}^2 - V_b^2}{\bar{V}^2 - V_a^2}\right) \tag{4.35}$$

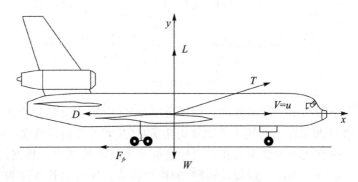

图 4.19　地面滑行时飞机的受力

其中

$$G = \frac{W/S}{\rho g(C_D - \mu C_L)}, \quad \bar{V} = \sqrt{\frac{T - \mu W}{\rho S(C_D - \mu C_L)}}$$

需要注意,上述方程专门用于地面滑行状态,空气动力学爬升中它们使用的功也基本是爬升部分的时间和距离方程。因此,爬升的二维量不表示功率的解决方案。我们会看到,这个假设对传统的商用飞机非常有用,但严重扭曲了高速民用运输机(HSCT)起飞的实际过程。这是简化功率方法中最大的潜在问题。

时间-距离方程(4.34)和(4.35)是简化的功率方法,可以用于下列算法中,以便为所有的发动机起飞运行(AEO)提供解决方案:

(1) 给出基本的飞机几何结构和空气动力学,计算 V_s;

(2) 通过使用者的输入计算 V_{lo},通常是 FAR25 的限制;

(3) 通过使用者的输入计算 V_2,通常是 FAR25 的限制;

(4) 使用方程(4.34)和(4.35)计算 $V = 0$ 和 $V = V_{lo}$ 之间的地面距离,以及所花的时间;

(5) 使用方程(4.34)和(4.35)计算 $V = V_{lo}$ 和 $V = V_2$ 之间的爬升距离,以及所花的时间。

推荐采用相同的方法[11]确定地面滑跑的长度和时间变化。例如,起飞滑跑的距离增量是

$$\Delta L = \frac{V_{\mathrm{OTP}}^2}{g} \bigg/ (\tau - \mu) \times (A_1 - A_0) \qquad (4.36)$$

滑跑的时间增量是

$$\Delta T = \frac{V_{\mathrm{OTP}}}{g} \bigg/ (\tau - \mu) \times (B_1 - B_0) \qquad (4.37)$$

其中 V_{OTP} 是起飞速度,τ 是推重比,μ 是摩擦系数。

起飞滑跑的系数 A、B 的定义如下:

$$A_1 = \ln(1 + y \times U^2)/(2 \times y)$$

$$y = \frac{(\mu \times C_{\mathrm{YP}} - C_{\mathrm{XP}})}{C_{\mathrm{YOTP}}} \bigg/ (\tau - \mu)$$

$$U = V/V_{\mathrm{OTP}}$$

$$S_{\mathrm{Y}} = (-y)^{1/2}, \quad y < 0$$

$$B_1 = \ln(1 + S_{\mathrm{Y}} \times U)/[2 \times y) \times (1 - S_{\mathrm{Y}} \times U)]$$

$$S_{\mathrm{Y}} = y^{1/2}, \quad y > 0$$

$$B_1 = \mathrm{arctg}(S_{\mathrm{Y}} \times U)/S_{\mathrm{Y}}$$

$$A_0 = A_1, \quad B_0 = B_1$$

Miele[11] 的这个基于方程(4.36)和(4.37)的算法,在飞行路径计算中使用,例如,在 NOITRA 模型中的应用。

然而,必须注意两点,这样的模型已经作为一个微分方程组进行推导,但它表明一个简单的代数方程组不足以满足飞机噪声评估的需要。飞行轨迹可以使用一组线性的或扇形的方法表示,其中的飞行参数近似恒定。飞机的地面轨迹也可以使用直线和圆弧表示(见图 4.20 和图 4.21)。为了测量观测点到航线间的倾斜距离,需要

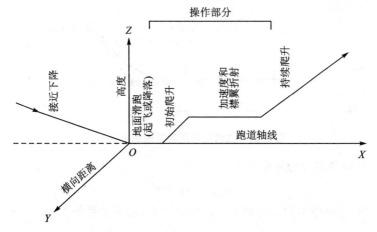

图 4.20　性能计算中典型的飞行路径

知道飞机的飞行剖面。同时也需要知道发动机推力的变化，或其他噪声相关的推力参数，以及飞机在航线方向上的速度。然后倾斜距离和推力被输入和插入到噪声-功率-距离数据中。

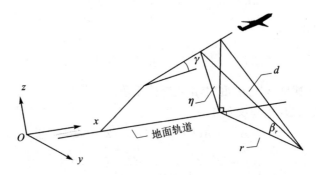

图 4.21　计算声水平和声暴露水平及计算地面衰减中用到的不同距离和角度

调查非稳态飞行参数对飞行路径下方噪声指标的影响具有重要意义[12]。所以，对于飞机噪声评估，飞机路径可能代表的是各个线性阶段的总和，内部的控制参数是恒定的，阶段参数由线性方程确定。

例如，起飞阶段的飞行剖面和飞行速度分下列三种情况确定：

(1) 等距离滑跑，S_g 是沿着跑道由滑跑起点到跑道交叉口的距离。

初始爬升路径投射（见图 4.22）如下：

$$S_g = p\theta \left[f_w (W/\delta) \right]^2 / (X_{\mathrm{NTO}/\delta}) \tag{4.38a}$$

$$f_w = (V_{\mathrm{EAS}} - V_w)/(V_{\mathrm{EAS}} - 4.1) \tag{4.38b}$$

在方程(4.38)中，V_w 是风速，V_{EAS} 是爬升初始阶段的空气平均速度。

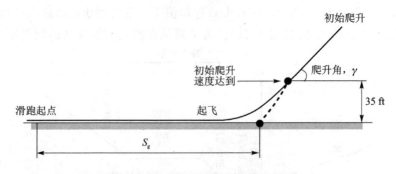

图 4.22　飞机起飞滑跑阶段的示意图

某一飞行路径对应的速度如下：

$$V_{\mathrm{EAS}} = Q \sqrt{W} \tag{4.39}$$

其中 Q 是爬升过程中不同值用到的飞行速度系数，相关关系如下：

$$V_{TAS} = V_{EAS} / \sqrt{\sigma} \tag{4.40}$$

其中 σ 是空气密度与海平面的比值。

(2) 飞行路径的爬升(或下降)角度由下式确定:

$$\gamma = \arcsin\{(f/f_w)[X_N/W] - R]\} \tag{4.41}$$

其中,R 是爬升/下降性能系数,f 是飞行路径上方的加速度系数。

对于从位置(1)到(2)的加速爬升:

$$f = \{1 + (V_{TAS2}^2 - V_{TAS1}^2)/[2g(\Delta h)]\}^{-1} \tag{4.42}$$

对于表达式中以速度 V_{EAS} 恒定爬升:

$$f = 1 + 5.2 \cdot 10^{-6} V_{EAS}^2 \tag{4.43}$$

角度 γ 在爬升时是正值,下降时是负值。对于襟翼收缩段,爬升角度应该是开始端和结束端时系数 R 的平均值。如果 R_c 是给定的,则爬升角变成

$$\gamma = \arcsin[R_C/(V_{TAS}f_w)] \tag{4.44}$$

如果指定了一个恒定的高度,对于飞行轨迹图式化,爬升角度应该假设是恒定的。在爬升和降落阶段,航段涵盖的水平距离由下式确定:

$$S = \Delta h / \tan \gamma \tag{4.45}$$

如果飞机在水平飞行中是加速的,则涵盖的水平距离是

$$S = f_w(V_{TAS2}^2 - V_{TAS1}^2)/2g[X_N/W - R] \tag{4.46}$$

飞行路径的最短距离(噪声半径或倾斜范围)为

$$d = \sqrt{l^2 + (h\cos\gamma)^2} \tag{4.47}$$

如果在飞机基本声学模型中计算的目的是确定算法中噪声控制点的声压级噪声频谱,则

$$\left.\begin{aligned}
SPL_j &= SPL_\Sigma - \Delta L_V - \Delta L_{int} - \Delta L_{scr} - 20\lg R/R_o - \alpha(R - R_o) \\
SPL_\Sigma(f) &= 10\lg\sum 10^{0.1SPL_j(f)} + \Delta SPL_j \\
SPL_j(f) &= L_w - \Delta L_\theta - \Delta L_f
\end{aligned}\right\} \tag{4.48}$$

其中 L_w、ΔL_θ、ΔL_f、ΔSPL_j 定义了标准声源的参考距离 $R_0 = 1$,ΔL_v、ΔL_{int}、ΔL_{scr}、R、R_0、α 的值与式(4.9)中是相同的。

已知的,即使在飞机通过噪声测试中,横向衰减和屏蔽效应也是声传播几何的函数,因此,飞机飞过时的频谱特性(干扰下降和或尖峰值)是变化的。

下面展示了一架伊尔-86 飞机噪声分析的例子。NK-86 发动机安装在伊尔-86 飞机上,为混合室喷气排气和低旁路混合室(发动机模式 $m \cong 1.3$)。因此,起飞轨迹下方的预测噪声源是喷气排气,降落轨迹下方的噪声预测噪声源是风扇和喷气。一架伊尔-86 飞机在水平飞行高度下的控制点测得的噪声频谱和最大。正常发动机模式如图 4.23 所示。相应的预测如图 4.24 所示。

计算是基于飞行模式中给定的鉴定传递函数,使用 BELTRA 程序得到。在噪声控制点噪声水平最大的时刻 $PNLT_{max}$,分析结果表明,喷射噪声频谱超过飞机另

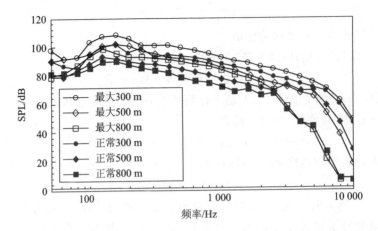

图 4.23 一架伊尔–86 飞机在 $PNLT_{max}$ 时刻控制点上方不同飞行高度的测试噪声频谱

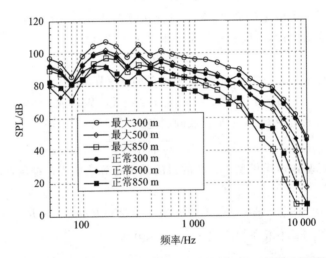

图 4.24 伊尔–86 $PNLT_{max}$ 时刻，飞机噪声控制点对应的不同飞行高度下的噪声计算频谱

外一个声源 10 dB。在飞行高度 300 m，波阵面散度 ΔL_R，空气吸声 ΔL_{ATM} 和地面作用 ΔL_{INT} 的测试麦克风位置（见图 4.25），噪声指向角 $\theta_{max} = 136.6°$，$PNLT_{max}$ 的适当计算也考虑在 SPL 的评估中。对所有各种噪声分析中需要考虑的角度 θ_{max} 通过子程序 TETAMAX 来确定。

结果表明，每个特殊发动机模型（包括所有用到的飞行高度）传递函数的预测，提供了最小的预测错误值（见表 4.13）。因此，这个计算方法已经用于所有可能模式的预测。最大和正常发动机模型的预测结果如图 4.26 所示。计算和测试噪声值 EPNL 的对比如表 4.14 所列。

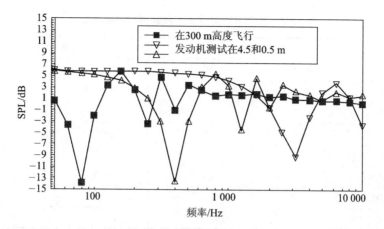

图 4.25 伊尔-86 飞机声学模型中使用的声波干扰(横向衰减)的计算过度衰减谱

表 4.13 伊尔-86 飞机在正常发动机推力下基本声学模型的传递函数预测的准确性

预测类型	每一个分析变量的最小二乘误差
考虑到的所有飞行高度和发动机模型	299.8
需要考虑的所有飞行高度	226.8
需要考虑的所有发动机模型	191.4
零传递函数	474.7

轨迹模型已经用于分析起飞和降落阶段飞行路径下方影响飞机噪声水平的各种运行因素。首先,飞行过程的影响是最受关注的主题。其中,噪声鉴定飞行测试程序是最重要的。苏联飞机相应的最值预测已经经过试验数据的验证(见表 4.14)。例子如图 4.26 所示。

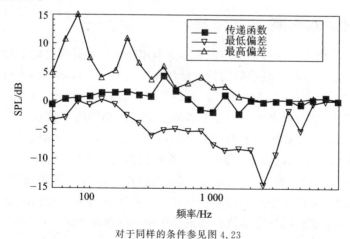

对于同样的条件参见图 4.23

图 4.26 基于飞行测试的伊尔-86 声学模型预测得到的传递函数与测量传递函数之间的差异

137

表 4.14　飞机运行时预测和测量得到的噪声水平　　　　　　　　　　　dB

飞机类型	起飞,检测点 2		降落,检测点 3	
	预　测	测　量	预　测	测　量
图-154	99.2	100.1±1.2	105.8	106.0±0.9
图-154M	98.3	98.4±0.9	100.7	102.1±0.5
图-204	97.0	96.0±2.6	102.2	99.9±2.7
雅克-40	91.2	90.3±3.9	98.7	97.2±3.8
雅克-42	93.8	93.4±0.7	103.7	102.4±1.6
伊尔-62M	100.2	102.9±2.5	100	103.5±3.8
伊尔-86	107.6	107.4±0.6	105.7	105.1±03

所有的预测数据都在测量值允许的限制范围内。结果分析显示非常准确,尤其在降落和爬升阶段。落地前的下降阶段,结果间的平均差异是±1.4 EPNdB,爬升阶段更高。差异是由落地前下降过程中发动机的运行模型的参数信息不准确造成的。这是因为下降期间的发动机模型高度依赖于飞行条件,使用已有的模型很难计算出产生的噪声水平。

虽然研究中的飞机的基本声学模型已经被使用了,但也可能使用噪声半径方法(NPD 关系)。另外,噪声半径方法便于对每一个飞行路径的起飞和降落进行评估。EPNL 与印迹的关系如图 4.1(a)和(b)所示。这个结果是在正常的飞行操作下完成的,沿着航线上没有使用降噪操作。

4.5　地面、大气的影响及机翼和机身的遮蔽效应

4.5.1　地面的影响

这种影响是由直接声与地面声源和第 3 章中提到的接受者之间的地面反射声之间的干涉引起的。这些影响中好的例子已经在发动机声学台架试验中得到观测。图 4.27 和表 4.15 展示了相应的数据[13]。发动机试验结果分析显示,至少第一次下降和上升被正确模拟,这是噪声评估中最重要的。对试验期间的声传播条件进行了详细说明,因为发动机和麦克风高度及它们之间的距离已知,气象影响已最小化。因此,这些数据为测试模型的地面影响提供了一个好的机会。余量衰减的计算已经在单极子模型中得到了执行。表 4.15 展示了反射表面(例如泡沫内饰和混凝土)阻抗参数的不同值被预测,并产生了不同的多余衰减谱。泡沫材料内饰表面的吸声效果已经被预测,用于研究它们降低发动机台架试验中噪声的潜在效能。

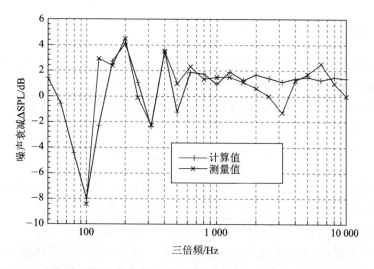

图 4.27　噪声频谱预测和混凝土表面厂房中发动机台架试验的测试值对比

表 4.15　三种反射表面下的测量和多余衰减的预测　　　　　　　　　　dB

频率/Hz	4 in 的泡沫内饰		8 in 的泡沫内饰		混凝土	
	计　算	测　量	计　算	测　量	计　算	测　量
100	−6.18	−5.7	−2.81	−3	−7.96	−8.4
125	−1.06	2	0.29	2	−2.3	2.9
160	2.75	2.1	2.16	1.7	2.71	2.4
200	3.27	3.5	1.53	1.8	3.09	3.5
250	−0.58	−1.2	−1.5	10	1.06	−0.1
315	−0.91	−0.5	0.15	−1.2	−2.34	−2.3
400	2.22	2.2	0.54	0	3.53	3.5
500	−0.77	1.5	−0.07	1.3	−1.24	1
630	0.38	1	−0.21	0.8	1.87	2.3
800	0.57	0.7	0.05	0.1	1.72	1.35
1 000	0.24	0.4	0.09	−1	0.95	1.5
1 250	0.75	0.7	0.17	−1	1.9	1.5
1 600	0.24	−0.3	0.07	−0.6	1.24	1.1
2 000	0.14	−0.4	−0.05	−0.5	1.71	0.6
2 500	0.17	−1	0.04	−0.4	1.39	0
3 150	0.05	1	0.04	−0.5	1.13	−1.3
4 000	0.01	1	0	−1	1.35	1.2
5 000	0.08	1.5	0.02	−0.9	1.47	1.7
6 300	0.03	1.1	0.04	−0.1	1.23	2.5
8 000	0.02	−1	0	−1	1.46	1
10 000	0.01	0.5	0.01	−0.5	1.35	0

4.5.2 折射作用

沿着传播路径影响飞机噪声水平的重要额外因素是由大气边界层内的风速或温度梯度引起的声反射，以及由湍流引起的声能量扩散。

射线跟踪是屈光介质中波传播的一种高频近似值。在一种无边界媒介中射线跟踪有效性的条件是

$$\lambda_0 n' \ll n^2 \approx 1, \quad \lambda_0 \frac{A'}{A} \ll 1$$

其中 n 是折射率，n' 是折射率的空间导数，λ_0 是波长，A 是波幅，A' 是波幅的空间导数。这些条件意味着声速和波幅不能在一个波长内显著变化。

对于声速剖面，在 10 Hz 处 $\lambda_0 n' \approx 10$，在 100 Hz 处 $\lambda_0 n' = 10^{-3}$。所以标准在 100 Hz 处是满足的，但可能在 10 Hz 是临界点。对于均匀的大气环境，总的声场是由波长为 R 的直接波和波长为 R' 的地面反射波综合形成的，分别为

$$\varphi = \frac{\exp(ikR)}{4\pi R} + [R(\theta) + 1 - R(\theta)F(p_e)] \frac{\exp(ikR')}{4\pi R'} \tag{4.49}$$

直接波和地面反射波之间的相位差为 $k(R - R')$。向下的折射与标准的声速梯度 $a = \frac{1}{c(0)} \frac{dc}{dz}$ 一致，射线数量为

$$N = 2\left(\left[\frac{d - l_1}{2l} \right] + \left[\frac{d - l_2}{2l} \right] \right) + 2 \tag{4.50a}$$

其中 $[x]$ 表示 x 的整数部分

$$l = \sqrt{h_r^2 + 2h_r/a}, \quad l_1 = \sqrt{(h_r + a^{-1})^2 - (h_s + a^{-1})^2}, \quad l_2 = 2l - l_1$$

方程 (4.50a) 假设 $h_s \geqslant h_r$。

在线性声速剖面环境中，射线按照不同的顺序进行分类，其中，所有属于相同顺序的射线经历相同数量的地面反射。除了第一个，剩下每个类中都有四个射线。

(n) 类射线可以通过它的数量由下列公式计算得到。

$$n = \left[\frac{N - 1}{4} \right] + 1 \tag{4.50b}$$

每个顺序中都包含四个射线，由于地面的反射作用（等于这个顺序），有两条射线的值相等，一条射线少一些，一条射线多一些。

为了避免不连续和节省计算时间，使用下列方程可以得到简化模型：

$$\left. \begin{array}{l} N_t = \dfrac{2d - l_1 - l_2}{l} \\[2mm] N = N_t, \quad N_t \geqslant 2 \\[1mm] N = 2, \quad N_t < 2 \end{array} \right\} \tag{4.50c}$$

反射线的参数由一组迭代算法确定，它的主要特征如下，但它的详细特征在其他

地方进行描述[14-17]。

N 次反射后的一个焦散宽度如下：

$$\delta = (4N)^{1/3} \frac{H}{\psi_G} \tag{4.51}$$

其中 H 是波层的厚，ψ_G 是反射的入射角。

波层厚度是线性声速折射声速梯度中向上和向下的全波分析的衍射参数，计算如下：

$$H = (2ak_0^2)^{-1/3} \tag{4.52}$$

其中

$$a = \frac{1}{c(0)} \frac{dc}{dz} = \frac{1}{R_c}$$

R_c 相当于水平射线附近的曲率半径。

反射点和射线发射入射角 ψ_G 最大高度之间的距离可以容易地计算出来，因为射线在线性声速梯度中的传播路径是弧形的（见图 4.28）。反射之间的间隔 Δ 如下：

$$\Delta = \frac{2\tan \psi_G}{a} \tag{4.53}$$

对于线性速度梯度，例如 Hidaka 等人[15]，声线是圆弧，半径 R_c 的定义如下：

$$R_c = \frac{1}{a\cos \psi_G} \tag{4.54}$$

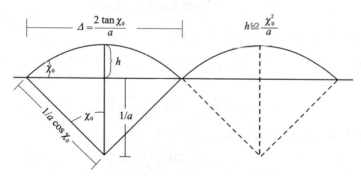

图 4.28　线性声速梯度在大气中轨迹的几何构造[17]

图 4.29 所示为正向梯度的直接路径对应的曲率。

其中角度 ψ_G 的推导如下：

$$\psi_G = \arctan\left[\frac{aD}{2} + \frac{z_R(2+az_R)}{2D}\right] \tag{4.55}$$

其中 $\Delta = 2D_m$。

$$z_c = -1/a \tag{4.56}$$

弧度的中心在水平面上，在高度（深度）z_c 上。

因此，对于放置在地面的声源，如果接受者在顶点之前（见图 4.30），则弯曲射线

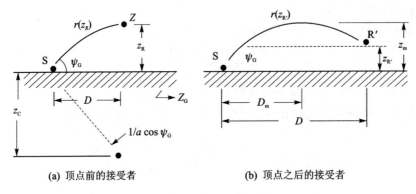

(a) 顶点前的接受者   (b) 顶点之后的接受者

图 4.29　正向梯度的直接路径对应的曲率

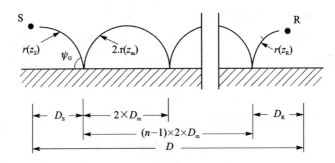

图 4.30　多重地面反射的射线路径[17]

$r(z_R)$的长度和传播时间 $\tau(z_R)$的推导如下：

$$r(z_R) = \frac{1}{a\cos\psi_G}\left\{\arcsin\left[(1+az_R)\cos\psi_G\right] - \frac{\pi}{2} + \psi_G\right\} \qquad (4.57)$$

$$\tau(z_R) = \frac{1}{2ac_G}\log\left[\frac{f(0)}{f(z_R)}\right]$$

其中 c_G 表示声源处的声速（这里等于 c_0）

$$f(z) = \frac{1 + \sqrt{1 - (1+a_z)^2\cos^2\psi_G}}{1 - \sqrt{1 - (1+a_z)^2\cos^2\psi_G}} \qquad (4.58)$$

当声射线到达它的顶点时，两点（z_R 和 $z_{R'}$）可能在相同的高度；所以方程（4.52）～（4.58）不能用来直接推导 z_R 对应的圆弧的参数。

因此，得到下列方程：[17]

$$\left.\begin{aligned} r(z_{R'}) &= 2r(z_m) - r(z_R)\\ \tau(z_{R'}) &= 2\tau(z_m) - \tau(z_R) \end{aligned}\right\} \qquad (4.59)$$

目前，我们已经假设声源在地面上，且 z_R 大于 z_S。相反的情况下，当接受者在地面上时，前面的方程中 z_S 可以用 z_R 代替。

一般情况下，声源和接受者都不在地面上，总的反射线长度和传播时间可以通过将参考平面移动到最小高度 z_R 和 z_S 推导得到。

当速度梯度高，或者当接受者远离声源时，在地面上有一个以上的反射面（见图 4.30）。

第一个反射的位置，x（如图 4.30 中的 D_S 所示）是下面四组多项式方程的解：[18,19]

$$n(n+1)x^4 - (2n+1)Dx^3 + [b_R^2 + (2n^2-1)b_S^2 + D_2]x^2 -$$
$$(2n-1)b_S^2 D_X + n(n-1)b_S^4 = 0 \qquad (4.60)$$

其中 $b_i^2 = z_i(2+az_i)/a$，$i = R$ 或 S，且

$$D = D_S + D_R + 2(n-1)D_m$$

n 是反射顺序式(4.57)。对于每一个额外的反射，几何形状和时间参数如下：

$$r_i = 2(n-1)r(r_m) + r(r_R) + r(r_S)$$

且

$$\tau_i = 2(n-1)\tau(z_m) + \tau(z_R) + \tau(z_S) \qquad (4.61)$$

对于仅向上的射线传播，每一个 r_i 和 τ_i 都使用公式(4.57)～(4.61)进行计算。

当接受者移动至离地面更近，距离声源更远时，或者坡度增加时，根的共轭复数变成实部，也就是说必须考虑额外的反射。对于 $n=2$，可能出现两个额外的反射；对于 $n>2$，每个 n 可能出现四个额外的反射。图 4.31 显示了对应于 $h_s=1.0$ m，$h_r=1.0$ m，$R_0=160.00$ m 时仅包含一个地名反射的射线，基于公式(4.49)和(4.50)的应用。图 4.32 和图 4.33 和表 4.16 展示了 $h_s=1.0$ m，$h_r=1.0$ m，$R_0=190.00$ m 时包括一个和两个地面反射的射线。

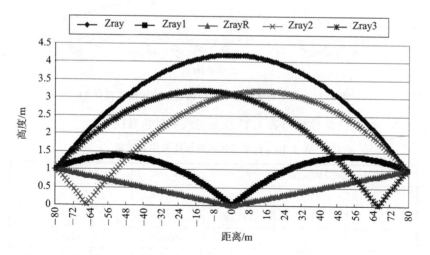

图 4.31　多声道有一个反射点：ZrayR 是均匀情况下的反射光线；Zray 是向下折射的直射光线，Zray1、Zray2、Zray3 是向下折射情况下的反射光线（$a=0.001$）

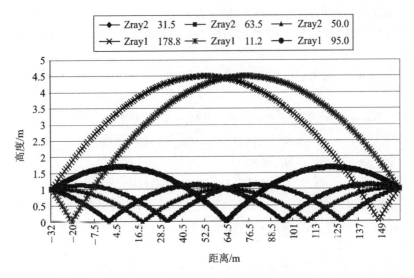

图 4.32 单地面反射和双地反射的声音路径：Zray1 为单地面反射的反射光线；Zray2 是带有两次地面反射的反射光线。该点的 x 坐标对应于距离声源的距离($a = 0.001$)

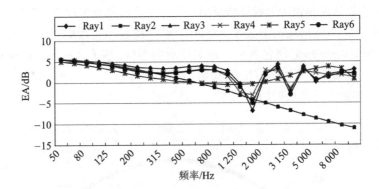

图 4.33 向下折射时沿不同射线路径的过量衰减(EA)

图 4.33 中，射线的数量与表 4.17 中的射线数量相对应。

表 4.16 折射光线的特征距离和入射角

射线编号	反射点/m	R_1/m	R_2/m	入射角/(°)
1	95.0	190.28	190.08	86.7
2	11.2	190.28	190.28	84.6
3	178.8	190.28	190.28	84.6
4	50.0	190.28	190.06	87.4
5	13.5	190.28	190.26	85.3
6	63.5	190.28	190.07	87.3

对于任意数量的地面反射(任意数为 n),D_R 可能的解决方案是使用一个运算确定多项式(4.60)的根,例如,通过使用拉盖尔方法或詹姆斯-劳布三级算法。结果显示,只有那些物理上可以接受的才能被保留(例如,那些真实的、积极的和令人满意的 $D_R < D$)。解的数量是梯度幅值、两个声源和接受者的高度、距离的函数。因此,对于 $a > 0$ 和 $n = 1$,方程(4.60)化为三次方程,其中至少有一个根是实数。对于这个值 n,当声源到接受者的距离 D 增大,声源和接受者的高度减小,梯度 a 增大时,复数解变为实解,这意味着两条新的射线出现了。当 $n \geq 2$ 时,复根成对出现,这意味着射线一次出现两条。

在飞行路径下进行飞机噪声评估时,风或温度梯度引起的折射率只提供一种直接反射线,与均匀情况相比,修正的掠角、相位和传输损失见表 4.16 和图 4.33。

例如,射线追踪分析可以应用于机翼下装有两个引擎的飞机起飞/爬升试验中获得的数据。一些噪声控制点位于飞行路径的两侧(见表 4.17)。

噪声控制点在飞行路径上的水平位移为 450 m。几乎对称地放置在飞行路径两侧的点是 B5 和 B14。点 B12 在中线。所有控制点的横坐标约为 942 m。除 B2、B3、B10 外,麦克风离地高度为 1.2 m。

表 4.17 麦克风沿起飞路径的位置

麦克风的位置编号	控制点的横坐标/m	地面高于海平面的高度/m	控制点纵坐标/m	麦克风离地高度/m
B1	925.0	592.5	6.0	1.200
B2	960.0	492.5	6.2	0.006
B3	953.6	492.7	6.3	0.006
B4	947.3	492.5	6.2	1.200
B5	941.5	492.5	6.3	1.200
B6	935.3	492.5	6.2	1.200
B7	925.0	392.5	6.0	1.200
B8	925.0	292.5	5.6	1.200
B9	960.0	42.5	6.4	0.006
B10	954.0	42.7	6.4	0.006
B11	948.0	42.5	6.3	1.200
B12	942.0	42.5	6.3	1.200
B13	936.0	42.5	6.2	1.200
B14	942.0	−407.5	5.7	1.200
B15	936.0	−407.5	5.5	1.200
B16	925.0	−479.5	5.5	1.200

在飞行试验中,10 m 高空风速在 1.2 kts 至 7.2 kts 之间变化(见表 4.18)。

表 4.19 所列各点实测噪声级谱的例子如图 4.34～图 4.37 所示。11 号航班观测到的最大侧风为 5.3 节(2.75 m/s)。

表 4.18　飞行试验期间的气象条件

飞行编号	温度/℃	压力/mbar	相对湿度/%	风速/kts*	风向/(°)	侧风速度/kts**
3	16	961.4	61	6.9	6	2
11	16.1	961.6	57	5.3	299	5.3
12	16.2	961.7	57	4.3	261	3.6
14	17	961.5	55	1.7	200	0.1

*　1 mbar＝0.105 Pa；

**　1 kts＝0.5 m/s。

表 4.19　飞行试验中噪声控制点 B5 和 B12 两个对称放置点之间的飞行路径最接近中心线的距离

飞行编号	横坐标/m	纵坐标/m	高度/m	飞机俯仰角/(°)	飞机速度/kts	Ma	纠正引擎评级
3	961.192	47.706	209.378	17.880	165.166	0.259	97.935
11	940.554	60.183	643.973	19.264	167.014	0.269	98.170
12	928.064	45.143	154.632	18.149	166.750	0.261	97.835
14	952.015	48.871	315.824	14.963	168.389	0.266	92.358

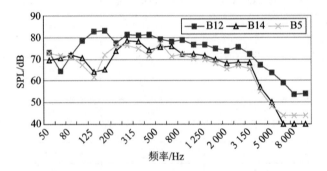

图 4.34　14 号航班 B12、B14、B5 三个控制点的噪声频谱测量结果

对于每个值得注意的点,方程(4.49)、方程(4.50)预测了一条直射射线和一条反射射线。即使是 12 号航班也是如此,它的噪声控制最低。针对 12 号航班的气象条件,选取式(4.52)中合适的归一化声速梯度 a,其最大可能值为 0.001。

在非折射效应中斜距 $R_0＝450.00$ m,直接射线长度 $R_1＝475.56$ m,反射线长度 $R_2＝476.34$ m,反射点的水平距离 $D＝446.54$ m 和掠射角 $\psi_G＝19.1°$。同样的直线距离在向下的折射中,直射线长度 $R_1＝478.94$ m(见图 4.38 中的曲线和直接射线),反射线长度 $R_2＝479.72$ m,反射点的水平距离 $D＝447.98$ m 和掠射角 $\psi_G＝30.8°$。这一分析的含义是,在考虑到的试验中,折射效应很小。这是进一步证明通过比较预测有没有折射。

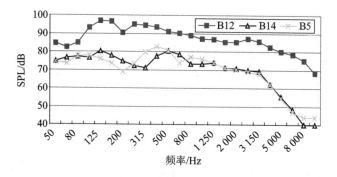

图 4.35　12 号航班飞行噪声控制点 B12、B14 和 B5 的噪声谱测量值

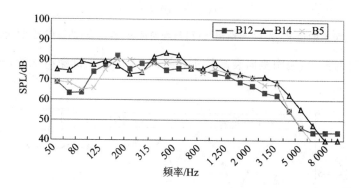

图 4.36　11 号航班飞行 B12、B14、B5 三个控制点的噪声频谱测量结果

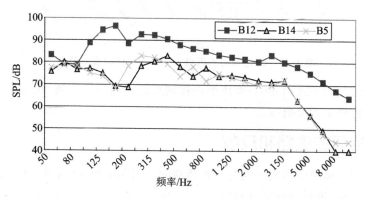

图 4.37　3 号航班飞行 B12、B14、B5 三个控制点的噪声频谱测量结果

上述几何形状的阻抗平面以上单极子的简氏和索罗卡模型(公式 3.19)预测了图 4.39 所示的衰减。预计第一次倾角在 200 Hz 附近的频带内。点 B14(见图 4.37)的测量谱的第一个倾角也在 200 Hz 附近。在图 4.35、图 4.36 和图 4.38 中可以观察到频率在 200~315 Hz 之间有类似下降。在图 4.34、图 4.37 的实测谱中可以观察到第二次预测的近 800 Hz 的地面效应倾角(见图 4.39),但预测的倾角比实测的要深,这是可以理解的,因为在横向衰减模型中假定了总相干性。向下折射时掠角大

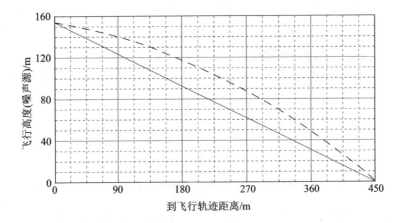

图 4.38 所考虑的情况(第 12 号航班飞行)与均匀情况(连续线)的直射光线(折线)曲率

于均匀大气时的掠角,说明侧向衰减较小。然而,考虑到飞机噪声试验,预计折射效应相当小。

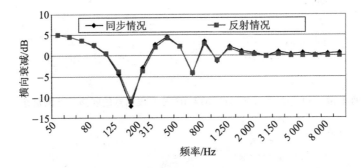

图 4.39 均匀和向下折射大气条件的横向衰减预测

根据式(4.49)和式(4.50),距离噪声控制点较远的飞行位置,由于高度的关系,不会产生一束以上的反射线。

4.5.3 机翼的遮挡和反射

飞机结构对噪声的影响可能与声音传播的影响大小相同(例如,由于地面衰减)。可能的构型效应(主要导致衰减)是:

- 在飞行路径下(例如,在起飞/爬升及噪声控制点附近)或机身(在跑道侧边的噪声控制点)的噪声控制点,用机翼及尾部作屏障;
- 喷气衰减;
- 机翼或/和机身反射。

飞行中的噪声屏蔽涉及到近源固体边界的衍射。为了简化问题,我们考虑无气流的衍射。在实践中,声源的指定并不简单。

几何屏蔽可以通过飞机的机翼、尾翼和机身来实现。射流噪声尤其难以有效地被机翼屏蔽,因为它通常是由机翼下游分布的元素激发的。在现代涡扇发动机中占主导地位的风扇噪声可能会被机翼更有效地屏蔽。

例如,当声波从风扇中扩散出来时,有些声波可能会被机身散射。散射波从机身向四面八方扩散,对入射波造成扭曲和干扰。利用气缸表面设置的二次点源模型计算发动机在机身附近的声压级,利用均匀运动层中的波传播模型模拟发动机射流产生的折射率。

试验研究表明[20,21],在某些发动机安装配置下,机翼屏蔽对发动机进口和/或排气噪声的衰减有可测量的影响。在使用后置引擎预测商用飞机噪声时,这是一个重要的考虑因素。

翼型屏蔽模型采用菲涅尔衍射理论对半无限障壁进行了处理,如 Maekawa[22] 中所述。在其他地方描述了计算机翼屏蔽引起的衰减的详细过程[23]。最初,机翼的结构是在一个局部坐标系中描述的,原点位于发动机进口(点 1,见图 4.40)。然后,将局部原点和机翼坐标转换为与地面观察者位置一致的全局坐标系。

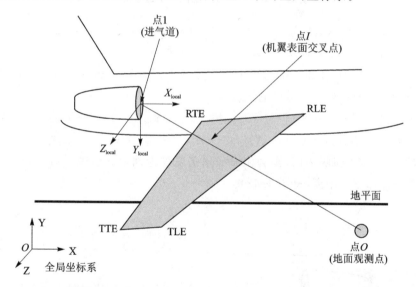

图 4.40　带局部和全局坐标系的机翼–发动机–观测器结构的定义,用于机翼–屏蔽模型[23]

这种转换必须考虑到飞机在特定观测时间的姿态和位置。

交叉点(点 I)可能位于或不位于翼面边界内。但在确定交叉点 I 后,则必须确定最靠近点 I 的各机翼缘上的点,如图 4.41 所示。

每个点的位置(W_{LE}、W_{TE} 和 W_{TIP})都是通过对每个点的三个方程和三个未知量来计算的。例如,可以找到点 W_{LE} 的坐标 x_{WLE}、y_{WLE} 和 z_{WLE}。这些方程是在下列条件下得到的:

(1)IW 线必须垂直于机翼边界。该条件由直线 IW 向量与机翼边线向量的点积等于零表示,如:

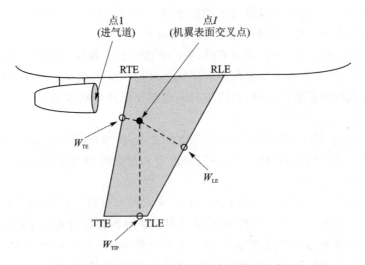

图 4.41　各个衍射边翼上离点 I 最近的点 W

$$(X_I - X_{\text{WLE}})(X_{\text{RLE}} - X_{\text{TLE}}) + (Y_I - Y_{\text{WLE}})(Y_{\text{RLE}} - Y_{\text{TLE}}) +$$
$$(Z_I - Z_{\text{WLE}})(Z_{\text{RLE}} - Z_{\text{TLE}}) = 0$$

（2）点 W 必须位于机翼的边界上。当点 W 的坐标满足边界[23]的两点方程时，满足这个条件，表示机翼边界边缘的线。

$$\left. \begin{array}{l} (X_{\text{WLE}} - X_{\text{RLE}})/(X_{\text{TLE}} - X_{\text{RLE}}) - (Y_{\text{WLE}} - Y_{\text{RLE}})/(Y_{\text{TLE}} - Y_{\text{RLE}}) = 0 \\ (X_{\text{WLE}} - X_{\text{RLE}})/(X_{\text{TLE}} - X_{\text{RLE}}) - (Z_{\text{WLE}} - Z_{\text{RLE}})/(Z_{\text{TLE}} - Z_{\text{RLE}}) = 0 \end{array} \right\} \quad (4.62)$$

如果点 I 位于机翼表面，则利用菲涅尔衍射理论确定其衰减。对于每一个衍射边缘，必须计算三个距离（见图 4.42）：

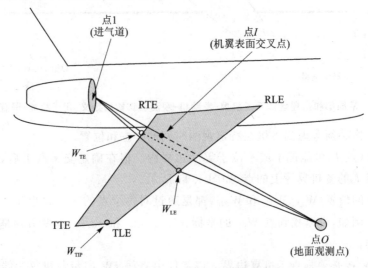

图 4.42　机翼衍射评估特征距离[23]

1）直接源接收路径长度,从点 1 到点 O, d_{1O};

2）从点 1 到衍射边缘上最近的点 W 的距离, d_{1W};

3）从衍射边缘上的点 W 到地面上的观测点 O 的距离, d_{WO}。

这三个距离,差异为 δ,在源-接受者之间的路径长度上直接和衍射声场的计算,

$$\delta = (d_{1W} + d_{WO}) - d_{1O} \tag{4.63}$$

此处,当点 I 在机翼表面时, $\delta > 0$;当点 I 在机翼边界边缘时, $\delta = 0$;当点 I 不在机翼表面时, $\delta < 0$。

对应的菲涅尔数为

$$N = 2f_i \delta / c \tag{4.64}$$

其中 f_i 为每个三分之一频带的频率,单位为 Hz; c 为自由空间声速。然后计算每个三倍频带的衰减(见第 3 章)。

对于安装在机身尾部的发动机发出的声音,已经预测了机翼对雅克-40 飞机的衍射(屏蔽)效应(见图 4.43 和图 4.44)。这架飞机有三个引擎:一个在机身上方,机身两侧各有一个。侧置发动机的进气与机翼连在一起,使长 $\text{Delx}_{WE} = 0.25$ m 沿翼弦在发动机半跨 Z_{EN} 处。进气道在机翼上的垂直位移为 1.2 m(见图 4.44),小到足以引起明显的衍射效应。

通过以下步骤实现噪声预测:

(1)输入文件中已知的几何图形,并接收频谱数据;

(2)对于每个接收时间值,计算点 I,判断射线是否与声屏蔽或反射或折射物体相交;

(3)在期望的频率值上计算声效应(主要是衰减);

(4)将结果用于获得恰当的所接收的均方压力值。

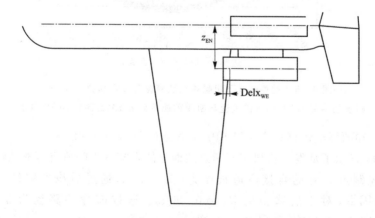

图 4.43　雅克-40 平面图,用于计算机翼衍射

图 4.45 所示为雅克-40 飞机噪声衰减与发动机进气道及机翼后缘距离的关系。输出值是衰减的均方声压值,它是频率(SPL)、接收时间和观察者位置的函数。

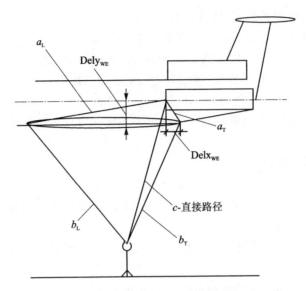

图 4.44　雅克-40 飞行侧标高,用于计算机翼衍射

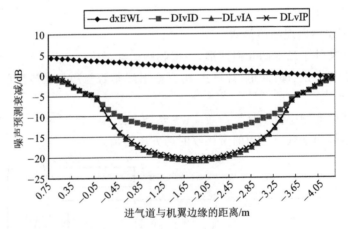

图 4.45　雅克-40 飞机噪声预测衰减与发动机进气道及
机翼后缘距离(发动机进气道与机翼前缘距离 dxEWL 距离,m)的关系

然后使用已知的算法计算总声压级 SPL(OASPL)、LA 和 PNL。

图 4.44 显示了从发动机风扇到靠近地面上的观察者之间所有可能的噪声路径。通往噪声控制点 3 号的直接声道长度为 109.41 m,通过后缘的路径为 $+b_T = 109.44$ m,因此,对于后缘衍射 $d_T = 0.06$ m。通过前缘的路径为 $a_L + b_L = 111.69$ m,因此,对于前缘衍射 $d_L = 2.28$ m。

在现实中,风扇噪声只是飞机总噪声级的来源之一。然而,对于雅克-40 飞机的具体情况,考虑屏蔽风扇噪声对总噪声级的相对预测贡献是有意义的(见图 4.45)。

由于所考虑的发动机涵道比较小,风扇噪声对飞机总噪声频谱的贡献不是特别大,因此翼罩对飞机总噪声级的影响远小于单独风扇噪声。

　　一架雅克-40飞机飞行风扇噪声的屏蔽计算方法和噪声控制点 3(2 000 m 跑道边缘之前)相应的噪声计算的结果(PNL 和 L_A)如图 4.46 所示,此处噪声水平的计算没有 PNL 和 L_A($\text{PNL}_{\text{shield}}$ 和 $L_{A\text{shield}}$),声音屏蔽取决于沿跑道滑行着陆的距离。

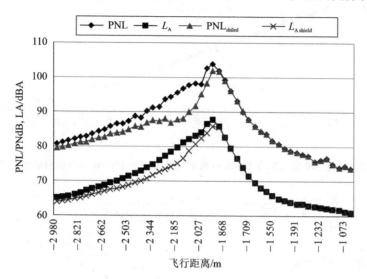

图 4.46　雅克-40 型飞机在飞行过程中 PNL＝PNLM 时刻,
前缘和后缘机翼的衰减量是跑道边缘距离的函数

　　最大屏蔽效果(5 PNdB,3 dBA;如图 4.46 所示)预计发生在距离跑道起点 2 200～2 150 m 之间。相应的频谱噪声衰减如图 4.47 所示。屏蔽对飞行事件指标有以下影响:

ΔEPNL＝2.4 EPNdB,ΔL_{AMAX}＝2.0 dB,ΔPNLTM＝2.0 PNdB;
在飞行过程中,没有机翼的噪声屏蔽:
EPNL＝97.8 EPNdB,L_{AMAX}＝87.8 dB,PNLTM＝103.9 PNdB;
反之,飞行过程中,有机翼的噪声屏蔽:
EPNL＝95.4 EPNdB,L_{AMAX}＝85.8 dB,PNLTM＝101.9 PNdB。

　　由图 4.46 的预测可知,在 PNL＝PNLM 的飞行时刻,PNL 的屏蔽效果小于 2 200～2 150 m 之间(对应的频谱噪声衰减如图 4.48 所示)。这是因为后一种情况的交叉点 I 位于机翼的中间,从而提供了最大的屏蔽效果。在定性和定量上,频谱效应(见图 4.48)与 ANOPP 计算相同[23]。

　　为了计算机翼的反射效应,选择局部坐标系原点在发动机排气处(见图 4.49)。机翼(襟翼或襟翼标签)的配置是在一个局部坐标系中描述的,原点位于发动机进气道(点(1))。在传播计算中,假定局部坐标系原点位于机身坐标系中指定的飞机位置。必须指定相对于局部坐标系原点位置的翼根前缘(RLE)、翼根后缘(RTE)、翼

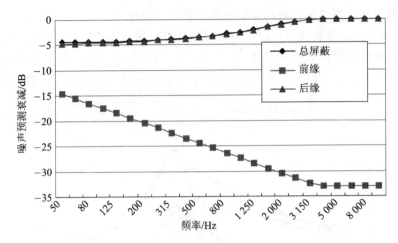

图 4.47　雅克-40 型飞机在 2 000 m 观测点处 PNL＝PNLM 飞行时刻的频谱声衰减

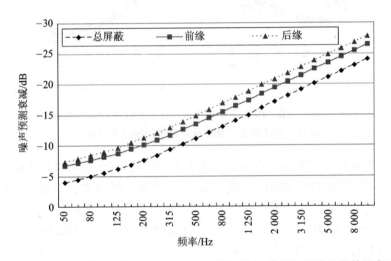

图 4.48　预测在跑道开始前 2 200～2 150 m 的距离内,前缘和后缘机翼的总衰减谱

尖前缘(TLE)和翼尖后缘(TTE)的坐标。

　　将局部原点和机翼坐标转换为与地面观测者位置一致的全局坐标系,如屏蔽模型。这种转变必须考虑到飞机在观察的特定时刻的方位和位置。

　　反映机翼/襟翼系统的反射面被建模为平面。定义了翼根前缘(RLE)、翼根后缘(RTE)、翼尖前缘(TLE)和翼尖后缘(TTE)的笛卡儿坐标,见图 4.49)。严格地说,三个点足以定义机翼的平面,例如 RLE、RTE 和 TLE。

　　反射模型使用的是一个像源点,它位于反射平面的法线上,距离与源与反射平面的距离相等,但位于反射平面的另一侧。点 S(源点)和 IS(图像源点)与反射面板的距离相等。点 S 和 IS 之间的法线不需要与机翼面板本身相交,只通过机翼面板延伸的平面。然而,有必要将反射点 W 定位于机翼边缘(见图 4.50)。

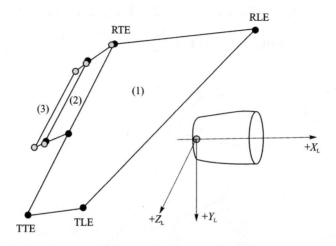

图 4.49　反射平面几何形状由反射面边界点定义，
与图 4.41～图 4.43 中机翼屏蔽计算的边界点相似

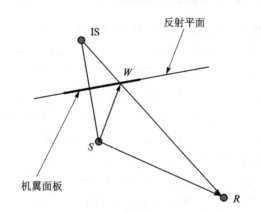

图 4.50　反射点 W 必须在翼板边界内，才能产生反射[23]

反射点 W 的坐标必须与三个最近的边界点的坐标进行测试，以确保它实际位于机翼上（如果考虑的话，也可以称为襟翼反射面）。如果点 W 位于翼板边界外，则不会对反射噪声产生影响，算法将继续考虑下一个反射板。

如果某一特定翼板发生反射，则必须确定反射线的路径长度。路径长度是源到反射点（SW）和反射点到接受者（WR）的组合距离，如图 4.51 所示。反射光线的路径长度计算如下：

$$d = \sqrt{(\Delta x_r)^2 + (\Delta y_r)^2 + (\Delta z_r)^2} \qquad (4.65)$$

其中，$\Delta x_r = x_{IS} - x_R$，$\Delta y_r = y_{IS} - y_R$，$\Delta z_r = z_{IS} - z_R$。

为了获得地面接受者的压力，反射线的源强度必须受到与直接辐射线相同的传播效应（即大气衰减、球面扩展和地面反射）。在计算出每一反射线的校正贡献之后，它们必须与直接线的校正贡献相结合，以获得接受者的总 SPL。

对于每一个三分之一频带 k，来自每个反射板的射线的总贡献由下式计算：

$$\mathrm{SPL}_{k,\mathrm{REF,TOT}} = 10\lg \sum_{\mathrm{IPANEL}=1}^{\mathrm{NPANEL}} 10^{(\mathrm{SPL}_{k,\mathrm{IPANEL}}/10)} \qquad (4.66)$$

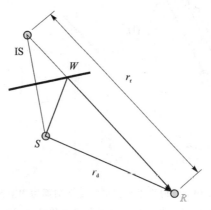

图 4.51　反射线的路径长度等于接受者 R 与像源之间的距离 IS[23]

反射线的总贡献可以与直射线贡献相结合，在接受者产生总 SPL。对于每一个三分之一频带，总 SPL 由（下式计算）：

$$\mathrm{SPL}_{k,\mathrm{TOT}} = 10\lg\left[10^{(\mathrm{SPL}_{k,\mathrm{DIR}}/10)} + 10^{(\mathrm{SPL}_{k,\mathrm{REF,TOT}}/10)}\right] \qquad (4.67)$$

机翼的声反射被认为与声屏蔽相同。在距离为 100 m 时得到线性 OASPL、LA 和 PNL 的预测，近似等于接近噪声控制监测点的距离。预测的准备方法如下：

（1）从输入文件中获取几何图形和接收到的频谱数据；

（2）对于每个接收时间值，计算点 W，确定射线是否与声反射物体相交；

（3）计算声音效果（主要是衰减）期望的频率值；

（4）应用衰减（或接收到的均方压力的适当值）。

输出值是衰减的均方声压值，它是频率（SPL）、接收时间和观察者位置的函数。在这种情况下，对机翼的几何形状和声屏蔽效果进行了分析，但默认为发动机在机翼下。

计算反射效应的方向性图，如图 4.52 所示。对于中等大小的机翼，OASPL（图 4.52 中的 DlvID）、LA（图 4.52 中的 DLvIA）、PNL（图 4.52 中的 DLvIP）的下降幅度较小。

4.5.4　喷气排气折射

排气折射流折射率对方向性规律的影响如图 4.53 所示，其中，当声反射点小于噪声控制点 $X_{\mathrm{W}} < X_{\mathrm{Contrl}}$（清晰反射）时，$W_{\mathrm{trans}} = 1$；当 $X_{\mathrm{W}} > X_{\mathrm{Contrl}}$ 时，W_{trans} 由式（4.66）给出。

计算机翼的声反射和射流的折射对飞行噪声水平的影响，并考虑了沿跑道飞行

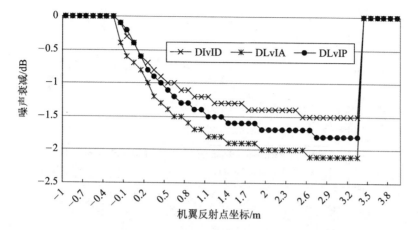

图 4.52 预测了不受排气射流折射的机翼反射效应的方向性规律

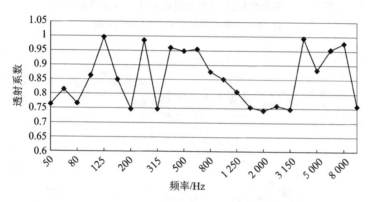

图 4.53 降落飞行模式下的发动机喷气声透射系数

的影响。图 4.54 所示为仅对声反射和机翼反射及射流折射而言,未受上述影响的预测声级的比较。对于本案例中考虑的假定飞机和发动机参数,主要影响(PNL 的总体增加)预计在噪声控制点处 2 000～1 900 m 之间。定性的依赖与在别处[23] 得到的依赖是一样的,但在数量上存在差异,这可以用飞机的几何形状和发动机模式的参数差异来解释。

风机噪声反射在 PNLM 点产生飞行噪声谱的预测变化如图 4.55 所示。由于预测的变化是在高频下观测到的,因此,对 PNL 的影响更加明显。假设发动机参数为中等涵道比(约 2.5)的发动机。

使用模型和子程序(用 Fortran 编写)获得的所有预测都必须通过与测量值的比较进行验证,这是下一阶段研究的主题。

分析飞行事件的预测总体噪声水平是:

● 没有机翼反射和射流折射

EPNL＝99.7 EPNdB,L_{AMAX}＝87.0 dB,PNLT$_{MAX}$＝102.4 PNdB;

157

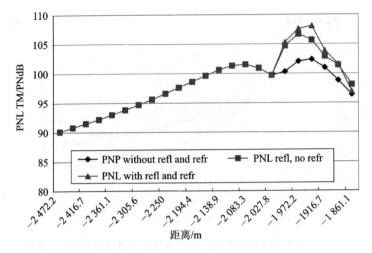

图 4.54　不考虑反射，考虑折射的 PNL 和 LA 预测指数的比较及仅考虑声反射和同时包含两者

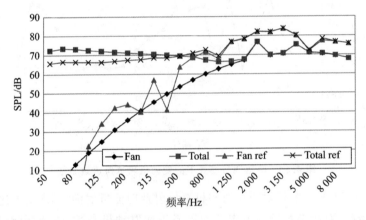

图 4.55　没有和有(ref)声反射和折射的情况下，预计风扇和飞机的噪声声级(总)的比较

- 有机翼反射但没有射流折射

  EPNL＝101.3 EPNdB，L_{AMAX}＝91.0 dB，$PNLT_{MAX}$＝106.7 PNdB；
- 具有机翼反射和射流折射

  EPNL＝102.0 EPNdB，L_{AMAX}＝91.0 dB，$PNLT_{MAX}$＝108.1 PNdB。

这些数值与飞机进场时观测到的噪声水平数据相当。这说明了声反射和折射模型是正确的，并已正确地应用于飞行噪声预测。

4.5.5　折射、干涉和与数据的比较

计算了飞机机翼在传播路径上的声反射效应，并与起飞和降落噪声验证程序所对应的飞行试验测量值进行了比较。机翼的声反射已经被显示为与第一个风扇转子

谐波相对应的离散音调。为了验证模型的有效性,我们使用了两种类型的数据:

(1) 正在考虑的飞机起飞和着陆阶段的飞行路径数据;

(2) 在几个噪声控制点测量的相应噪声水平。

对频谱波段的数据进行分析,包括来自风扇噪声辐射的离散音调,可以揭示出机翼反射声波的影响。例如,在着陆过程中,这样的频带可能是 1 600 Hz 的三分之一倍频带,其中包括风扇转子的一次谐波。图 4.56 和图 4.57 显示了在两个噪声控制点的 1 600 Hz 三分之一倍频带中所测到的声压级与飞行时间的函数关系。

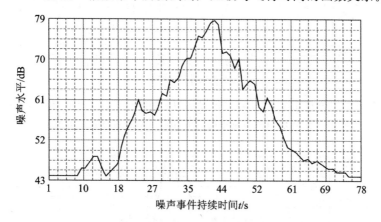

图 4.56　一次噪声认证飞行中,在 A1 处,1 600 Hz 的
三分之一倍频带测量的 SPL(dB)是时间(s)的函数

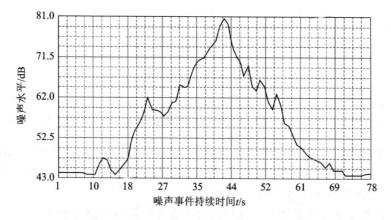

图 4.57　一次噪声认证飞行中,在 A2 处,1 600 Hz 的
三分之一倍频带测量的 SPL(dB)是时间(s)的函数

图 4.58 和图 4.59 给出了相应的无反射和带反射的 C 计权预测。每一个事件在 16~17、26~27、46~47、53~54 之间的时间(以秒为单位)都会被测量和预测。它们是由地面(干扰)效应产生的,它们证实了所使用的横向衰减模型的有效性。但是,更有趣的是,图 4.58 和图 4.59 中有和没有机翼反射的预测比较表明,机翼反射可能是

造成峰值的原因[23]。

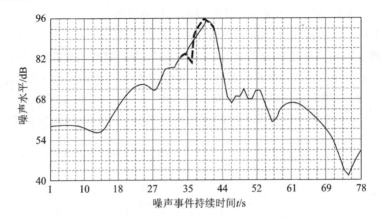

图 4.58 一次噪声认证飞行中，第 **A1** 点预测的 **1 600 Hz** 三分之一倍频带 **SPL(dB)** 作为时间(s)的函数：蓝线-没有机翼反射的 SPL 预测；绿线-包括有机翼反射的 SPL 预测

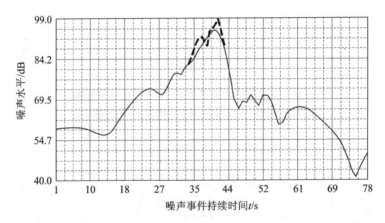

图 4.59 一次噪声认证飞行中，在点 **A2** 预测的 **1 600 Hz** 三分之一倍频带 **SPL(dB)** 作为时间(s)的函数：连续直线一无机翼反射的 SPL 预测；折线一包括机翼反射的 SPL 预测

对于考虑到的飞机，发动机安装在机翼下的设计提供了影响反射光线路径的可能性(见图 4.60)，它可以到达麦克风，就像飞机在噪声测量点之上一样。从图 4.56 和图 4.59 的测量和预测可以看出，这种反射存在于 3～4 s 或 7～8 s 之间的时间间隔内。反射必须通过射流排气口，因此，它可能会根据射流温度和速度发生折射(见图 4.61)。

为了计算折射率效应，可以将发动机射流视为均匀运动层。考虑平面 $z=0$ 和平面 $z=d$ 之间的均匀运动层对平面波的反射(见图 4.62)。声波在分层运动介质中的传播理论给出了声波反射和传播的模型。[24-25]

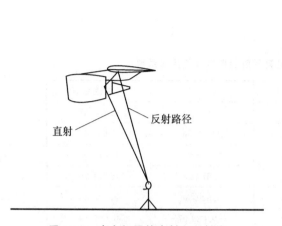

直射　反射路径

图 4.60　来自机翼的直射和反射线

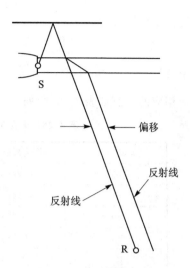

S

偏移

反射线

反射线

R

图 4.61　机翼反射光线
通过排气射流时发生折射[23]

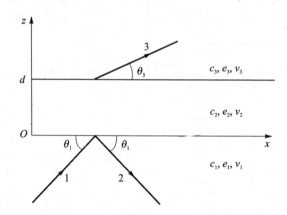

图 4.62　平面波在均匀移动层中的传播：1—入射波；2—反射波；3—透射波

声波通过该层的传播系数可以表示为[25]

$$W = \frac{4Z_2 Z_3}{(Z_2 - Z_1)(Z_3 - Z_2)\exp(\mathrm{i}q_2 d) + (Z_2 + Z_1)(Z_3 + Z_2)\exp(-\mathrm{i}q_2 d)}$$

$$(4.68)$$

其中 Z_i 是一个移动介质的特性阻抗，$q_2 = \arctan\theta_2$。从上面的方程(4.68)得出下列结果：透射系数 W 依赖于层的厚度 d 和垂直波数 $q_2 = \arctan\theta_2$，且具有振荡特性。

在 $v_1 \neq 0, v_3 \neq 0$ 的情况下，

$$Z = \frac{\rho c}{\sin\theta(1 + \cos\theta e \cdot v/c)}$$

对于恒定阻抗(与频率无关)的简单情况，问题被简化为通过移动介质之间的界

161

面进行平面波反射。

$$W = 4Z_2 Z_3 / [(Z_3 + Z_2)(Z_2 + Z_1)] \tag{4.69}$$

其中,当 $v_1 = v_2 = 0$ 时 $Z_i = \dfrac{\rho_i c_i}{\sin \theta_i}$

相应的预测如表4.20所列。

表 4.20　着陆时机翼反射的喷气排气传递系数

频率/Hz	传递系数实部	虚　部	W 的绝对值
50	0.293 80	0.676 64	0.737 67
63	0.147 31	0.678 88	0.694 68
80	−0.013 73	0.676 94	0.677 08
100	−0.210 95	0.679 25	0.711 25
125	−0.563 82	0.620 70	0.838 54
160	−0.993 99	−0.088 07	0.997 89
200	−0.388 37	−0.666 80	0.771 66
250	0.137 08	−0.678 72	0.692 42
315	0.999 34	0.029 17	0.999 77
400	−0.069 20	0.677 51	0.681 04
500	−0.617 37	−0.597 39	0.859 08
630	0.997 38	0.058 25	0.999 08
800	−0.866 31	−0.395 20	0.952 19
1 000	0.200 41	0.679 29	0.708 24
1 250	0.975 85	−0.175 38	0.991 49
1 600	0.600 26	0.605 39	0.852 53
2 000	−0.416 50	0.662 09	0.782 19
2 500	0.909 04	−0.331 66	0.967 65
3 150	0.937 82	0.277 34	0.977 97
4 000	−0.033 63	−0.677 07	0.677 90
5 000	0.704 49	−0.547 45	0.892 20
6 300	0.785 34	0.483 89	0.922 45
8 000	−0.964 98	0.210 33	0.987 64
10 000	0.314 24	−0.675 22	0.744 76

来自发动机的直接射线和机翼反射线之间的干扰可以使用相同的模型对地面效应进行计算,但对于一个声学上的硬表面(即 Delany $\sigma_e = 100\ 000$ kPa·s/m²,应使用 Bazley 阻抗模型见方程(3.29))。

由此得到的机翼反射发动机噪声传播的理论预测了在最大 OASPL 点附近传播

效果的变化,如表 4.21 所列。

表 4.21 预测最大 OASPL 点(时间对应点＝41 s)
附近 1 600 Hz 频段内的声散度、空气吸收和横向衰减效应

时间/s	37	38	39	40	41	42	43
散度/dB	45.0	43.3	41.6	40.3	40	41	42.5
空气吸收/dB	1.12	0.92	0.76	0.65	0.63	0.7	0.84
横向衰减/dB	3.21	2.57	2.57	3.3	3.31	3.3	2.84
机翼反射效应/dB	0.0	−1.9	−5.8	0.3	4.1	0.1	0

在其他飞行试验中,对特定频段的预测和测量也发现了类似的效应(见图 4.63～图 4.70)。

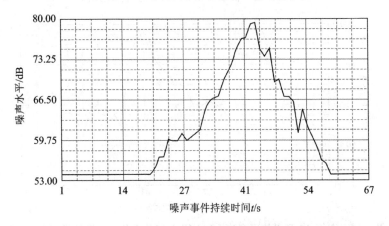

图 4.63 在第 A1 点和测试 77 中飞越第 4 点时,测得的 1 600 Hz
带宽的三分之一倍频程 SPL(dB)是时间(s)的函数

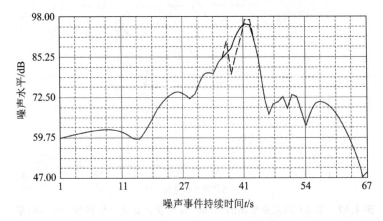

图 4.64 在第 A1 测点处预测的 1 600 Hz 带宽的三分之一倍频 SPL(dB)是
时间(s)的函数:蓝线—无机翼反射线的 SPL 预测;绿线—包括有机翼反射线的 SPL 预测

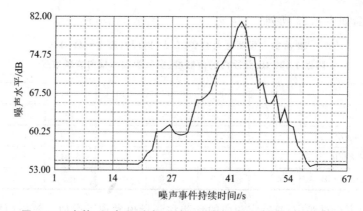

图 4.65　在第 A1 点和测试 77 中飞越第 4 点时，测得的 1 600 Hz
带宽三分之一倍频程 SPL(dB) 是时间(s) 的函数

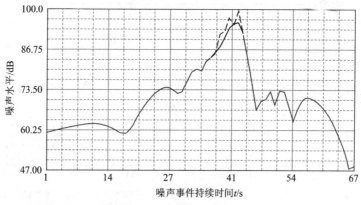

图 4.66　在第 A2 测点处预测的 1 600 Hz 带宽的三分之一倍频程 SPL(dB) 是
时间(s) 的函数：蓝线—无机翼反射线的 SPL 预测；绿线—包括有机翼反射线的 SPL 预测

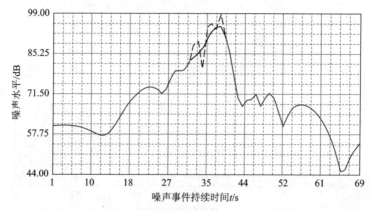

图 4.67　第 A1 测点处预测的 1 600 Hz 带宽三分之一倍频程 SPL(dB) 是
时间(s) 的函数。在第 A1 点和测试 77 中飞越第 4 点时：蓝线—无机翼
反射线的 SPL 预测；绿线—包括有机翼反射线的 SPL 预测

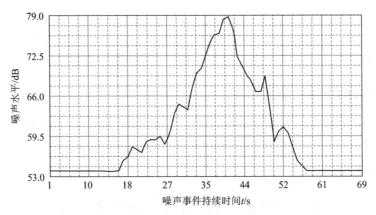

图 4.68   在第 A1 点和测试 77 中飞越第 3 号飞行中,测得的 1 600 Hz
带宽三分之一倍频程 SPL(dB)是时间(s)的函数

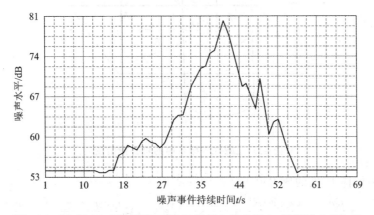

图 4.69   在第 A2 点和测试 77 中飞越第 3 号飞行中,测得的 1 600 Hz
带宽三分之一倍频程 SPL(dB)是时间(s)的函数

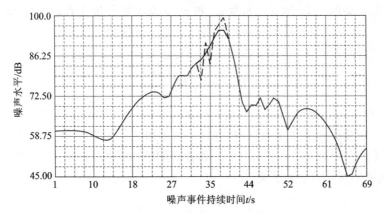

图 4.70   在第 A2 点和测试 77 中飞越第 3 号飞行中,测得的 1 600 Hz 带宽
三分之一倍频程 SPL(dB)是时间(s)的函数:连续直线—无机翼
反射线的 SPL 预测;折线—包括有机翼反射线的 SPL 预测

以风机转子在着陆过程中辐射的离散音调为例,计算了发动机安装几何结构的影响。该效应的观测值与预测值具有相同的阶数。对于宽频带噪声,也存在同样的效应,但它被发动机模式和气象条件变化所产生的振荡所掩盖。

4.5.6　机身对声音的散射

可以考虑使用一个半径为 A 的长刚性圆柱体来模拟机身对声音的散射(见图 4.71)。点 $M(r,\varphi,z)$ 是观察点(噪声接受者的位置)。

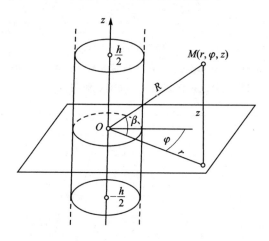

图 4.71　圆柱坐标系中的机身散射图

距离圆柱体 R 处的压力由下式得到($kR \gg 1$):

$$p(R,\varphi,\beta) = \frac{Q\rho_0 c}{2\pi^2 a \cos\beta} \frac{\exp[ik(R - z_0 \sin\beta)]}{R} \sum_{n=0}^{\infty} \varepsilon_n (-i)^n \frac{[\cos n(\varphi - \varphi_1) + \cos n(\varphi - \varphi_2)]}{H_n^{(1)'}(ka\cos\beta)}$$

$$(4.70)$$

其中角 β 和 φ 如图 4.71 所示。角度 φ_1 和 φ_2 定义了源和接受者的位置; Q 为声源的声功率; $\rho_0 c$ 是空气的特性阻抗; $H_n^{(1)'}$ 表示汉克尔函数的一阶导数。

效应的指向性规律(其绝对值由式(4.67)定义)由下式给出:

$$R(\varphi) = \left| \frac{p_0(\varphi)}{p_0(\varphi_1)} \right| \qquad (4.71)$$

其中,声源被认为在接收点的另一边。因此 $\varphi_1 = 0$, $\varphi_2 = 180°$。针对声频率、纵波方向对接收点和圆柱体半径 a 的影响,进行了数字研究。如果 β 角变大,屏蔽就较小,因为圆柱体的阴影减小。预测 $a = 2$ m 和各 β 的值如图 4.72 所示。角度 φ_1 的数值越高,圆柱体的屏蔽效应也更高。

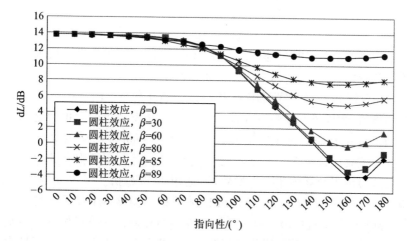

图 4.72 由于 $a=2\ m$ 的圆筒的屏蔽,依赖 β 的 OASPL 预测减少(指向性图案 4.71)

4.6 地面运行状态下飞机噪声的预测

与飞机噪声评估程序相关的噪声传播有两种类型。在空对地传播中,由于飞机正在飞行,噪声源的高度远远大于噪声接受者的假设高度(通常为 1.2 m,第 4.4 节)。地对地传播与:

(1)飞机在地面上的噪声评估有关,因为在这种情况下,噪声源的高度等于发动机安装的高度;

(2)航空器发动机噪声台架试验通常在离地面 2~5 m 之间进行。显而易见,在地对地噪声传播情况下,声波的干涉、折射和衍射效应更强。

对大约 16 个机场的调查结果显示,在接受询问的航空人员中,73%的人认为,机场境内最恼人的噪声来自发动机试验操作(发动机运转)。受到询问的航空人员中,有相当小的一部分人受到飞机起飞和降落(9%)、飞机滑行(7.5%)、辅助动力装置(4%)、飞机设施运行和维修及地面服务设备噪声(3.5%)或其他噪声源(3%)的干扰。相比之下,对机场附近社区反应的调查发现,飞机起降作业是主要的烦恼来源。

与此同时,在机场边界附近、离周围居民区不远的地方进行发动机检修是很常见的。试验中使用的发动机模式包括考虑到的所有可能的发动机运行模式,从最低到最高功率模式,包括起飞时(跑道上和飞行第一阶段)通常使用的模式。因此,助跑噪声问题被纳入计算,因为它可能对正在考虑的机场轮廓评估结果有重要影响。针对发动机声辐射指向性、声反射(干涉)、折射和衍射效应的单独分析存在困难,提出了将发动机(或飞机整体)声辐射指向性的数值归一化的方法。图 4.73(a)~(c)为特定类型发动机的飞机方向图形形式示例。

计算网格中某一特定点 (x,z) 的飞机发动机试验、发动机运行等噪声水平由下式进行推导：

$$L(x,z) = L_{DP} + \Delta L_M + \Delta L_t + \Delta L_s \qquad (4.72)$$

其中 L_{DP} 是由适当的指向性图案推导出的噪声水平。L_t 包括发动机最大推力产生的噪声传播的特定方向（定义为方向性的角度），球面发散，在距离为 R（使用方向性模式，如图 4.73 所示）时的吸收和沿传播路径的额外衰减。L_{DP} 是在 1 m 和 3 000 m 之间距离的插值，和外推距离超过 3 000 m。ΔL_M 是发动机最大推力之间差异的校正模式。ΔL_t 是一个试验程序校正，ΔL_s 是所有噪声屏障产生的衰减。时间修正 ΔL_t 是在计算等效声音像 L_{Aeq} 或 L_{DN} 水平时使用。L_{Amax} 的评估结果是零。

公式（4.72）用于计算整体噪声指数，不适用于 SPL 谱。因此，由式（4.72）实现的方法符合建模的第二级（4.1 节）。SPL 谱随指向角变化很大（与图 4.73（b）中 NK-86 低涵道比发动机的最大声级相同），在噪声控制点对总声级的其他贡献也是如此。横向衰减是声传播几何形状的函数，这一事实在飞机飞越噪声测量中也得到了承认。在立交桥事件中，频谱特征（干涉倾角和/或峰值）可能会发生变化。同时还认识到，飞机产生的噪声的频谱特征会影响评估，但由于计算可能性的限制，无法将这些变化纳入传统预测方法。

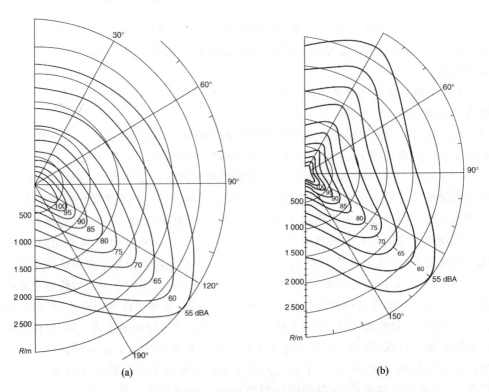

图 4.73 （a）喷气发动机噪声指向性分布图；（b）旁路发动机
噪声指向性图样；（c）涡轮螺旋桨发动机噪声指向性图

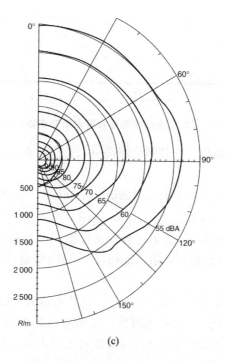

(c)

图 4.73　(a)喷气发动机噪声指向性分布图;(b)旁路发动机
噪声指向性图样;(c)涡轮螺旋桨发动机噪声指向性图(续)

　　然而,在噪声控制方面的评估应该考虑反射表面的阻抗特性。实际上,没有绝对刚性的反射面,当声波与表面相互作用时,反射波的幅值和相位都会受到影响。这种现象可以用声阻抗 Z 来描述,这是表征反射表面声学特性的参数之一。比(单位面积)声(面)阻抗定义为声介质某一点的有效声压与有效粒子速度的复比,该复比垂直于该点的表面,单位为 N·s/m³。通常表述为空气的表面阻抗的归一化阻抗,$Z=Z$ /ρc,ρ 是空气密度,c 是空气中的声速。

　　对于单极子的声源,频谱干扰效应 ΔSPL 存在于每个 Δf 频带,可以定义为[26]

$$\Delta SPL = 10\lg\left\{1 + \left(\frac{R_1}{R_2}\right)Q^2 + \frac{2R_1}{R_2}\mid Q\mid \frac{\sin[k(R_2-R_1)\Delta f]}{k(R_2-R_1)}\cos[k(R_2-R_1)+\varphi]\right\}$$

$$(4.73a)$$

其中 Q 为表面球面波反射系数,距离 R_2、R_1 如图 4.74 所示。

　　球面反射系数 Q 定义为

$$Q = Q_p + (1-Q_p)F(p_e) \qquad (4.73b)$$

其中 Q_p 是平面波反射系数的预测值:

$$Q_p = \frac{Z\sin\phi-1}{Z\sin\phi+1} = \frac{\beta-\cos\theta}{\beta+\cos\theta} \qquad (4.73c)$$

角度 θ 和 ψ 也显示在图 4.74 中。

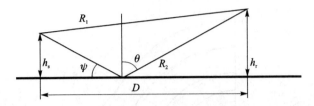

图 4.74 从反射面上的声源和接受者预测声场的几何参数

$F(p_e)$ 为边界损失函数。它是数值距离 p_e 的函数,表示曲线波阵面与平面反射面相互作用的结果:

$$\left.\begin{aligned}F(p_e) &= 1 + i p_e^{1/2} \exp(-p_e)\mathrm{erfc}(-i p_e)\\p_e &= (ikR_2/2)^{1/2}(\beta + \cos\theta)\end{aligned}\right\} \tag{4.73d}$$

对于某些形式的地面阻抗,边界损耗因子包括一个表面波项。这就产生了一种可能性,即过量衰减谱中的低频峰值可能超过 +6 dB(即超过完美反射表面上预期的压力倍增)。

地面效应模型的验证有几种方法。首先,将预测结果与数据进行比较。

其次,利用公式(4.73)得到的预测与更复杂数值解的预测进行比较。[26-28] 例如,表 4.22 中为预测方程(4.73)与准确的索姆费尔德解决方案得到的数字集成结果和 Kawai 的渐近解结果的比较。[29] 在这些预测中,反射面导纳的逆阻抗(导纳是阻抗的倒数)已经在托马斯模型中进行了描述:[30]

$$\beta = [1 + i10\,000/(2\pi f)]^{-1/2}\tan\left\{[1 + i10\,000/(2\pi f)]^{1/2}\frac{f}{800}\right\}/i$$

这种导纳使得 200 Hz 以下明显存在较大的低频表面波成分(见图 4.75)。

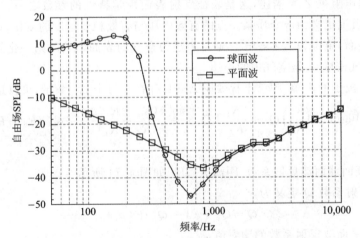

图 4.75 球面和平面声波模型预测的过量衰减谱比较

(声源与接受者距离 $R = 20$ m,声源与接受者高度 $H_s = H_r = 1$ m)

将由式(4.73)对表 4.22 所列的各种球面反射波的预测与图 4.75 所示的平面反射波的各种预测进行对比。在给定的情况下,边界损耗因子 $F(p_e)$ 的重要性取决于源接受者的几何形状。图 4.75 中,仰角 β_0 接近于零,因为声源和接受者的高度相对较小。当仰角增大到 $5°\sim10°$ 以上时,边界损失因子的优势减小,球面波和平面波的多余衰减数值相同。

为了检验过量衰减对噪声指数值的影响,有必要考虑噪声源的频谱。在 NOITRA、BELTASS 和 BELTRA 程序的子程序中实现了过量衰减的预测模型。

它根据几何形状预测任何频段的频谱分量 $\Delta\mathrm{SPL}_{\mathrm{INT}}(f)$。

表 4.22　$R=20$ m、$h_s=h_r=0.1$ m 时,由托马斯[30] 得到的
接地阻抗的各个"横向衰减"模型数值预测对比

频率/Hz	数值解	Kawai 解	方程(4.73)的解
50	7.90	7.90	7.89
63	8.60	8.60	8.59
79	9.53	9.53	9.50
100	10.68	10.69	10.69
126	11.98	11.99	12.00
159	13.00	13.00	13.03
200	12.38	12.38	12.34
252	5.71	5.71	5.20
317	−16.50	−16.48	−17.52
400	−32.11	−32.09	−32.04
504	−42.02	−41.97	−41.88
635	−47.06	−47.11	−47.07
800	−42.68	−42.82	−42.87
1 008	−37.36	−37.42	−37.32
1 270	−33.20	−33.23	−33.16
1 600	−30.04	−30.06	−30.00
2 016	−28.08	−28.10	−28.04
2 540	−27.91	−27.93	−27.85
3 200	−25.82	−25.82	−25.74
4 032	−22.47	−22.47	−22.50
5 080	−21.06	−21.06	−21.00

方程(4.73)预测了声学中性大气湍流(即没有折射)中接受者的均方压力。

系数 F 决定了直接反射与地面反射的相干性,从而产生干涉效应。它是几个相干系数的乘积:

171

$$F = F_f F_{\Delta\tau} F_c F_r F_{sc} \qquad (4.74)$$

其中，F_f、$F_{\Delta\tau}$、F_c、F_r、F_{sc} 分别是相干系数、频带平均、平均折射脉动、局部非相干性（如湍流）、表面粗糙度和散射区。

三分之一频带：[30]

$$F_f = \frac{\sin[k(R_2 - R_1)0.115]}{k(R_2 - R_1)0.115}$$

设 τ_1 对应直射线的相传播时间和 τ_2 对应反射线的相传播时间，如果假设传播时间差 $\tau_2 - \tau_1$ 在范围 $\Delta\tau_{22} - \Delta\tau_1$ 内是变化的且均匀分布在这个范围内，则有一个方法可以获得固定波数 k 的波动折射 $F_{\Delta\tau}$。因此：

$$F_f = \frac{\sin[\pi(\Delta\tau_2 - \Delta\tau_1)f]}{\pi(\Delta\tau_2 - \Delta\tau_1)f}$$

一些研究者提出了一种较为复杂的大气湍流效应估计方法。[31]然而，这种方法的准确性尚不清楚。一个更简单的经验表达式是

$$F_c = \exp\{-[\eta k(R_2 - R_1)]^2\} \qquad (4.75)$$

其中湍流参数 η 是波动折射指数 $\bar{\mu}^2$ 的均方（典型值列在表 4.23 中）。

表 4.23　几种天气条件下的湍流参数

天气条件	湍流参数
晴朗，微风（<2 m/s）	5×10^{-6}
晴朗，柔和风	$9 \sim 10 \times 10^{-6}$
晴朗，强风（>4 m/s）	$15 \sim 25 \times 10^{-6}$
多云，微风（<2 m/s）	3×10^{-6}
多云，柔和风（2~ m/s）	$8 \sim 9 \times 10^{-6}$
多云，强风（>4 m/s）	$15 \sim 25 \times 10^{-6}$

在阴影区域之外，风和温度的快速波动导致每个声射线的速度波动，从而导致其相位和振幅的波动。在干涉占主导地位的情况下，湍流效应最大。戴格尔[33]开发了一个模型，使用一个偏相关系数 Γ（或 T 为高斯动荡频谱）计算基于气象参数，如（外部）湍流尺度 L_T、射线 ρ 的分离距离的均方波动折射率 $\bar{\mu}^2$。

对于单位压力在 1 m 处的球面对称声源，接收到的均方压强为[34]

$$\bar{p}^2 = \frac{1}{rd^2} + \frac{|F|^2}{r_r^2} + \frac{2|F|}{r_r r_d}\cos[k(r_r - r_d) + \theta]T$$

其中 $T = \exp[-\sigma^2(1-\rho)]$，$\sigma^2$ 是沿着路径相位波动的变化，ρ 是相位路径之间的协方差，$F = |F|\exp(i\theta)$ 是复杂的球面波反射系数，k 是正常情况下的波数。因数 σ^2 如下：

$$\sigma^2 = \frac{\sqrt{\pi}}{2}\bar{\mu}^2 k^2 LL_0, \quad L > kL_0^2$$

$\bar{\mu}^2$ 是折射率的方差，L 是水平路径长度，L_0 是高斯湍流尺度。路径间的相位协方差有

$$\rho = \sqrt{\pi}\,\frac{L_0}{2h}\,\mathrm{erf}\!\left(\frac{h}{L_0}\right)$$

其中 h 为最大路径间隔，$\mathrm{erf}(x)$ 为误差函数。

一般来说，对于均方压强，我们可以得到

$$\bar{p}^2 = \frac{\rho c W}{4\pi}\left\{\frac{1}{r_d^2} + \frac{|F|^2}{r_r^2} + \frac{2|F|}{r_r r_d}\cos[k(r_r - r_d) + \mathrm{Arg}F]\Gamma\right\} \qquad (4.76)$$

Γ 函数的定义为

$$\Gamma(R,\rho) = \exp\left\{\frac{\sqrt{\pi}}{2}\bar{\mu}^2 k^2 L_T\left[1 - \varphi\!\left(\frac{\rho}{L_T}\right)\frac{\rho}{L_T}\right]\right\}$$

其中

$$\varphi\!\left(\frac{\rho}{L_T}\right) = \int_0^{\frac{\rho}{L_T}} \exp(-t^2)\,\mathrm{d}t$$

实际上，长度尺度 L_T 的值接近于 1 m，均方折射率 $\bar{\mu}^2$ 的值取从 10^{-7} 的小扰动到 10^{-5} 的强扰动，结果为纯湍流时的反应，Daigle et al. 等人[35] 进行的研究表明，当分类距离射线 ρ 被选为最大分离的一半时，预测的最一致。这个解决方案只适用于折射足够弱，只有一个直射和一个反射，且当接受者位于阴影区域时。[36-39]

图 4.76 将高斯湍流方程（4.76）的预测结果与 Parkin 和 Scholes 的水平分离麦克风（其中一个麦克风距离固定的喷气发动机噪声源 19 m）在声中性大气条件下的数据进行对比。[37] 一个常数值（2×10^{-6}）已被用于相位波动方差 σ。

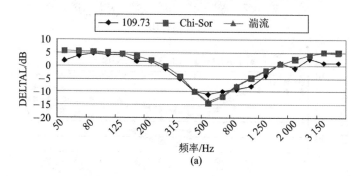

图 4.76　比较在 19 m 参考水平下的修正水平级别差异的 Parkin 和 Scholes 数据与喷气发动机固定在草地上方 2 m 时各种接收距离对应的预测值。

（4.65）假设阶段波动的方差和长度尺度分别 $\sigma = 2 \cdot 10^{-6}$，$L_0 = 1$ m。

(a) 109.73 m，(b) 195.07 m，(c) 347.47 m，(d) 615.7 m 及 (e) 1 097.28 m

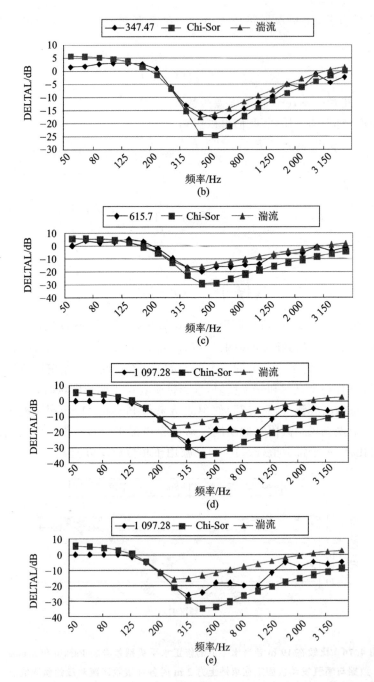

图 4.76 比较在 19 m 参考水平下的修正水平级别差异的 Parkin 和 Scholes 数据与喷气发动机固定在草地上方 2 m 时各种接收距离对应的预测值。
(4.65)假设阶段波动的方差和长度尺度分别 $\sigma = 2 \cdot 10^{-6}$, $L_0 = 1$ m。
(a) 109.73 m,(b) 195.07 m,(c) 347.47 m,(d) 615.7 m 及 (e) 1 097.28 m(续)

图 4.77 比较了使用不同的 σ 值得到的预测结果和中性声学的天气条件下各种声源到接收机的距离的数据。帕金和斯科尔斯数据与 σ 在 2×10^{-7} 和 7×10^{-7} 之间预测得到的值非常一致。

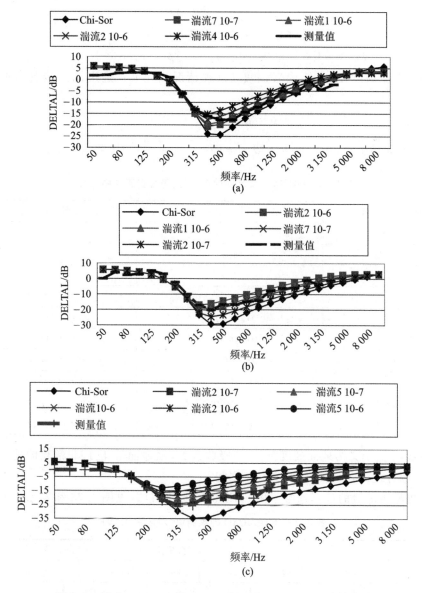

图 4.77　(a) 347.47 m,(b) 615.7 m 和(c) 1 097.28 m 的声学
中性天气条件和接收机分离下的 Parkin 和 Scholes 校正声压级数据
差异的比较,利用相位变化方差的不同值对式(4.65)进行预测

计算地面(干扰)效应的方法有很多。ISO 9613/2 方法[38] 是根据表 4.24 所列的

表达式编制的,其中:

$$a(h) = 1.5 + 3.0\exp[-0.12(h-5)^2]p +$$
$$5.7\exp(-0.09h^2)[1-\exp(-2.8*10^{-6}s)]$$
$$b(h) = 1.5 + 8.6\exp(-0.09h^2)p$$
$$c(h) = 1.5 + 14.0\exp(-0.46-h^2)p$$
$$d(h) = 1.5 + 5.0\exp(-0.09h^2)p$$

h 对应于声源高度 h_s 或接受者高度 h_r(视情况而定),s 是声源到接受者的水平距离。

$$p = 1 - \exp(-s/50);$$

$$q = 0,\text{如果 } s < 30(h_r + h_s) \text{ 或 } q = 1 - \frac{30(h_r - h_s)}{s},\text{如果 } s > 30(h_r + h_s)$$

表 4.24 ISO 9613/2 地面效应计算(符号在正文中定义)

倍频带中心频率/Hz	声源或接受者区域衰减(A_s 或 A_r)	中间地带衰减(A_m)
16	1.5	3q
31.5	1.5	3q
63	1.5	3q
125	$1.5 + \{G_s \text{ or } G_r\} \cdot a'(h)$	$3q \cdot (1-G_m)$
250	$1.5 + \{G_s \text{ or } G_r\} \cdot b'(h)$	$3q \cdot (1-G_m)$
500	$1.5 + \{G_s \text{ or } G_r\} \cdot c'(h)$	$3q \cdot (1-G_m)$
1 000	$1.5 + \{G_s \text{ or } G_r\} \cdot d'(h)$	$3q \cdot (1-G_m)$
2 000	$1.5(1-\{G_s \text{ or } G_r\})$	$3q \cdot (1-G_m)$
4 000	$1.5(1-\{G_s \text{ or } G_r\})$	$3q \cdot (1-G_m)$
8 000	$1.5(1-\{G_s \text{ or } G_r\})$	$3q \cdot (1-G_m)$

参数 G 被定义为地面硬度指标,或吸收系数,硬地面等于 1,非常软的地面等于 0。对于混合地面,数值应输入 0 和 1 之间。

飞机噪声等级的计算通常采用 SAE 1751 标准方法(见图 4.78 和表 4.25)。

表 4.25 SAE/ICAO 的预测值(对应图 4.79)

距离 D/m	入射余角 β/(°)						
	0.0	10.0	20.0	30.0	40.0	50.0	60.0
100.0	3.6	1.6	0.9	0.6	0.4	0.2	0.0
200.0	6.4	2.8	1.6	1.0	0.6	0.3	0.0
400.0	10.0	4.3	2.4	1.6	1.0	0.5	0.0
600.0	12.2	5.3	3.0	1.9	1.2	0.6	0.0
914.0	13.9	6.0	3.4	2.2	1.4	0.7	0.0

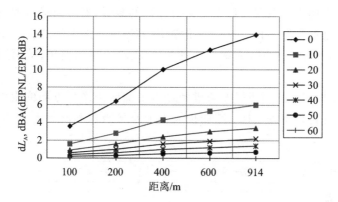

图 4.78　SAE/ICAO 对不同掠射角下飞机噪声"横向衰减"的预测

FAA INM(5.2 和 6.0 两个版本)、苏联预测方案和目前乌克兰预测方案(用软件 ISOBELL'a 实现)都使用这种方法。地面效应引起的衰减公式为：

$$\left.\begin{array}{l}\Delta L_{INT} = [\Delta_D \times \Delta_\beta]/13.86 \\ \Delta_D = 15.09 \times [1.0 - 1.0/\exp(0.002\,74 \times D)] \\ \Delta_\beta = 3.96 - 0.066 \times \beta + 9.9/\exp(0.13\beta)\end{array}\right\} \qquad (4.77)$$

其中距离 D(m)和入射余角 β 在图 4.75 中定义。

另一种著名的横向衰减计算方法是在英国用于飞机噪声评估的方法。[42] 根据这种方法：

$$\Delta L_{INT} = K \lg[D/152] \qquad (4.78)$$
$$K = 26.6 + 1861(0.06 - \sin^2\beta), \quad \beta < 4.8$$
$$K = 26.6, \quad \beta > 14.8$$

其中距离 D 用英尺表示。

使用 SAE / ICAO 和英国方法计算结果之间的差异在 $-3.5 \sim +1.5$ dB 之间变化。

以上方法均为经验法,均为大量声源和环境条件下的平均值。其中一些建议与特定的噪声指数一起使用。例如,SAE/ICAO 预测用于 SEL 和 EPNL 计算,没有参考噪声源的特定频谱和方向性模式,尽管每个指标都由非常不同的频率加权函数定义。另外,该方法忽略了声源的物理类型和反射表面的覆盖性质。这些因素是对计算很重要的证据,美国联邦航空局 INM 模型包括 NOISEMAP 模型(由美国国防部(DOD)开发)。如果飞机的 NPD 曲线与 NOISEMAP 中使用的形式一样,地面干扰效应的公式 ΔL_{INT} 也必须用于 NOISEMAP。

由于许多飞机噪声的计算都是在夏季进行的,而夏季是世界上任何一个机场飞行作业最繁忙的季节,机场周围由软土地覆盖,如草地,可以用来定义地面效应的类型和值。实际上,公式(4.77)和(4.78)已经定义为夏季,并假定地面覆盖较软。

在飞机发动机运行过程中已经进行了噪声测量,以确定机场附近 AN 计算所必需的噪声方向性模式。根据大量飞机类型进行的测量，对目前运行的三种发动机的特征类型结果进行分组（图 4.73）。它们被用于各种方法来评估机场发动机 AN 的水平。此外，这种方法在 Flula、版本 2 和版本 3、瑞士得到使用，甚至用于天桥水平的评估。

图 4.79 是伊尔-86 型飞机发动机到最大射流噪声产生方向的距离为函数所测得的平均声级与各种预测相比：球面扩展加上空气吸收和混凝土、土壤和草地的地面效应。

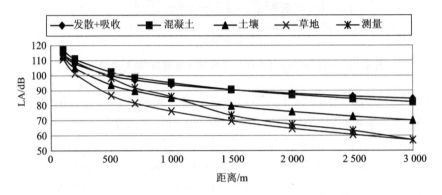

图 4.79　作一个以伊尔-86 飞机发动机到喷气噪声最大产生方向的距离为函数各种预测对比

以前用于 AN 轮廓评估的测量值已被用于研究上述效应的贡献：散度、吸收和过度衰减。图 4.79 和表 4.26 显示数据为 NK-86 发动机最大喷射噪声产生的方向（$\theta \sim 140°$）。在附近平静天气条件下（风速＜5 m/s，温度在 20～25 ℃之间），测量进行了几个夏天。测量结果不用于任何特定的传播效果分析，只包括总体声级（OAS-PL 和 L_A）。尽管如此，这些结果对于飞机发动机在运行过程中传播到噪声控制点的噪声的地面衰减提供了初步的分析。在图 4.79 中，线"发散＋吸收"代表声波传播（强烈与 r_2 值成正比）和空气吸收（α 与 $R-R_0$ 成正比）的总和减少。该图中的其他线表示对三种地表噪声传播的预测。

表 4.26　测量和预测的声级是与伊尔-86 型飞机发动机
在最大喷气噪声产生方向上的距离的一个函数

距离/m	A 计权声级				
	测　量	预　测			
		发散＋吸收	发散＋吸收＋混凝土地面反射	发散＋吸收＋土壤地面反射	发散＋吸收＋草地反射
100	114	114	117	113	111
200	109.3	108	111	105	101.4
500	98.4	100	102.2	93.8	86.7

续表 4.26

距离/m	A 计权声级				
	测　量	预　测			
		发散＋吸收	发散＋吸收＋混凝土地面反射	发散＋吸收＋土壤地面反射	发散＋吸收＋草地反射
700	91.8	97.1	98.8	89.7	81.6
1 000	85.8	94	95.2	85.1	34.82
1 500	73.4	90.5	90.6	79.7	41.3
2 000	67.4	88	87.3	75.8	46.26
2 500	63.3	86	84.5	72.7	50.39
3 000	57	84.5	82.3	70	53.96

在地面效应预测中,地面阻抗用 Delany 和 Bazley 模型描述。[39]

$$Z = 1 + 9.08 \left(\frac{1\,000f}{\sigma} \right)^{-0.75} + i11.9 \left(\frac{1\,000f}{\sigma} \right)^{-0.73}$$

假设"硬土"、"草地"和"混凝土"的流动阻抗率的值(kPa·s/m²)分别为 2 500、250 和 20 000。

数据与局部反射面特征的预测影响较吻合。在发动机声源附近(在小于 500～700 m 的距离内),测量结果接近对"混凝土"的预测。在更大的距离上,数据接近"土壤"的预测,或者介于"土壤"和"草地"的预测之间。这些结果与一个事实相一致,即滑跑是在停机坪的混凝土表面,而更远距离的地面是土壤和或草地。

为了更详细地分析,所有的数据都是按照参考距离 $R = 100$ m 的水平差异的形式编制的。这些水平差异如图 4.80 所示和表 4.27 所列。

表 4.27　伊尔-86 型飞机发动机在 100 m 高度时,
最大风扇噪声产生方向上测量和预测 A 计权噪声水平的差异

距离/m	ΔL_A/dBA					
	测量	散射＋吸收	混凝土(偶极)	混凝土(单极)	土壤(偶极)	土壤(单极)
100	0	0	0	0	0	0
200	8.3	6	5.3	8	10	7.3
500	19.1	14	15.6	20.6	27.6	14.9
700	23.5	16.9	19.6	21	34	17.2
1 000	28.2	20	24.2	21	40	19.5
1 500	33	23.6	30	22.2	46.7	22.7
2 000	40	26.1	34.4	23.8	51	24.9

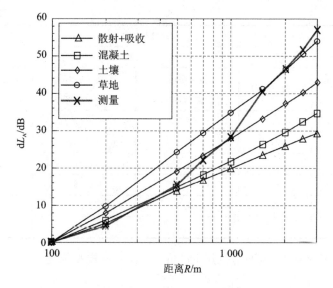

图 4.80　一架伊尔-86 飞机发动机在最大喷气噪声产生方向上
传播噪声在 100 m 下的预测和测量的噪声级差异

　　涵道发动机风扇在最大风扇噪声产生方向和涡轮螺旋桨发动机在最大螺旋桨噪
声产生方向的传播数据和预测分别见图 4.81 和图 4.82，表 4.28 和表 4.29。

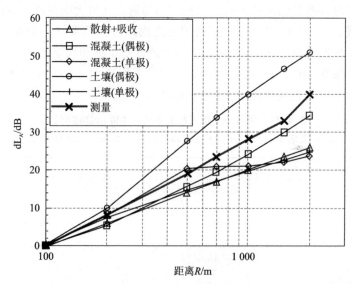

图 4.81　一架伊尔-86 飞机发动机在最大风扇噪声
产生方向上传播噪声在 100 m 下的声级差异

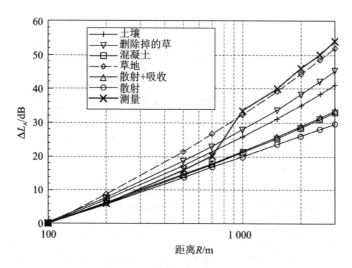

图 4.82 在距离 AI−24 发动机 100 m 的(安装在安−24 飞机上
作为动力装置的涡轮螺旋桨发动机)最大螺旋桨噪声产生方向上的声级差

表 4.28 涡轮螺旋桨发动机(AI−24)的螺旋桨噪声
在最大噪声产生方向上与 100 m 距离的 A 计权声级差函数

距离/m	ΔL_A/dBA						
	测量	散射	散射+吸收	泥土	平整的草地	混凝土	草地
100	0	0	0	0	0	0	0
200	6	6	6.2	7.1	7.7	6.05	8.7
500	16	14	14.7	17.2	18.6	14.45	21.5
700	20	16.9	18	21.2	22.9	17.65	26.6
1 000	33.5	20	21.5	25.6	27.8	21.15	32.35
1 500	40	23.5	25.7	30.9	33.7	25.31	39.3
2 000	46	26	28.8	35	38.3	28.4	44.4
2 500	50	28	31.4	38.3	42	30.9	48.5
3 000	54	29.5	33.5	41.2	45.3	33.05	51.9

图 4.80~4.83 中的所有预测和表 4.26~表 4.28 中的相关数据均计算为三分之一倍频程谱,然后得到分析中感兴趣的噪声指标。

在其他较短距离的声音传播预测中[13],如图 4.83 所示的一个例子中,假定点声源位于距接受者 30 m 的位置,距地面 0.2 m。接受者离地面 1.5 m。利用 Delany 和 Bazley 阻抗模型[39],考虑了流动电阻率三个值(40,160 和 630 kPa·s/m²)。

表 4.29 所示为噪声产生各个方向的预测总地面效应,其中包括两种反射面(草地反射面和混凝土反射面)的地面效应计算结果。自由场值的 A 计权校正的差异超

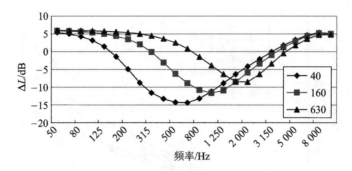

图 4.83　根据 Delany 和 Bazley 模型[4.39]预测的三种流阻率
等级对应自由场的声压级(流阻率的单位是 kPa·s/m²)

过 10 dB。实际上，这些结果与推荐的 ISO 9613/2 或 SAE/ICAO 方法得到的结果
有很大的不同。得到表 4.29 所列结果的预测地面效应声谱如图 4.84 所示。

表 4.29　地面对伊尔-86 发动机噪声方向性规律的影响

正轴的方向	无表面影响	表面长满草	混凝土表面	无草表面	无混凝土表面
10.0	89.405	82.161	83.462	7.2	5.95
20.0	90.239	83.069	84.117	7.15	6.1
30.0	90.957	83.553	84.504	7.4	6.4
40.0	93.927	85.161	85.691	8.75	8.2
50.0	97.438	87.706	87.737	9.7	9.2
60.0	100.759	90.623	90.303	10.1	10.45
70.0	97.909	87.924	88.101	10	9.1
80.0	92.474	83.442	85.350	9	7.1
90.0	93.893	84.838	86.629	9	7.25
100.0	94.019	85.408	87.685	8.6	6.4
110.0	94.462	86.409	89.130	8	4.3
120.0	95.296	87.403	90.645	7.8	4.6
130.0	96.406	88.942	92.986	7.5	3.4
140.0	97.717	91.890	96.334	5.8	1.4
150.0	97.217	93.557	97.339	3.6	−0.1
160.0	95.837	93.690	96.811	2.1	−1.0

　　机场内可使用隔音屏障，以减低飞机地面操作和维修(引擎故障附近、跑道或滑
行道等)所产生的噪声。通过考虑以下因素的模型来评估屏障的效果：

　　(1) 声音绕射对屏障边缘的影响[22]；

　　(2) 来自不同阻抗表面的直射波和反射波之间的干扰；

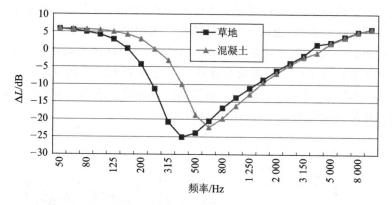

图 4.84　草地和混凝土地面效应谱,得到的预测结果如表 4.29 所列

(3) 不同种类的航空器产生的特定噪声频谱[40]。

对于不同的噪声传播,必须计算屏蔽的频谱效率。

例子预测的 OASPL(ΔL_{in})和 L_{Amax}(ΔL_A)在相同条件下不同类型的噪声来源如表 4.30 所列($\Delta L = L_{withoutsreen} - L_{withscreen}$)。假设屏障的几何形状及其位置与机场附近酒店使用的用于控制飞机噪声的 12 m 高的屏障相对应。

表 4.30　噪声源类型和屏障的地面反射效应(声源 2 m 高,距离声源 175 m 处
有一个 12 m 高的屏障,接受者高 5 m 且距离屏障 113 m)

声源类型	声反射特性		
	无反射 $\Delta L_A / \Delta L_{in}$	硬地面 $\Delta L_A / \Delta L_{in}$	阻抗地面 $\Delta L_A / \Delta L_{in}$
涡轮喷气发动机	12.9/10.9	8.3/6.1	12.0/7.9
内外涵发动机	15.5/8.8	10.8/3.8	13.7/5.7
粉红噪声	13.8/8.5	9.1/3.5	12.6/5.9

用于获得这些结果的软件算法的假设包括以下内容:

(1) 屏障的声学效果取决于菲涅尔数 N

$$N = 2\Delta/\lambda, \quad D = a + b - d, \quad -3 \leqslant N \leqslant 100$$

其中,Δ 是传播路径长度上从声源到屏障的顶端和从屏障顶端到接受者之间的差值,($a+b$),而直接通过屏障(d);λ 是波长。

(2) 屏障在任何频段的降噪是由 Maekawa 解决方案近似定义的

$$\Delta L = 1.151\,821\,1\exp[0.549\,306\,1(N+3)] - 1.146\,833\,7, \quad 3 \leqslant N < 0;$$

$$\Delta L = 5 + 20\lg(\sqrt{2\pi \mid N \mid}/th\sqrt{2\pi \mid N \mid}), \quad 0 \leqslant N \leqslant 100$$

当视线通过屏障时,菲涅尔数 N 的值为负。如果 $N < -3$,衍射效应被忽略。

表 4.30 中对不同类型飞机的预测结果的差异与屏障周围不同类型反射面所产生的差异具有相同的顺序。

预测的频谱效率如图 4.85 所示。声学硬表面的存在将在整个频率范围内提高声预测的效率。这些预测,包括一个连续的类草表面的存在,除了在某些频段外,在无表面和硬表面之间变化。例如,在频率为 160~250 Hz 的频段中(图 4.85),屏障的预测效率为负。这是由于屏障的存在减少了这种频率的地面效应在大多数情况下,屏障两侧的地面是不同的。两种表面类型组合对屏障两侧的预测影响如图 4.86 所示。在其他地方给出了这些表面的阻抗特性。

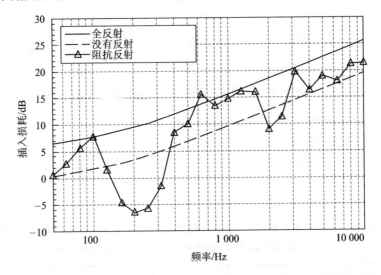

图 4.85　三种声波在屏障周围存在地面反射时,声屏障效率与频率的函数

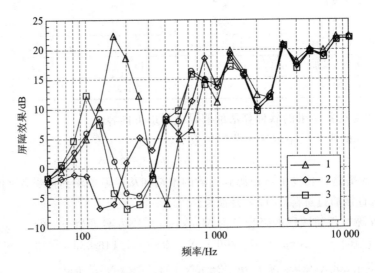

1—水泥/混凝土;2—混凝土/草地;3—新耙过的土壤/草地;4—含水率<10%/草地的纯沙地

图 4.86　隔音屏障两侧不同地面对预测效率的影响

在不同频谱上的预测效率差异导致 ΔL_A 上存在 1~2 dB 的预测差异。但更有

趣的是频谱形状预测的结果,特别是对于噪声与螺旋桨飞机引擎,因为它们的主要声学能量位于低频离散音调(第一或前两个谐波),干扰效应可能很强,所以屏障的效率可能会下降。

由于需要预测屏障类型和过度衰减效应的影响,在软件工具 BELTASS,BELTRA 和 ISOBELLA'a 中产生了屏障效应发生器(screen -generator)和过度衰减发生器(extra-generator)。这些子程序允许对任何评估进行计算。

4.7　机场周围噪声的预测

一个完整的机场噪声模型是进行降噪决策的主要工具(如噪声分区及适当的土地用途)或是机场周围环境影响报告的需要。它结合了第 4.4 和 4.5 节中提出的飞行路径和地面飞机噪声模型的具体特征。通常这种模型是在提供各种输出可能性的计算机程序中实现的[4,5]。机场的运行一般包括不同类型的飞机、不同的飞行和地面程序以及一系列的运行重量。重要的输入参数有大气温度、压力和湿度,它们会影响飞机的飞行性能和声音传播。

通常,噪声计算的最终结果以噪声等值线表示。噪声等值线是在地图上绘制的,并说明特定的噪声指数是如何因机场特定的飞机交通模式而因地点而异的。通常由以机场为中心的常规观测网格交叉点的噪声指数离散预测值之间的插值得到。

当需要分析机场周围或某一特定区域的噪声气候,或与该区域若干噪声源进行比较时,需要考虑声学以外的参数。因此,机场周围的飞机噪声影响评价和调查必须采用某种综合指标。一个广泛使用的指标是受噪声影响的人口数量。这可以通过暴露在某一噪声水平下的住宅数量(在两个指定噪声线之间的区域内),并将其乘以每个住宅的平均居民数量来计算。这些数据通常以 5 dB 为单位分组(即考虑区域的外部噪声轮廓和内部噪声轮廓上的噪声指示值的差值等于 5 dB)。

飞机噪声水平的数值或机场周围的特定指标是许多因素的结果:飞机的声学特性;机场周围飞行交通的密集程度;路线和轨道方案(机场出发和到达的路线和轨道);航线间飞机的分布情况;每种飞机在不同航线上使用的建议作业程序;航空器飞行质量、气象特性、跑道特性等运行因素;隔声屏障的存在;机场位置的地形情况;以及其他可能引起传播声波和反射声波之间的衍射和干涉的特征。

通常在机场周围的每一列点上重复计算,然后进行插值,以描出等噪声指数值(噪声等值线)的轮廓,然后用于研究目的。计算网格中 (x,z) 点的飞机运动噪声水平由下式导出:

$$L(x,z) = L_{Rn} + \Lambda(\beta,R) + \Delta L_\theta + \Delta L_v + \Delta L_t + \Delta L_s \qquad (4.79)$$

其中 L_{Rn} 为第 4.2 节中描述的噪声半径关系(Rn-relationship)的噪声级,以及飞机与机场周围地面网格上某点之间的距离 R(或 D_0);Λ 是沿传播路径横向飞机运动的方向距离 R 和入射角为 β 时多余的噪声衰减;ΔL_θ 是噪声源的方向性的调整;ΔL_v 是飞行速度变化的调整(见方程(4.79))；ΔL_t 是考虑噪声事件中声音水平最高时的校正变化；ΔL_s 是不同屏障的衰减。

在计算噪声等值线的时间段内，对所有飞机类型的所有运动在同一点重复上述过程，然后在所有其他网格点重复上述过程。在一项机场噪声研究中，在计算飞行轮廓和噪声水平时，把每一种飞机类型分别考虑可能是不现实的。在这种情况下，在某一特定机场具有类似噪声特征和性能的不同飞机类型可以有效地归类或分组为该机场的单一类型(见第 4.4 节)。对于给定路线上的这类分类或分组类型，只需进行一次计算，然后根据该类型在噪声指数总和中的移动次数分解网格点上的噪声水平。

有几个因素会影响建模的准确性。其中最主要的是起飞过程中所采用的风和温度梯度以及操作程序的可变性。目前的模型没有考虑到风和温度的影响，尽管这些会导致地对地衰减的显著变化，甚至会导致阴影区。

噪声等值线的质量还将取决于网格间距的选择，特别是在噪声等值线变化迅速的地区。噪声轮廓上的插值误差通过网格间距的减小而达到最小，但由于噪声指标需要在大量网格点上进行计算，从而增加了计算时间。研究表明，约 300 m 的网格间距在计算时间和插值噪声轮廓的准确性之间提供了一个很好的折中(即导致低噪声轮廓和中噪声轮廓的标准差小于 0.5 dB)。

在确定某一特定计算点的总交通流量的噪声暴露量之前，必须计算每个飞机操作的声暴露水平或最大声暴露水平。如果目的是确定总交通流量的最大水平，则应根据指定的国家噪声指数来确定，例如乌克兰的 $L_{A\max}$。但是，建议对每条跑道上噪声最大的飞机使用噪声足迹的包络线。

如果目的是确定等效声压级 L_{Aeq}，或其他类似参数，包括夜间飞行或夜间飞行噪声的惩罚，则在能量的基础上添加平均每天每个单独操作的声暴露级 SEL(L_{AE})。确定平均日的时间期限在国家方法中有规定。每一项行动的声音暴露水平按每天的时间加权，在一些国家按国家方法加权每周的时间加权。求和的定义如下：

$$L_{Aeq,w} = 10\log\left[\frac{1}{T}\sum_{j=1}^{N} w 10^{\frac{L_{AE,j}}{10}}\right]$$

其中 $L_{AE,j}$ 为 N 次飞行中第 j 次飞行的声暴露级；w 为一天时间的权重因子，在一些国家是周时间；T 为 L_{Aeq} 的参考时间，以秒为单位。如果参考时间为 1 天(24 小时)，则 $T=86\ 400$ s。

由于机场噪声等值线的计算变量较多，且计算过程往往较为简化，因此，有必要对机场噪声等值线的计算过程进行标准化。有必要为这种标准方法提供大纲，以确定主要方面，并就每一个方面提供规范。复杂的是，国际民航组织建议的计算方法允许不同的会员国使用不同的噪声描述符和比例尺作为其各自噪声指数的基础。

在运行中的机场中，有许多产生噪声的活动尚未包括在这里提到的计算过程中。这些活动包括滑行、发动机测试和辅助动力装置的使用。实际上，这些活动的影响不大可能影响机场边界以外地区的噪声轮廓。

机场噪声研究的计算程序包括以下步骤：

（1）确定机场附近各观察点个别飞机升降时的噪声声级；

（2）根据所选噪声指数的公式,在各点增加或组合个别的噪声声级；

（3）插值和绘制选定索引值的等高线。

在所有机场,运营模式每天都不一样,这取决于天气、日程安排和许多外部因素。通常,计算轮廓的噪声指数是根据几个月期间的长期平均日值来定义的。由此可见,用这种指数来定义的机场周围噪声暴露的等值线,也应该类似地描述长时间内的平均情况,然后相应地选择研究中使用的流量和操作模式。

根据 NPD 和飞机性能数据（见第 4.4 节）,针对给定的大气条件和假设的平坦地形,计算单个运动的噪声水平。噪声数据的条件是由大气衰减率来确定的,大气衰减率假定从几个主要的世界机场得出的年平均值。性能数据是定义的大气温度和湿度,机场高度和风速。然而,由于计算的噪声等值线描述的是一段时间内的平均情况,因此,假设相同的基本数据适用于特定的条件范围。飞机数据的表示形式、推导方法和参考条件见第 4.4 节。

在第 4.2 节中,我们证明了 NPD-关系（或 R_n-关系）取决于许多因素：飞机类型、飞行模式、气象特征等。为了便于规划,有必要根据最不利的条件使用它们。图 4.87 比较了 L_{Rn} 在 25 ℃（不利于传播的条件）和其他可能温度下的预测结果。

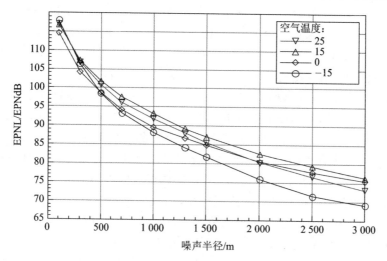

图 4.87　预测了环境空气温度下最大推力工况的噪声-半径关系

相同发动机模式的差异如此之大,在 2.5 km 处接近 10 个 EPNdB,这表明有必要研究 NPD-关系对温度季节或日变化的依赖关系。在一些计算方法中,仅通过空气声阻抗的变化来考虑环境空气温度的影响,这种简单的调节方法似乎是不够的。图 4.87 所示的 NPD-关系的变化也不是单调的。这是因为产生效应（噪声源贡献）和吸收效应一样会发生变化。防止这种潜在的不一致是当前极为关切的一个问题。

要解决这些问题，需要结合各种噪声建模方法。

一种改进方法的主要思想是，在评估程序中使用的每架飞机的基本声学模型必须包括对飞机噪声功率有贡献的各种声源的组合，包括对观测值和计算值之间的差异进行修正。这种校正就是这里提出的传递函数 ΔSPL_{jk}（第4.3节）。由于主要噪声源的模型包括它们对飞行模式参数的依赖关系，因此，可以在考虑环境参数的情况下，获得适当的 NPD-关系值（或根据建模方法进行噪声水平评估所必需的其他基本工具形式）。

第五章详细分析了大气参数的影响。例如，温度对飞机噪声水平的影响是主要声源飞行路径参数变化、大气吸收参数变化和噪声产生变化的结果。噪声半径的变化如图4.87所示。温度升高意味着相应的空气密度降低。这将导致发动机流道内的空气消耗比降低。结果推力降低，但发动机喷射速度增加。飞机起飞速度和起飞长度增加，控制面下的起飞梯度和高度减小。环境大气的温度变化在$-20 \sim +30\ ℃$之间，监视点的 EPNL 起飞路径预测改变在 $8 \sim 14$ EPNdB 之间，噪声轮廓区域预测改变在 $20\% \sim 30\%$ 之间（相对于区域 SA 条件）。如图4.88所示为采用高涵道比涡扇发动机的现代飞机，环境温度对与起飞轨迹相关的飞行路径高度的影响，以及这些轨迹下的噪声水平的实例。

这些预测证实了在计算喷气口周围噪声水平时，有必要考虑某些运行因素的影响。如果这些计算与噪声分区和土地用途规划有关，则必须考虑（从噪声角度）可能出现的最坏情况。如果模型用于监测目的，则必须根据常规发动机模式下气象参数的实际值导出 NPD 关系。它需要使用特定的计算模块（例如 ISOBELL 软件的 RADIUS，包括使用具有确定的传递函数的特定类型飞机的基本声学模型）。该软件模块称为 NPD-发生器（或 RADIUS-发生器）。正在考虑的飞机的飞行路径是用所谓的"航路-发生器"构建的，该发生器采用通用的飞行动力学模型（例如 FAA INM）。

需要飞机飞行剖面来确定观测点到飞行路径的倾斜距离（见图4.16）。发动机推力或其他与噪声有关的推力参数的变化以及飞机沿飞行路径的速度也是必需的（第4.1节）。然后，斜距离和推力用于 NPD 数据的输入和插值。对于噪声轮廓计算，假设起飞和着陆飞行路径由一系列直线段表示，如图4.15所示。飞机的地面轨迹也用直线段和圆弧表示。在可能的情况下，每一种飞机在执行以下参考飞行程序时，都应提供飞行轮廓、相关发动机推力信息和飞行速度：

（1）民航组织在最大起飞质量85%的情况下降低起飞程序 A 和（或）B；

（2）国际民航组织附件16最大着陆质量的90%的噪声符合性方法，但采用正常襟翼设置。

所有飞机性能信息应作为参考条件导出如下：

● 国际标准大气（ISA）大气条件；

● 跑道高度与海平面相同；

● 没有跑道坡度；

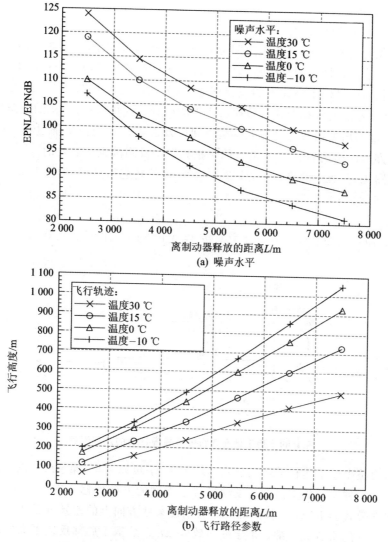

(a) 噪声水平

(b) 飞行路径参数

图 4.88 环境温度对高涵道比涡扇发动机飞行轨迹

- 4 m/s 逆风,无风梯度;
- 飞机起飞质量为最大起飞质量的 85%;
- 飞机着陆质量为最大着陆质量的 90%;
- 所有引擎运行;
- 正常的飞机构型。

除非飞机制造商另有说明,否则在下列条件下,性能信息(即由参考飞行轮廓得出的系数,或由制造商提供的系数)可作为给定的,而无须校正:

- 空气温度<30 ℃;
- 任何跑道高度,只要温度和高度在发动机平定范围内;

● 风速小于 8 m/s；

● 所有实际操作的飞机质量。

在起飞滑动过程中，机场跑道附近地面位置的噪声建模需要对 NPD 的基本数据进行几次修改。修正的结果是，地面飞行器从基本零速度加速到初始爬升速度，而基本数据代表的是恒定空速下的飞越作业［见公式（4.21）和图 4.10］。为了适应这些差异，必须考虑射流相对速度效应所产生的声音的变化、滑行飞机的方向模式的变化、随着速度的增加而改变的有效持续时间以及近零仰角地面传播过程中声音的额外衰减。方向性模式 ΔL_{θ} 对于滑行的飞机和发动机测试也是必要的。

利用图 4.89 所示的坐标系，计算 x 负值（即滚转起始点后）的噪声水平如下：

$$\Delta L_{\theta} = 51.44 - 1.553\theta + 0.015\,147\theta^2 - 0.000\,047\,173\theta^3, \quad 90° < \theta < 148.4°$$
（4.80a）

$$\Delta L = 339.18 - 2.580\,2\theta - 0.004\,554\,5\theta^2 + 0.000\,044\,193\theta^3, \quad 148.4° < \theta < 180°$$
（4.80b）

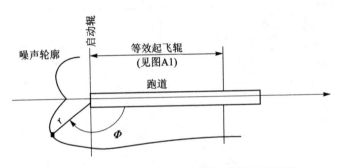

图 4.89　用于地面飞机噪声轮廓评估的几何形状

式（4.80）为整个航空运输的通用公式。从图 4.27 可以看出，噪声产生的方向性模式是特定于每一种发动机类型的。发动机特定类型的方向性修正如图 4.90 所示。特定的指向性模式与 ICAO[43] 提出的广义关系在某些方向上的差异可能高达 10 dBA。

额外衰减的所有关系都是由于地面效应 ΔL_{int} 是基于局部反应平面的球面反射声波的近似解（见图 4.91）。

对于不同类型的反射面，侧向衰减的预测值也有很大的差异。在计算机场周围的噪声水平（例如，以满足环境影响评估的需要）时，草地表面的预测是最合适的方法。草地的阻抗会随着季节的变化而变化。温暖季节的值用于噪声计算。有时，在特殊的评估情况下，必须留心观察（机场区内）混合类型的反射面，因为它们的影响有所不同。利用干涉效应的索罗卡公式和简氏公式，以及反射面阻抗特性的半经验模型，对不同地表、仰角和距离的数值预测如图 4.92 所示。对于常规的飞机噪声评估，可以使用"地面效应"发生器，如在乌克兰设计并在其他地方[44] 提到的 ISOBELL 软件中的后期发生器。

同样，屏障对噪声水平的影响可以通过适当的软件（如屏障生成器）来研究。着

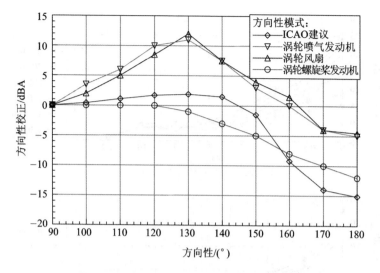

图 4.90 特定发动机类型的广义方向性校正

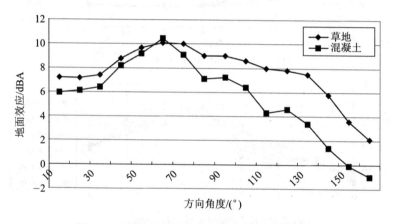

图 4.91 地面效应是发动机噪声辐射角度的函数

陆滚转的噪声对总噪声暴露的影响不如起飞滚转的噪声大。如果不使用推力反转,发动机在滚转过程中通常处于空转状态,因此噪声不明显。有两种可能的着陆方式。地面滚动可以忽略,同样的方程也可以用于起飞。在后一种情况下,L_{AE} 和 L_{Amax} 认为对应于一个低功率设置,通常 ΔL 被认为是 0(轮廓由半圆结束)。

当反推被激活时,空气动力学就会发生变化,即使在相同的功率设置下,噪声也会增加。目前还没有模型可以解决这个问题,但是建议使用与额定功率设置相对应的噪声数据格式,并对空气动力学的变化进行修正。对于外反推的飞机,修正量通常在 5~10 dB 之间。"第 2 代"飞机的合理平均值为 8 dB,而"第 3 代"飞机则建议使用 5 dB。对于内反推的飞机,空气动力学引起的噪声增加不太重要,建议不做任何修正。必须强调的是,这些估计是近似的,并且是基于非常有限的数据。

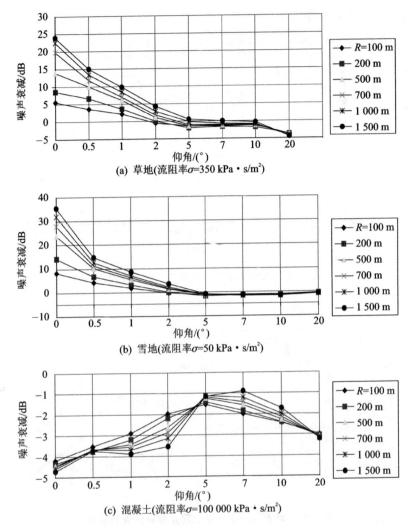

(a) 草地(流阻率σ=350 kPa·s/m²)

(b) 雪地(流阻率σ=50 kPa·s/m²)

(c) 混凝土(流阻率σ=100 000 kPa·s/m²)

图 4.92　地面类型对涡喷发动机飞机横向衰减随仰角和距离函数的预测影响

　　对于能够使用螺旋桨进行反转的螺旋桨飞机，不可能设计出类似的一般修正。螺旋桨反转的影响必须在每个单独的情况下进行估计。如果交通工具是喷气飞机和螺旋桨飞机的混合体，其中喷气飞机的噪声占主导地位，则可以忽略螺旋桨的反转。此外，在螺旋桨推力或逆转中，建议 ΔL 设置为 0，在这种情况下，轮廓成为平行于跑道的、关闭了一半跑道末端的圈子。

　　噪声等值线的计算是建立在所有飞机起飞和降落的地面轨道都完全遵循标称路线的假设基础上的，因此，它们可能会产生几个分贝的局部误差。为了获得最高的可靠性，建议在每条路线上在特定机场测量进、离地轨道分布的形式和参数。

　　如果没有测量数据，可以假定名义出发路线，或者对路线作出判断。在这种情况下，应该使用路线的标准差，由以下表达式推导而来：

（a）转弯小于 45°的路线。

$$\left.\begin{array}{l} \sigma(y)=0.055x-0.150, \quad 2.7\text{ km}\leqslant x\leqslant 30\text{ km} \\ \sigma(y)=1.5\text{ km}, \quad x>30\text{ km} \end{array}\right\} \tag{4.81}$$

（b）路线包括 45°以上的转弯。

$$\left.\begin{array}{l} \sigma(y)=0.128x-0.42, \quad 3.3\text{ km}\leqslant x\leqslant 15\text{ km} \\ \sigma(y)=1.5\text{ km}, \quad x>15\text{ km} \end{array}\right\}$$

在方程（4.81）中，$\sigma(y)$ 是标准差，x 是距离开始位置的滑跑距离，所有的距离都用千米表示。

到达时，在着陆 6 km 内可以忽略横向偏差。否则，离散度取决于每个跑道和飞机类型。

噪声指数的计算值对横向分布的形状不是特别敏感。高斯形式最适合多观测分布。虽然可以模拟连续分布，但从计算成本的角度考虑，近似模型更可取。表 4.31 中给出了五点离散近似的准确性，其中，y_m 是适当的平均轨迹或正常轨迹，通常给出的值与连续（高斯）分布得到的值相差 1 dB 以内，建议采用这种方法。

表 4.31 所列的比例在贡献量加在一起之前已加以考虑。横向衰减的影响可以考虑到飞机的离散位置，也可以计算出与正常飞行路径的零横向扩散对应的整体效应。

表 4.31　假定飞机沿一正常航迹下，周围不同的地面航迹飞行所占比例

间　隔	比　例
$y_m \pm 2.0\sigma(y)$	0.065
$y_m \pm 1.0\sigma(y)$	0.24
y_m	0.39

除了横向分散外，交通也将纵向分散。垂直离散主要取决于起飞重量、迎风（或顺风）分量、起飞过程以及飞行员如何执行该过程的变化。一般情况下，在计算等效声级时，选择一个通常为平均声级的典型飞行廓线和在最大声级情况下与最大起飞重量对应的飞行廓线就足够了。FLIGHTPATH 发生器用于此目的。如果起飞重量相差较大，垂直离散非常大，那么在计算等效声级时，可能需要根据不同的阶段长度，对两个或多个起飞剖面上的交通进行划分。

噪声轮廓预测的例子如图 4.93 和图 4.94 所示。它们是在相同的初始运行条件下计算的，但是图 4.93 和图 4.94 没有考虑本章所述的因素和改进。结果表明，与改进后的方法相比，该方法对噪声水平的预测过高。

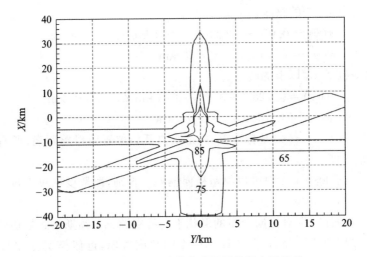

图 4.93 使用改进计算方法预测的噪声等值线

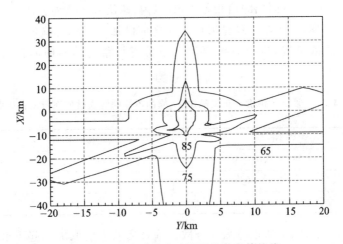

图 4.94 现有计算方法预测的噪声等值线

第 5 章
操作因素对飞机噪声水平的影响

5.1 地面上的飞机

机场地面作业的常见噪声源包括发动机维修助跑、飞机滑行、地面和辅助动力装置的运行、飞行前加速、起飞滚转和反推、地面车辆和一些机场发电厂的运行。许多研究人员测量了各种机场和条件下的噪声水平。当然,起飞滚转在机场的工作区域和附近区域产生最大的噪声水平,因为这一阶段需要最大的发动机推力。表 5.1 比较了机场作业噪声峰值平均值与起飞噪声水平的差异。

表 5.1 典型运行时的噪声峰值均值与
起飞时噪声峰值均值的差异(数据参考距离为 150 m)

机场运行类型	噪声水平差异/dBA
工程维修加速	0
工程起飞前加速	5~10
着陆时反推打开	5~8
滑行	16~24
辅助动力装置	20~30

考虑到跑道运行的时间较短,可以预见,在特定情况下,机场内其他类型的飞机运行可能会产生比飞机起飞时更大的噪声影响。例如,如果发动机维修、运转或滑行是在靠近居民区的夜间进行,那么这可能是正确的。发动机维修运行包括半分钟的最大推力,因此,峰值噪声水平可能与飞机起飞时相同。如加速的位置接近住宅区,必须采用若干技术方法减小噪声的影响,包括使用隔声屏障或引擎噪声消声器。

基本操作中影响噪声的因素包括跑道的状态和坡度、气象因素(温度、气压、相对湿度、风向和速度)、航班起飞或着陆时飞机重量、推重比、飞机的空气动力配置和地形条件、附近的地形条件。影响噪声的其他操作条件包括飞机的移动频率、机队组成和不同机型的飞行程序。研究结果表明，飞机的发动机类型对发动机性能有显著影响。

虽然机场区域及其环境的声学影响很重要，但如果飞机在地面上移动，空气污染更经常被认为是分析和优化运营模式的优先考虑因素。表5.2列出了能够减少飞机对地面空气污染的总质量的作业程序。

表5.2　滑行过程中减少空气污染操作程序的有效性

减少空气污染的操作程序	空气污染减少率/%		
	不完全燃烧	氮氧	燃料消耗
使用拖轮	35～0	5～10	26
用一个引擎工作滑行	30	0	3
减少飞机排队	7	1～3	1～2
使用最佳跑道(如果有一个以上)	15	5	10

如果一架飞机使用非运转的发动机滑行，那么由此产生的空气污染的减少取决于两个因素。虽然空气污染源的数量减少了，但如果所有的发动机都用来在地面上移动飞机，那么发动机的推力就必须大于所需的推力。[1,2] 对图-134A、图-154、伊尔-62M飞机(动力装置分别有2台、3台、4台发动机)滑行的最优工况和运行发动机数量进行了分析和定义。对于伊尔-62M，可以定义在飞机滑行过程中提供所必需的推力的最佳工作发动机数量(见图5.1)。

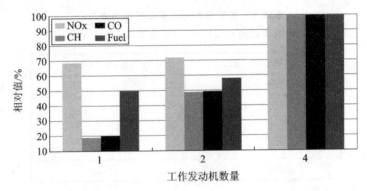

图5.1　发动机运行数量对四引擎的伊尔-62M飞机排放和燃料减少的影响

通过对机场实际工况下的图-134A、图-154、伊尔-62M三个滑行阶段的时程分析，得出在滑行过程中最重要的发动机运行方式是空转工况。图5.2绘制了飞机在滑行阶段空转模式下的时间比例 $\Delta t_{id}=\Delta \tau_{id}/t_{tax}$ (其中 t_{tax} 是滑行总的持续时间)，依赖于飞机的推重比 $\tau_{id}=T_{id}/W$。

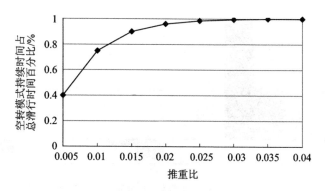

图 5.2 飞机推重比对空转模式持续时间占滑行时间比例的影响

降低发动机工作的数量和增加飞机的质量(重量)以减小 Δt_{id}。如果推重比 $\tau_{id} >$ 0.025,则几乎整个滑行阶段发动机都在空转模式下运行。这在飞机着陆后的滑行阶段最为典型。对于滑行起飞前所有运行的引擎和推重比 $\tau_{id} < 0.02$ 的飞机,滑行的一小部分与更高的引擎执行模式,可能提供推力 $T = (0.15 \sim 0.3) T_{max}$,其中 T_{max} 是发动机的推力最大的操作模式。使用较少数量的工作发动机滑行需要增加较高发动机工作模式的持续时间,这将提供更高的推力。对于装有两台或三台发动机的飞机在滑行过程中只运行一台发动机,其所需推力可能达到 $T = (0.2 \sim 0.4) T_{max}$。对于装有四台发动机的飞机,所需的最大推力为 $T = (0.5 \sim 0.7) T_{max}$。

在较少引擎的情况下滑行,可能会增加机场范围内的噪声。[3] 一方面,由于噪声源的减少,其数量有所减少,这可以从下式计算得到

$$\Delta PNL = 10 \lg \frac{n}{n_{CY}}$$

其中 n_{CY} 为飞机的总发动机数,n 为实际运行的发动机数。另一方面,由于发动机在运行中所需的推力增加,噪声水平也增加了。这是由下式计算得到的。

$$\Delta PNL = 10 \lg \frac{n}{n_{CY}} \left(\frac{R}{R_{CY}} \right)^{28.6}$$

其中 R 为发动机推力截止度。运行中较少的发动机的总噪声级降低如图 5.3 所示。

飞机滑行过程中使用较少发动机的另一个重要方面是选择适当的位置启动滑行过程中未使用的发动机,并进行飞行前准备。

飞机在机场的其他重要地面活动是沿跑道滑行。跑道的状态和坡度对跑道外侧和飞行路径下的噪声影响显著。计算表明,特别是跑道表面的摩擦系数从 0.02(干混凝土覆盖层)变化到 0.03 时,飞机的运行起始长度仅增加 3% ~ 4%。如果在起飞方向上有一个向上的跑道坡度,飞机的飞行长度也会增加。无坡度跑道的近似运行长度 L_p 与运行长度 L_{p0} 的关系为($i = 0$,其中 i 为跑道坡度角,单位为弧度)

$$L_p \cong \frac{L_{po}}{1 - (2igL_{po}/v_{otp}^2)}$$

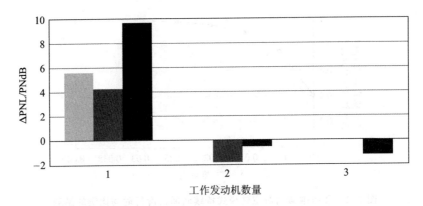

图 5.3　降噪量与工作发动机数量的关系：两台发动机的-图 134(浅灰色)；
三台发动机的-图 154(灰色)；四台发动机的-伊尔-62M(黑色)

v_{otp} 是飞机脱离跑道的速度。

与最大重量相比,飞机起飞重量的减少导致了较短的飞行距离和较短的起飞时间。虽然跑道旁的噪声声级峰值必须相同,但由于起飞时间较短,等效或有效噪声声级会略小。

飞机在着陆和起飞循环过程中的推重比和气动配置取决于飞机的飞行过程(引航方式)。如果起飞重量和跑道长度提供了必要的条件,可以在起飞时使用公称(而不是通常的最大)发动机运行模式。这也有延长发动机寿命的好处。在这种情况下,跑道长度应该更大,但峰值和等效噪声水平要小于起飞时发动机的最大推力。

飞机的气动构型主要影响起飞运行距离。由于各种襟翼缩回引起的升力系数的变化决定了飞机从跑道上脱离的速度,也决定了飞行的长度,因此,它们影响的是等效噪声水平,而不是峰值水平。

使用滑动启动,即飞机一出现在跑道上就开始滑动而没有在启动时停在一点上,其影响与跑道状况相同。它不影响峰值噪声水平,但减少运行时间和长度。

风对起飞滑跑参数有影响,但对噪声水平的后续影响很小。风的主要影响是对噪声传播的影响。这取决于噪声源与控制点之间的风向和大气中的风廓线。诸如阴影区的形成会降低噪声水平等,影响是非常具体的,因此,在关于操作因素的决定中没有考虑到这些影响。任何其他声音传播效应,如大气吸收,都取决于气象因素,在这里不考虑。

地形条件可能对声音传播有重要影响。除了噪声源与接收机之间波前传播的影响外,地面软覆盖层的直接声反射干扰也会影响噪声级降低的速度,总的来说,每距离倍增可能高达 8～12 dBA,取决于覆盖层的类型和声音传播的几何路径。有季节性的特点,例如,覆盖雪和覆盖草有不同的效果。另一方面,硬地面效应可能会导致噪声水平增加一倍距离下降小于 6 dBA。

5.2　在飞行路径下

建模方法的优点是能够更全面地分析各种因素(单独或组合)对飞机噪声水平的影响。一般计算飞机噪声声级的方法中假设的参考条件如下：

- 风速——4 m/s(8 节)，逆风系数与地面高度有关；
- 跑道高度——平均海平面；
- 跑道坡度——没有；
- 空气温度——15 ℃；
- 飞机起飞毛重——最大起飞重量的 85%；
- 飞机着陆重量——最大着陆重量的 90%；
- 提供推力的发动机数量——全部；
- 大气——标准大气(SA)。

这些参考条件会因特定的噪声事件而发生变化，因此，飞行路径和噪声产生/传播效应也可能发生变化。

飞行轨迹下各噪声监测点的有效噪声感应声级(EPNL)(第 2 条起飞和第 3 条降落，均按照国际民用航空组织(ICAO)的要求定义[4])和 90 EPNdB 噪声等值线 S_{90} 的面积作为分析的噪声影响标准，只考虑了风速、风向等因素对轨迹参数的影响。在第 4 章中，我们考虑了声音传播的风速剖面效应模型，例如阴影区。预测影响噪声水平的重要因素是飞行(起飞或降落)质量、推重比、飞行速度、飞机气动构型以及环境气象参数(包括温度、压力和湿度)。

可能影响噪声的一种特殊操作条件包括飞行(移动)强度、飞机编队组成和不同飞机类型的飞行程序等参数。研究表明，飞机发动机类型和涡扇发动机的涵道比 m 与其他运行因素相结合具有主导影响。

某些操作因素对正常飞行操作所对应的噪声水平造成的偏差不超过 1 dB。如第 5.1 节所示，跑道状态和坡度对飞机飞行路径下噪声的影响不显著。

同样的飞机类型，使用"滑跑启动"5~15 m/s 的速度可减少跑道的滑行长度 3% 和 6%。在 6 500 控制点对应的噪声水平预计将减少 0.3 和 0.5 EPNdB，噪声轮廓区域 S_{90} 预计改变平均只有 2%。

提高飞行加速度在爬升初始阶段能减小飞行速度的垂直分量与减小爬升角 $\Delta\theta$，$\sin\Delta\theta = a/g$。这意味着飞行路径更靠近噪声控制点(表面)。

噪声功率距离(NPD)曲线(乌克兰计算方法[5] 中的噪声半径)以同样的方式定义为参考条件，这些参考条件是进行噪声分区评估时最需要的(如民航组织通告 205[6])。在可能与参考飞行条件不同的特殊情况下，必须重新计算噪声半径。因此，对于暴露指数，可以利用已知的噪声半径 R_N(即特定模式和指标值的距离)与飞行速度 v 的函数来考虑飞行速度的影响(见 4.2 节)。若仅考虑风对飞行轨迹的影响，噪声控制点逆风方向的噪声水平相对于零风速可分别增加 0.5 和 1 个 EPNdB。下风时,水平面可能会以同样的幅度下降。对于所考虑的飞机,相应的噪声轮廓变化平均不到 2%。

对于稳定攀升,飞行路线角 θ 与推重比 τ 有关:

$$\sin\theta = \tau - K^{-1}$$

其中 K 为爬升构型下飞机的气动质量参数。

飞机起飞重量的减少,与允许的最大飞行重量相比,会导致起飞/爬升航线更加陡峭。所以飞行路径高于控制点/区域的高度增大,控制点的 EPNL 减小。对于低涵道比($m < 2$)涡扇发动机的飞机,预计下降幅度可达 6 个 EPNdB;对于高涵道比发动机的飞机,预计下降幅度可达 4 个 EPNdB。预计相应的噪声等值线面积 S_{90} 将减少 15%~30%。最大值对应较低的涵道比发动机(见图 5.4)。所使用的参数是 $S_{90} = (S - S_{max})/S_{max} \times 100\%$,其中 S 表示所考虑的重量,S_{max} 表示最大重量。

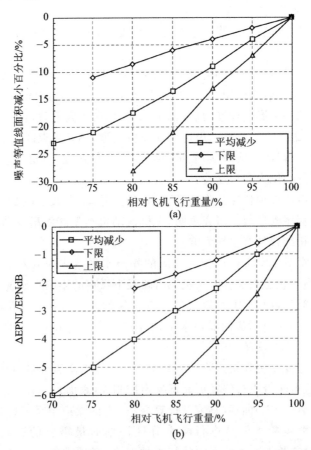

图 5.4 预测飞机飞行重量对(a)90 EPNdB 噪声等值线面积和
(b)噪声控制点距跑道制动释放 6.5 km 处的噪声水平的影响

　　类似的考虑也适用于着陆时的噪声水平。飞机重量的减少降低了噪声,因为适当的操作模式所需的推力降低,着陆速度的下降不显著。

　　着陆飞机的重量控制着发动机必要的工作模式,但着陆飞行模式的噪声轮廓面积下降速率 $dS/dW_{landing}$ 高于爬升模式。降落飞机最大着陆重量比相对正常的飞机的最大重量小 20%～25%,预计将导致噪声轮廓区域 S_{90} 增加 45%～75%,并增加第 3 号控制点的噪声水平 4～6 EPNdB。上限对应于涡轮风扇发动机涵道比 $m \leqslant 2.5$ 的飞机。着陆的噪声轮廓梯度预测值 $dS/dW_{landing}$ 在 3～3.5 之间,起飞/爬升的噪声轮廓梯度预测值在 0.5～1.4 之间。

　　一些机型在起飞运行时,有发动机寿命优势,只要起飞重量和跑道长度允许,可以使用除规定的最大发动机模式外的其他模式。由于这种情况下推重比较小,所以飞行距离较大,飞行路径高度较小。对于涵道比为 $m \leqslant 2.5$ 的涡扇发动机,在 3～4 个 EPNdB 之间;对于旁路比为 $m > 2.5$ 的涡扇发动机,在 1～2 个 EPNdB 之间,降低了发动机辐射噪声水平。此外,在起飞时的 1 号横向噪声控制点(在起飞时距离跑道侧面的最高高度为 450 m),噪声水平也会降低。虽然对于涵道比为 $m > 2.5$ 的涡扇飞机,噪声等值线面积 S_{90} 预计将减小 20%～40%,但对于涵道比为 $m > 2.5$ 的涡扇飞机,噪声等值线面积预计将增大 10%～20%。

　　大气温度和压力对飞机噪声水平的影响是主要声源飞行路径参数变化、大气吸收参数变化和噪声产生变化的结果。温度的升高或压力的降低意味着相应的空气密度降低,并导致发动机流道内的空气消耗比降低。结果推力降低,但发动机喷射速度增加,飞机起飞速度和长度增加,控制面下的起飞梯度和高度减小。环境空气温度对起飞路径下噪声影响的重要性如图 5.5 所示。

　　在寒冷的环境下,管制站的噪声声级相比国际标准大气压(ISA)的情况降低10～12 dB。例如,在集成噪声模型(INM,版本 6)中,NPD 数据库中的噪声级别根据参考日条件(温度,77 ℉;压强,29.92 in* 汞柱;海拔,平均海拔高度),其噪声水平可以根据机场的温度和压力进行调整。

$$\Delta L_{imp} = 10\lg(\rho c / \rho c_{ref})$$
$$L = L_{ref} + \Delta L_{imp}$$

其中 ΔL_{imp} 是声阻抗调节,以添加噪声水平 INM NPD 的数据库(dB);ρc 是观察者的声阻抗高度和压力(N s/m³)。

　　每段飞行路径的噪声水平贡献都来自于国际飞机噪声和性能(ANP)数据库中的 NPD 数据。然而,必须指出的是,这些数据是使用 SAE AIR - 1845[7] 中定义的平均大气衰减率进行标准化的,这些衰减率是飞机噪声认证测试期间确定的平均值。

　　NPD 曲线的调整,以用户指定的条件-温度、湿度和压力-分三步执行:

　　(1) 首先对参考频谱进行校正,去除 SAE - 1845 中的大气衰减,

---

　　* 1 in＝25.4 mm。

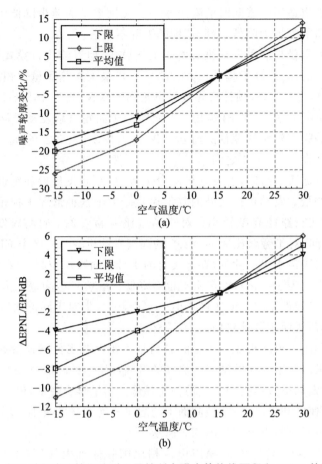

图 5.5　起飞过程中环境温度对 2 号控制点噪声等值线面积和 EPNL 的预测影响

$$L_n(d_{ref}) = L_{n,ref} d_{ref} + \alpha_{n,ref} d_{ref}$$

其中 $L_n(d_{ref})$ 是 $d_{ref} = 305$ m 处和频带为 n 的大气吸收系数 $\alpha_{n,ref}$ 下对应的非衰减的频谱。

（2）使用 SAE AIR - 1845 中规定的和用户指定的两个大气的衰减率,将校正后的光谱调整到十个标准 NPD 距离中的每一个 d_i。[8] SAE AIR - 1845 规定的大气:

$$L_{n,ref} d_i = L_{n,1} - 20 \lg(d_i/d_{ref}) - a_{n,ref} d_i$$

用户指定的大气:

$$L_{n,866A} T, RH, d_i = L_{n,1} - 20 \lg(d_i/d_{ref}) - \alpha_{n,866A} T, RH d_i$$

其中 $\alpha_{n,866A}$ 是 SAE ARP866A 在温度 T 和相对湿度 RH 下计算频段 n（用 dB/m 表示）的大气吸收系数（以 dB/m 表示）。

（3）在每一个 NPD 距离 d_i,两个光谱的 A 计权分贝求和,以确定得出的 A 计权水平 $L_{A,866A}$ 和 $L_{A,ref}$,然后相减:

$$\Delta L(T, RH, d_i) = L_{A,866A} - L_{A,ref}$$

　　在这里,参考谱可能是频谱类别之一。频谱类是基于飞机和发动机类型的组合而被认为相似的飞机的分组。飞机分类的考虑因素包括机身、发动机类型、发动机数量、发动机位置和涵道比。相似度是基于谱的形状和任何低于 1 000 Hz 的音调的相对位置。

　　104 级飞机的频谱极限如图 5.6(a)所示。[9] 图 5.6(b)给出了该谱类的归一化频

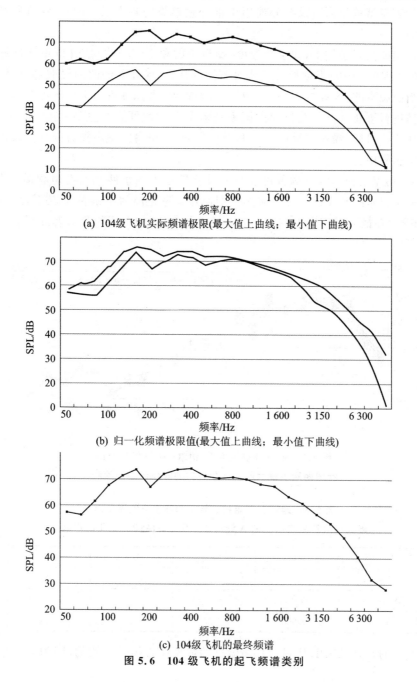

(a) 104级飞机实际频谱极限(最大值上曲线；最小值下曲线)

(b) 归一化频谱极限值(最大值上曲线；最小值下曲线)

(c) 104级飞机的最终频谱

图 5.6　104 级飞机的起飞频谱类别

谱极限值和表示该谱类的频谱图。该频谱类的代表性频谱是单个三分之一倍频程谱数据的加权算术平均值。这一权重是根据最近对每一种飞机类型的起飞次数进行的年度调查得出的。

考虑到每个飞机频谱的地面效应曲线都在所有仰角的 1 dB 极限曲线之内,本文提出的代表频谱被认为可以充分地用于推导频谱类的各个谱。图 5.6(c)是最终的频谱类别。

在不同的大气条件下,如空气温度、噪声辐射和空气吸收对 NPD 重新计算有显著的贡献。因此,飞机/发动机参考谱被普遍使用,就像在新的欧洲民航会议(ECAC)方法或当前版本的 INM 方法一样。对于噪声辐射,考虑飞机的主要噪声源和飞行方式(阶段)进行重新计算。在日前的国家技术中有三种可能的主要来源:射流(通常是旁路射流)、风扇(噪声传播的正向和上行方向)和机身。噪声指数的具体修正包含在主导源函数中。

例如,乌克兰的 NoBel 软件可以重新计算特定大气条件下的噪声频谱。图 5.7 给出了一架伊尔-86 飞机的计算实例。即使在参考距离为 1 m 的情况下,总体声压级(OASPL)在最大噪声产生方向上的差异也与 INM 中采用的简单阻抗调节有很大的不同(见表 5.3)。

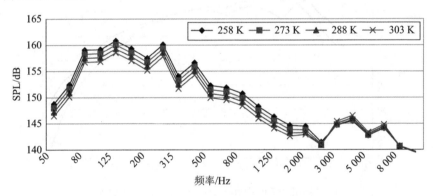

图 5.7 四种环境温度下,伊尔-86 飞机在 1 m 参考距离下最大噪声产生方向的噪声频谱图预测

表 5.3 通过调节阻抗计算出的环境空气温度对最大噪声产生方向上的 A 计权总声压级(OASPL)变化的影响

T_{atm}/K	258	273	288	303
ΔL_{T-288}	1.5	0.7	0	-0.7
ΔL_{AT-288}	1.2	0.6	0	-0.5
ΔL_{imp}	0.55	0.27	0	-0.25

不明显的是,OASPL 增量对环境温度的依赖性必须是一致的,因为对于某些发

动机来说,控制规律可能因不同的温度而不同。由图 5.8 可知,对于安装在雅克-42 飞机上的 D-36 发动机,温度高于 15 ℃时发动机控制规律的变化破坏了发动机的均匀依赖性。声传播效应引起的温度调节也高于简单阻抗调节(见图 5.9)。

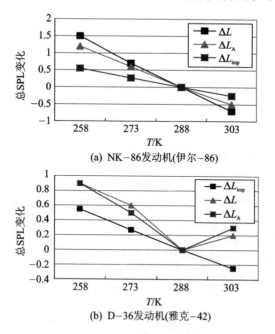

(a) NK-86发动机(伊尔-86)

(b) D-36发动机(雅克-42)

图 5.8　通过阻抗调节(INM)预测在最大噪声产生方向上大气温度对整体 SPL 的影响

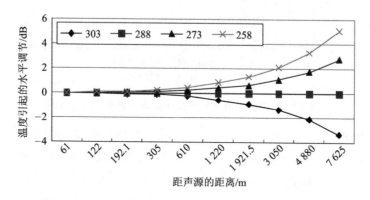

图 5.9　预测四种温度下声传播效应的调节距离依赖关系

图 5.10 对高涵道比($m=4$)涡扇发动机的温度影响进行了更为深入的分析。大气温度变化在-20~+30 ℃之间,起飞路径下检测点的 EPNL 预计在8~14 EPNdB 之间变化,噪声轮廓区域 S_{90} 预计变化在 20~30%(相对于区域 S_{90} 标准大气条件(SA)]。

起飞控制点(距离刹车释放 6.5 km)EPNL 预测变化的解释可以由图 5.11~图 5.13 得出。

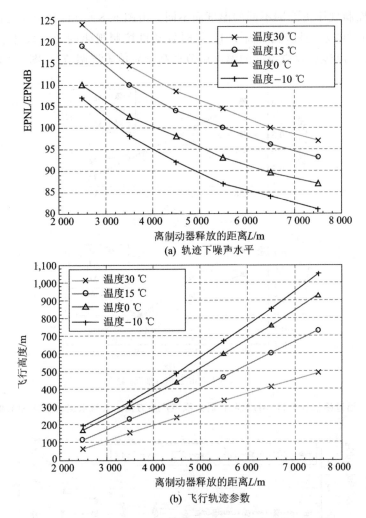

(a) 轨迹下噪声水平

(b) 飞行轨迹参数

图 5.10　预测环境温度对装配高旁通涡扇发动机飞机的

　　EPNL 和 EPNL15 之间的差异(在 15 ℃时的 EPNL 值)部分是由于温度的影响(如图 5.11 和图 5.12 所示)。对应的发动机空气流量消耗为 G_0、发动机喷气速度 V_j 和主频 500～2 000 Hz 的空气吸收系数 α(根据 ICAO 要求[10] 进行计算)如图 5.13 所示。

　　在着陆时,噪声水平随着空气温度的降低而降低,但这只是由于发动机推力的变化,因为 3 号控制点的着陆飞行路径是由特定机场的跑道的坡度要求来确定的。通常,跑道的角度是 3°。[4]

　　当机场高度在 0～1 000 m 之间变化时(假设压力随高度变化符合 ISA 的规律),环境大气压(101 325～90 000 Pa)的下降导致预测噪声的增加。EPNL 的增长在 4～8 个 EPNdB 之间,S_{90} 的增长在 10%～20% 之间。

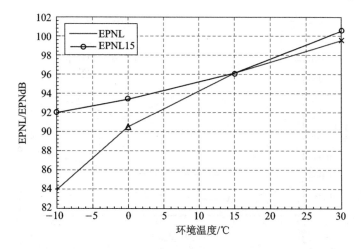

**图 5.11　不同环境温度条件下，第 2 控制点 (6.5 km) 预测的
有效感知噪声水平 (EPNL) 与国际标准大气 (ISA) 条件 (EPNL15)
及不同温度下计算的轨迹之间的差异**

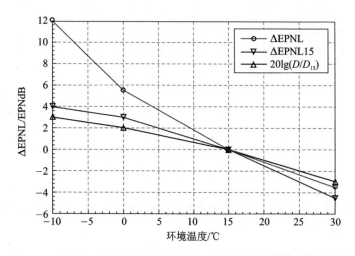

**图 5.12　预测二号监控点的有效噪声感应声级 (EPNL) 与国际标准
大气压 (ISA) 条件下的差异 (文中对曲线 $20\lg(D/D_{15})$ 进行了解释**

　　这一节的主旨是在计算机场周围的噪声水平时，需要考虑某些运行因素的影响。此外，如果这些计算与噪声分区和土地使用规划有关，则必须考虑到可能出现的最坏情况。它们将对应于飞机运动的最高强度、飞行中可能的最大重量和最高的环境温度（即一年中最热的季节）。然而，在比较不同机场和其他运营情况的计算结果时，必须使用 SA 条件。

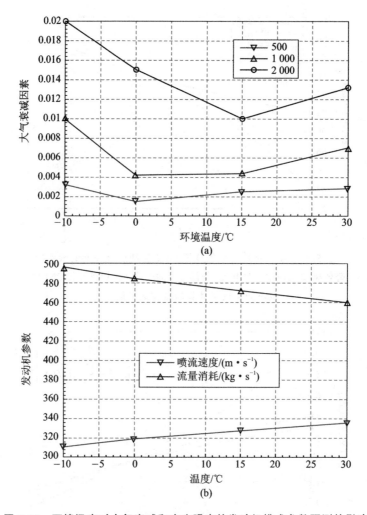

图 5.13　环境温度对大气衰减和产生噪声的发动机模式参数预测的影响

5.3　起飞和爬升

各种操作因素可能会影响低噪声程序的有效性。一般采用 90 EPNdB 噪声轮廓面积 S_{90} 作为噪声控制有效性的标准。此外，我们也会考虑控制点 2 号及 3 号[4] 的噪声声级、燃油消耗量及飞行中空气污染的等效排放质量。

噪声影响区域和噪声半径 R_n 与飞行参数的相关性模型（第 4 章）可以预测飞行轨迹参数变化所导致的噪声影响的变化。这些预测的分析用于确定最佳的飞机爬升轨迹，以减少噪声的影响。首先，降噪的程度主要由发动机瞬间减速的程度和飞机的高度、飞行速度以及飞机的气动构型决定。发动机风扇转子的旋转频率 n 是发动机节流影响的重要参数。

气动构型(即襟翼收放角)的影响取决于以下因素:

- (飞行中)清洁的气动构型(襟翼角为 0):飞机在飞行中的气动质量 K 高于起飞时(几乎是起飞时的两倍),因此,在飞行气动构型下飞行轨迹倾角 θ 和飞行高度 H 增加更快,即便考虑到比最低安全速度仍大于 30%~35% 这一事实后。

- 飞行中发动机的节流程度比起飞时高,因此,为了在飞行路径下的噪声控制点或噪声控制区达到更大的降噪效果,有必要在满足飞行安全要求的同时,采用"更清洁"的气动构型。

假设沿着轨迹线,飞机运动的参数约为常数,然后在第 4 章中的表达式(4.15)中沿着轨迹部分 (X_{begin}, X_{end}) 的表面积测定 ΔS 为

$$\Delta S_k = \frac{R_n^2}{\sin\theta}\left[\frac{\pi}{2} - \arcsin\left(\frac{X_H \sin\theta}{R_n}\right)\right] - X_H\sqrt{R_n^2 - X_H^2\sin^2\theta} \tag{5.1}$$

最终坐标 X_{end} 由下式确定:

$$x_k = \frac{(R_k v_k)_{nom}}{\sin\theta_k v_k}$$

其中 $(R_k v_k)_{nom}$ 为当前飞行阶段噪声半径与飞行速度的乘积(在正常情况下,发动机工作模式是正常的)。

飞行控制参数 n 变化引起的面积 S 变化由导数 dS/dn 估计,公式如下:

$$\frac{dS}{dn} = \left(\frac{2R_n}{\sin\theta}\frac{dR_n}{dn} - \frac{R_n^2}{\sin^2\theta}\frac{d\sin\theta}{dn}\right)\left(\frac{\pi}{2} - \arcsin\frac{X_i\sin\theta}{R_n}\right) -$$
$$\left(1 - \frac{X_i^2\sin^2\theta}{R_n^2}\right)^{-1/2}\left(\frac{R_n X_i}{\sin\theta} - \frac{X_i^3\sin\theta}{R_n}\right)\frac{d\sin\theta}{dn} \tag{5.2}$$

在表达式(5.2)中,导数是由 $d\sin\theta/dn = dT/dn(1/G)$ 得出来的,其中 G 是飞机的重量。导数 dR/dn 的值根据噪声半径与发动机转速之间的关系确定,如图 4.9 所示。因为 $dR_n/dn \gg d\sin\theta/dn$,值是正导数(即 $dS/dn > 0$)。因此,引擎减速后,区域面积 S 肯定减小。

起飞和爬升飞行模式的 dR_n/dn 导数值(图 4.9)远大于 dR_n/dv 的导数值(图 4.10)。对于飞行模式下气动构型的飞机,噪声半径 R_n 的绝对值小于下降的飞机(图 4.9)。除了噪声半径的估值外,还需要考虑周围的大气条件,例如温度(5.2 节)。

发动机的持续时间减少过程是由 $\Delta t_{cutback}$ 确定的,它由下式确定:

$$\Delta t_{cutback} = \left(\frac{R_{n,nom}}{\sin\theta} - X_i\right)\frac{1}{v} \tag{5.3}$$

其中 $R_{n,nom}$ 是发动机正常设定时的噪声半径,用于飞机进一步爬升阶段,引擎允许减少的程度 $\check{T}_{cutback}$ 由飞机的气动效率 K 和爬升角的安全价值确定,$\tan\theta_\delta = 0.04\sim 0.05$:

$$\check{T}_{\text{cutback}} = \left(\tan\theta_\delta + \frac{1}{K}\right)G \qquad (5.4)$$

导数 dS/dv（其中 v 为飞机飞行速度）为负；因此，随着飞机飞行速度的增加，噪声轮廓面积 S 的值减小，该导数的数值大于对发动机转速 dS/dn 的导数（即 $|dS/dv| > |dS/dn|$）。认为在高度爬升阶段，飞机飞行速度的范围很小，在这个阶段内 Δv 不超过 $20\sim40$ m/s。因此，飞行速度的增加造成的噪声轮廓面积的减小 ΔSv，远远低于引擎造成的 ΔSn 的减小。此外，飞行速度的增加通常是连续的，由飞行阶段的平均加速度 a 来定义。因此，为了达到最大的发动机减排量，为了降低飞行轨迹下的噪声，需要爬升来实现最小允许飞行速度（这是受飞行安全条件限制的）。

爬升飞行路径下发动机减速对控制点噪声水平影响的研究已经得以开展[11]。这表明存在一个在最佳时刻的将发动机模式传递到发动机的减速设置。使用验证过的模型可以进行类似的研究，以确定发动机开始减速对面积 S 产生的影响。图 5.14 是图-154 飞机到控制点纵向距离的预测依赖关系。

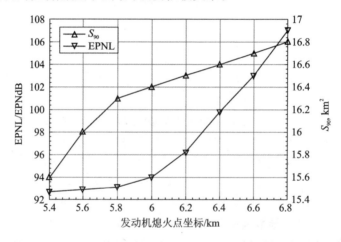

图 5.14 起飞和爬升过程发动机减速点到控制点的纵向距离对噪声影响准则的预测的影响

通过对已有程序（飞机最大起飞重量超过 10 个 EPNdB）的优化实施，控制点的噪声水平（EPNL）得到了很大的降低。引擎减速最佳时刻的依赖性分析认为，噪声水平（PNL）点的噪声控制飞机飞行位置路径（表达式见第 4 章（4.19））。如果 l_{10} 代表飞行路径的距离，所产生的噪声水平减少 10 dB（10 dB LA 或 10 PNdB PNL）和假设噪声水平的最大值在大约 l_{10} 中间的位置被测量到，其边界由式（4.19）可得：

$$\left(\frac{l_{10}}{2R_n}\right)^2 = 10^{\frac{1}{1+0.5\delta}} \qquad (5.5)$$

其中，δ 是空气吸声造成的衰减。

l_{10} 边界对应的时间边界 t_1、t_2 由式（4.19）确定。根据减速模式下发动机过渡时间和飞行高度对 l_{10} 值的影响，发动机减速启动的最优目标时间 t_1 在 (t_1, t_2) 区间内。如果目的是减小面积 S，引擎减速执行后必须收回襟翼。然而，相比噪声控制点

EPNL 最小值对应的最佳减速时刻,这将意味着在 2 号噪声控制点的 EPNL(6 500 m)将比 $m{\leqslant}2.5$ 的大涡扇发动机飞机大 6 EPNdB,比 $m{>}2.5$ 涡扇发动机的大飞机大 2～3 EPNdB。

　　飞机在飞行路径下的降噪取决于起飞重量。5.1 节分析了飞机重量对起飞时噪声水平的影响。降低起飞重量相当于增加飞机的推重比,从而导致沿跑道滑行距离的减小和爬升坡度的增加。爬升速率的增加减少了爬升时间,增加了飞机在噪声控制点上空的飞行高度。飞机起飞重量对噪声预测的影响如图 5.15 所示。

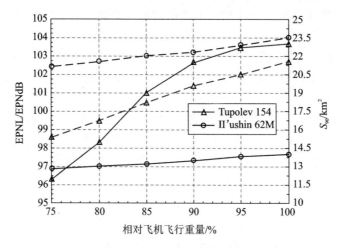

图 5.15　在假设正常运行模式下,起飞重量对爬升过程中
航迹下噪声预测的影响(图-154、伊尔-62M)

　　假设飞机按照飞机操作手册的每个要求进行爬升。对于所有考虑的飞机,在考虑的标准中都有一个典型的下降,对应于起飞重量的下降。对于图 154 和伊尔-62M 的最大重量来说,控制点的 EPNL 急剧增加,因为在这种情况下,发动机削减到标称模式是在噪声控制点附近执行的。一般情况下,与最大值相比,飞机重量的降低可以使 $m{\leqslant}2.5$ 涡扇发动机的飞机最多减少 6 个 EPNdB,而 $m{>}2.5$ 涡扇发动机的飞机最多减少 4 个 EPNdB(图 5.15)。这些结果表明,限制飞机起飞重量可以有效地降低飞行路径下的噪声。

　　飞机重量的减少意味着增加爬升梯度 $\mathrm{tg}\,\theta$,因此,允许引擎减速的程度可以更大(见方程(5.4)),也可以降低飞行路径下的噪声水平。飞机重量在操作范围内的变化会导致推重比减小,爬升阶段比率 $\Delta\tau$ 在 25%～30% 之间。额外的引擎减速,紧接着推重比增长,导致相对转子频率 Δn 在 0.07～0.09 之间。依照 $R_\mathrm{n}=f(n)$ 的关系,其中一个例子是显示在图 4.9 中,相关的降低噪声 ΔR_n 半径是 400～500 m。根据图 4.8 的关系分析,涵道比 $m{\leqslant}2.5$ 的涡扇飞机的 EPNL 会降低 4～5 EPNdB,涵道比 $m{>}2.5$ 的涡扇飞机的 EPNL 会降低在 2～3 EPNdB。

　　导数 $\mathrm{d}\sin\theta/\mathrm{d}n=\mathrm{d}T/\mathrm{d}n(1/G)$ 的增加相应地减小飞机的重量。因此,表达式

(5.4)中的第二项(负数)增加,第一项减少。同理,导数 dS/dn 随着起飞重量的减小而减小,噪声轮廓面积 S 也减小。因此,产生的最小飞机重量和最大发动机削降噪声轮廓将是最小的。

图-154 和伊尔-62M 飞机的操作手册中,推荐使用与低起飞重量相对应的发动机操作模式。图 5.15 为图-154 和伊尔-62M 飞机在爬升过程中,使用正常发动机设置时,起飞重量对噪声的预测影响。

噪声轮廓面积 S_{90} 预计增加 $10\%\sim15\%$,燃料消耗将增加 $15\%\sim20\%$,噪声控制点的 EPNL 预计增加 $2\sim3$ EPNdB,发动机排放等效质量预计减少 5%,噪声轮廓面积 S_{100} 预计减小 $40\%\sim50\%$。这些结果表明,使用标称操作模式的发动机起飞,虽然可以有效地延长发动机的使用寿命,轻微地减少排放,减小 S_{100} 的轮廓面积,但并不是降低飞机噪声影响的有效方法,因为噪声轮廓面积 S_{90} 随着油耗的增加而增加。

与以 $v=v_2+5.5$ m/s 的最小恒定速度移动的飞机相比,飞机的组合加速度 a 和引擎减速降低了噪声轮廓面积缩小量 ΔS 的有效性。在这种情况下有必要增加发动机推力,根据 $\Delta R_{nn}=dR_n/dn\,\Delta n$,这就意味着噪声半径的增加。本案例中发动机减速模式的飞行时间由式(5.6)确定,与式(5.3)不同:

$$t=\frac{1}{a}\left[\sqrt{\left(v_0+\frac{dR_n}{dv}\frac{a}{\sin\theta}\right)^2+2a\left(\frac{R_n}{\sin\theta}-x_H\right)}-\left(v_0+\frac{dR_n}{dv}\frac{a}{\sin\theta}\right)\right] \quad (5.6)$$

根据 $\Delta R_{nV}=dR_n/dV\,\Delta V$ 可知,增加飞行速度意味着减少噪声半径,由此产生的整体噪声半径的变化是正的 $\Delta R_n=\Delta R_n+R_v>0$。因此,加速降低了发动机减速的效率。此外,因为爬升角 θ 的减小,飞行加速度减少了爬升率,这是由加速度直接确定的:$\sin\Delta\theta=a/g$。噪声轮廓面积 S_{90} 预计增加 $10\%\sim20\%$,具体取决于飞机起飞重量与 S_{90} 最小值的比值。S_{90} 的最小值在以飞行速度 $v=v_2+5.5$ m/s 的爬升阶段出现,假设发动机最小推力下的飞机加速度速度 $v=v_3+20$ m/。同样的,降低飞机噪声冲击的最有效方法(小涵道比 $m\leqslant2.5$ 的涡扇发动机)是飞机以恒定的飞行速度 $v=v_2+5.5$ m/s 爬升,并将发动机减到最小允许推力。使用与这些爬升条件相对应的最佳飞行参数,这意味着该这个飞行阶段的燃油消耗增加(见图 5.16)。

这些预测是在假定气象条件符合 ISA 要求的情况下作出的。对运行因素影响的分析(5.1 和 5.2 节)表明,空气温度对飞机性能和噪声特性有本质的影响。因此,研究爬升过程中发动机减速降噪与空气温度的关系具有重要的现实意义。

预测表明,飞机噪声对温度的依赖不仅仅是声衰减随大气温度变化的结果(见图 5.13)。因此,对于一个给定的飞行轨迹,温度 $15\sim30$ ℃范围内噪声水平的梯度变化小于对应温度 $0\sim15$ ℃范围内的变化,尽管飞机对控制点的飞行高度变化大致相同(如图 5.12 中的 ΔD_0)。

因为飞机空气动力效率很大程度上取决于空气温度,发动机的允许减速的程度是确定的,最重要的是爬升角 θ_δ 的安全值(5.4 节)。飞机类型对应的预测如图 5.10～

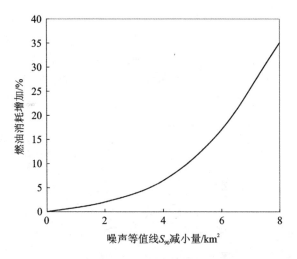

图 5.16　随着发动机减速,油耗增加,对应噪声轮廓面积减小

5.13 所示,引擎减速的程度或推重比改变的比例 τ 不同于正常发动机模式下的推重比。0.138、0.127、0.105 和 0.041 的推重比遵照下列温度和发动机模式:温度在 $-10\sim0$ ℃ 之间的为 40%;15 ℃ 为 60%;30 ℃ 为最大巡航。所列振型的噪声半径 R_N 分别为 343、392、513 和 740 m。对于发动机的正常设置和所列的温度,噪声半径等于 687、810、1 017 和 913 m。同样地,随着空气温度的升高,如果效率仅由噪声半径决定,发动机的减速效率将降至 18%,而最大效率为 55%(对应 0 ℃)。考虑所有轨迹参数和控制表面上方的飞行高度,观察到的最大效率出现在考虑范围内的最低温度(即 -10 ℃,噪声轮廓面积缩小 ΔS 预计达到 46%)。最低效率预计在 30 ℃(噪声轮廓面积缩小 ΔS 预测是 16%)。

5.4　下降和着陆

在向下滑翔飞行时,飞机的飞行参数近似为常数,因此噪声影响面积 S 的定义比式(4.15)简单,其定义是:

$$S = \frac{\pi}{2} \frac{R_n^2}{\sin|\theta|} \tag{5.7}$$

对式(5.7)的分析表明,飞机下降轨迹下的噪声水平可以通过以下方法降低:

(1) 增加滑翔斜率 θ;

(2) 改变飞机空气动力学构型;

(3) 增高着陆时的飞行速度。

改变飞机的空气动力构型可以减少必要的发动机推力,从而减少飞机动力装置产生的噪声和机身噪声。

采用低阻力构型着陆是建议的降噪方法之一[12]。其主要特点是利用中间襟翼偏转角度。这需要更小的发动机推力，并允许增高飞行速度，从而减少滑翔飞行的时间。

飞机着陆前下降阶段，减少噪声影响的另一种方法是基于发现的最优滑翔角 θ。最大滑翔角约为 $6°$，限制了所有类型飞机着陆时的噪声影响（见图 5.17）。

噪声控制的另一种可能性是使用两段滑翔，滑翔的外部段（outer）最大角度为 $6°$，内部段（inner）的角度为 $2.7°$。

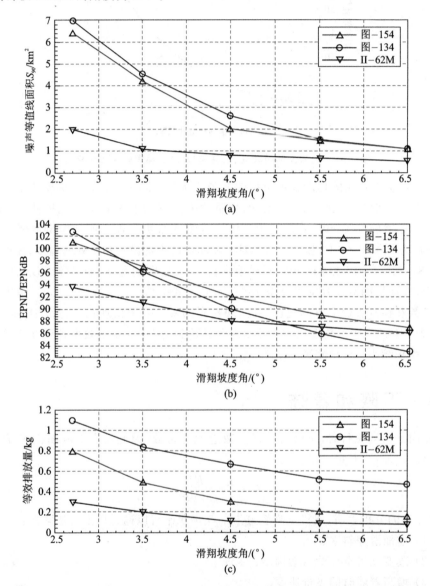

图 5.17 噪声影响准则对滑翔坡度角 S_{90} 和有效感知噪声水平（EPNL）的依赖关系

降噪取决于两段滑翔之间的过渡高度 H_{int}。噪声轮廓面积 S 与过渡高度 H_{int} 的关系如下式所示[12]：

$$S = H_{int}\left(\cot\theta_1\sqrt{R_1^2 - H_{int}^2\cos^2\theta_1} - \cot\theta_2\sqrt{R_2^2 - H_{int}^2\cos^2\theta_2}\right) +$$

$$\frac{R_1^2}{\sin\theta_1}\arcsin\frac{H_{int}\cos\theta_1}{R_1} - \frac{R_2^2}{\sin\theta_2}\arcsin\frac{H_{int}\cos\theta_2}{R_2} \qquad (5.8)$$

其中下标 1 和 2 分别对应滑翔的内、外段。

两段进场之间的推荐过渡高度是由安全要求决定的,其中包括着陆前 120 m 以下高度的飞行速度必须接近恒定。由(5.8)计算可知,对于 $H_{int}=200$ m,在 6°的单段下滑斜率下,噪声轮廓面积 S_{90} 是对应面积的 3 倍。

在接近地面和着陆过程中,另一个控制潜在的噪声的方法是优化滑翔飞行中的发动机运行模式,降低飞行速度。与正常的匀速飞行相比,可以在滑翔坡的起始点增加飞行速度,然后进行必要的减速,以保证着陆前,在 150~120 m 以下的高度能达到要求的速度。减速是由适当的发动机推力值提供的,发动机推力必须小于"平稳"飞机以恒定速度近地所必需的推力。它可以表示为控制发动机的旋转频率 n(参数代表发动机推力)和迎角 α,获得一个大约的持续飞行减速的飞行路径。

必须确定进入下降滑翔的初始飞行速度 v,飞机减速,越过跑道前缘的飞行速度 v_{fe} 符合操作手册的要求(即 $v = v_{fe} + at$)。

其中,减速飞行模式的噪声半径 $R_{n,dec}$ 相比匀速飞行的噪声半径 $R_{n,st}$ 的变化由下式确定:

$$\Delta R_n(t) = \frac{dR_n}{dn}\Delta n_j + \frac{dR_n}{dv}\Delta v \qquad (5.9)$$

图 5.18 中曲线 1 和 2 显示了一架图-154 飞机(Gnoc=75 t)在不同的发动机模式 $n_{dec} = n_{st} - \Delta n_j$ 下的噪声预测半径值(线条 3 对应 $R_{n,st}$ 的值)。

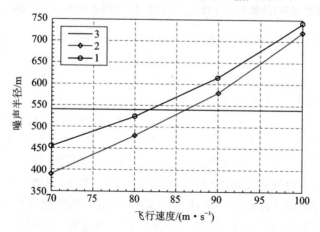

图 5.18　预测了图-154 飞机($G_{noc}=75$ t)在不同发动机模式下的噪声半径(曲线 1 和 2)与匀速飞行值(直线 3)的相关性

通过工作模式范围内探索允许的发动机转子旋转频率(n_i)空间,找到这种工况下飞机下降的最佳下滑斜率。迎角 α 已经被选定，所以在飞行期间，当前引擎运行模式和迎角提供必要的减速。搜索结果表明，最优值 n_{opt} 在 $[n_0, n_{st}]$ 范围内，预测噪声半径小于 $R_{n,st}$（见图 5.18）。发动机转子旋转频率 n_0 对应的是发动机运行模式，该模式下平均噪声半径沿飞机飞行轨迹的增加是零。最优发动机工况下的噪声预测半径不超过 $R_{n,st}$，飞行速度 v_n 下的初始值为 $R_{n,st}$（见图 5.18 中曲线 1）。最佳的发动机运行模式由经验关系确定：

$$N_{opt} = n_{st} - \Delta n_{opt}, \quad \Delta n_{opt} \cong 0.7(n_{st} - t_0)$$

图 5.19 为图-154 飞机（$G_{desc} = 80\ t$）滑翔下降过程中噪声轮廓面积与发动机工作模式的关系。最佳飞行模式的减速值约为 $-0.1\ \mathrm{m/s^2}$

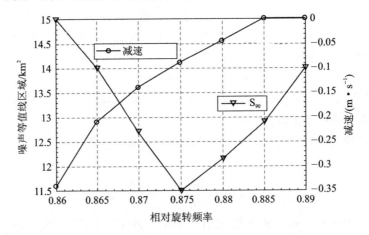

图 5.19 图-154 飞行减速与发动机对应的旋转频率（即最大工况对应的旋转频率）的关系及其对 S_{90} 噪声等高线面积的影响（$G_{desc} = 80\ t$）

然而，在滑翔下降过程中，最佳飞行速度减速程序的有效性取决于噪声轮廓面积的减少量（10％～25％）取决于飞机类型和着陆质量。只有当恒速下降 n_{st} 的旋转频率位于发动机模式域，且 $\mathrm{d}R_n/\mathrm{d}n$ 有最大值（即在 $n > n_{tr}$ 处；见图 4.9）。当 $n < n_{tr}$ 时，$\Delta R_{n,dec}$ 将主要取决于飞行速度。因此，它具有正值，所以在给定的发动机工作模式下，考虑的噪声轮廓面积必须始终大于恒速下降时的值。计算结果表明，对于 $G_{landing} < 65t$ 的图-154 飞机、$G_{landing} < 35t$ 的图-134 飞机、任意着陆质量的伊尔-62M 飞机（其他高涵道比涡扇飞机也是如此），着陆前减速下降的降噪效果不明显。此外，减速程序在飞机中级气动构型下降期间的降噪效果不明显，例如用于起飞。

上述飞机着陆前下降阶段的最佳飞行程序，适用于距离跑道开始端 10～12 km 的部分轨迹。这些部分完全确定了 90 EPNdB 的噪声轮廓（即面积 S_{90}）。然而，重要的是要能够评估飞机的噪声，并考虑优化飞行程序，以便降低距离跑道较远的地方（例如长达 20 km）的噪声。[12] 以一架图-154 飞机为例考虑有关调查结果。

在正常飞行操作中，在距跑道开始端 8～20 km、高度 400～600 m 的飞行"圆"内，放下起落架和襟翼，并将飞行速度降低到规定的着陆值。沿着'圆'的水平飞行阶段的发动机运行模式高于下降阶段。例如,图-154 采用 0.7 正常模式,而不是按照飞机操作手册的 0.6 正常模式。这些水平飞行阶段的噪声水平在 80~95 EPNdB 之间,根据飞机类型和着陆质量而定。为便于后续研究,取高度 $H = 600$ m 的"圆"作为初始值。

与初始轨迹相比,最简单的降噪程序是在更大的飞行高度开始向下滑行[12]。目前,这种方法被称为连续下降法。例如,假设 $H_{circle} = 900$ m。假设在这个高度着陆配置已经完全设置好,飞机继续以恒定速度下降($v = 1.3v_S$)。飞机飞行路径下的噪声声级降低 6~8 dB。但是 S_{80} 噪声轮廓(由于轮廓 90 EPNdB 很小,所以考虑了 EPNL = 80 EPNdB 的轮廓)变得难以理解,边界比初始变量大。另一方面,使用飞机飞行构型下降到 400 m 的高度,及随后沿着轨迹段 400 m 和 200 m 的高度襟翼偏转到着陆位置,能使轨迹的噪声水平下降 20 EPNdB。此外,S_{80} 噪声轮廓面积减少 60% ~ 65%,S_{90} 噪声轮廓面积减少 25% 和等效质量的空气污染减少 50% ~ 55%。这些结果对确定减少噪声控制点或整个噪声控制区的噪声的推荐操作非常重要。

第 6 章

噪声源的降噪

6.1 动力装置的降噪

飞机产生的噪声取决于飞机类型和发动机的声学性能。影响飞机噪声特性的基本参数有质量、推重比、机翼气动载荷、飞机的空气动力学特性和飞机动力装置的类型。

不同的降噪方法之间存在着相互关系,包括噪声源的降噪、飞机性能特征的改变以及操作流程的优化。

风扇和涡轮是涡轮喷气飞机发动机上产生纯音和宽带噪声的主要部分。相比于其他的飞机推进系统,高涵道比涡扇发动机的噪声最具典型性。当涡扇叶片尖端的转速为亚声速时,噪声频谱中的音调与叶片通过频率及其谐波相对应。当叶片尖端达到超声速时,由于叶片上出现的激波,噪声频谱中会出现额外的多个纯音。噪声频谱的宽带分量是非稳定流动的结果,包括流入湍流和由于叶片结构引起的非稳定流动。所以涡扇发动机的远场噪声频谱是几种影响的总和,包括叶栅上的不稳定空气动力学以及噪声的产生,发动机管道中噪声沿上游和沿下游的传播,声波在叶栅、发动机入口和后部的反射和散射。

针对涡扇发动机的现代降噪方法包括:循环的优化(优化涵道比、风扇压力比、减速),采用先进的风扇叶片和风扇出口导向设计,进气口和风扇的气动声学设计,低噪声喷嘴设计,被动和主动的衬层,主动噪声控制和边界层控制。相对传统的噪声源降噪方法包括风扇叶片间距的优化、进口导叶的删减、最低风扇叶片尖端速度的调整、嵌接进口的设计、发动机叶轮的"气动清洁度"以及声学衬层的设计。被动和主动衬层增加了发动机管道的传输损耗。通过人字形喷嘴的设计和排气喷嘴喷射器的优化可以有效降低射流噪声。降噪设备的应用取决于设备的重量、制造限制、成本以及维护要求。

　　螺旋桨是涡轮螺旋桨发动机噪声的主要来源。螺旋桨叶片尖端的速度是一个重要的参数,降低叶尖速度可以有效降低噪声。当叶尖转速较小时(小于 240 m/s),增加桨叶数量可以降低螺旋桨噪声。减少螺旋桨叶片的厚度可以降低厚度噪声。大直径、多叶片、大掠形的设计也可以降低噪声。在增加螺旋桨直径的同时减少叶片尖端速度可以降低负载噪声。在螺旋桨较少的飞机上,机场内的噪声水平可以通过调整机身两侧螺旋桨的相位关系来降低,这种效应被称为同步相位。这是一个声学干扰起到积极作用的例子,即让两个具有相反相位的声信号互相抵消从而达到降噪的目的。

　　正如本书第 1 章所述(详见第 4 页飞机降噪方法清单),降噪方法可以在设计、制造、运行和维修的任何阶段实现。图 6.1 为飞机在设计阶段的降噪系统。这种活动的目的是在满足成本效益评估和飞机安全操作的前提下,最大程度地降低的噪声。

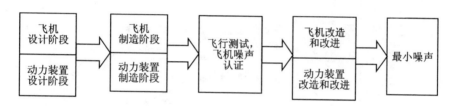

图 6.1　一种飞机降噪方法的示意图

　　通过在飞机的设计阶段考虑噪声,可以获得相应的喷气噪声、风扇噪声、涡轮噪声、燃烧室噪声和核心噪声的信息。这些信息可以用于计算特定飞机配置的噪声水平并评估飞行期间的噪声水平。下一步是考虑安装效果、飞行运行方式的影响和对传播效应进行估计,从而预测出三个认证点的机身噪声和飞机噪声。之后,可以根据经济性(制造和维修成本、重量、阻力、燃料消耗)、动力装置、飞机技术、飞机维护性能和飞行安全等方面来对各种降噪措施进行评估。降噪必须与飞机的其他要求保持兼容,飞行安全一直是航空运输发展的首要任务。

　　具有涡扇发动机的飞机是一种复杂的噪声源,必须采用综合方法来降低其噪声。这种方法的主要目的是在噪声源的降噪效果与飞行路径下可实现的降噪效果之间达到平衡。例如,我们计算了一架 Il'ushin-86 飞机涡扇发动机进气道位置的噪声处理效果。

　　假设在一台涡扇发动机进气道安装某种吸声材料后,可以将纯音和宽带噪声降低 5 dB。图 6.2(a)是未进行声学处理的 Il'ushin-86 飞机降落时的噪声指向性图,图 6.2(b)是在进气道壁面上安装吸声衬层后的噪声指向性图。

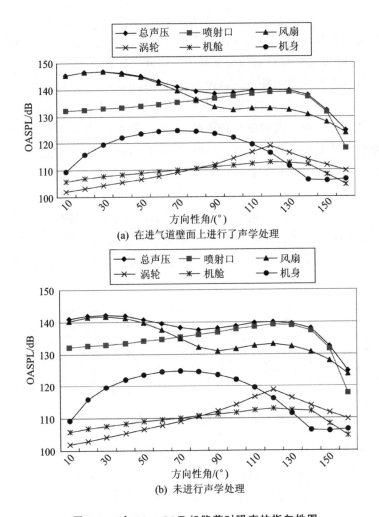

(a) 在进气道壁面上进行了声学处理

(b) 未进行声学处理

图 6.2　Il'ushin - 86 飞机降落时噪声的指向性图

这里对发动机前方噪声辐射水平的降低做出了预测，预测效果如图 6.3 所示。这里的降噪预测效果是管道内风扇噪声传输损耗增大的结果。未经处理的高频噪声（图 6.3(a)）大于经过声学处理的（图 6.3(b)）。对于这架 Il'ushin - 86 飞机来说，进行声学处理后，其在 3 号控制点（距离跑道 2 000 m）的噪声降低的预测值 ΔEPNL 为 2.1 EPNdB。

在高涵道比的发动机上，声学处理可用于进气道、外涵道以及管道衬层。图 6.4 为一架经过声学处理（在其涡扇发动机的进气道、外涵道和机舱位置安装有噪声吸收衬层）的 Yakovlev - 42 飞机的预测噪声指向性图。以上三种声学处理方法的预测效果均为 5 dB。其中在进气道安装消音衬层（方法 1）的预测降噪效果如图 6.4(b)所示，在进气道及外涵道内安装消音衬层（方法 2）的预测降噪效果如图 6.4(c)所示，在

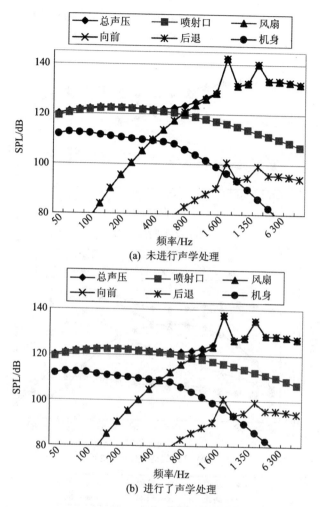

图 6.3 在发动机进气道未进行声学处理的和进行了声学处理的
Il'ushin - 86 飞机在风扇噪声辐射最大的方向的预测噪声频谱

进气口及外涵道内安装消音内衬和合并流道(方法 3)的总体预测降噪效果如图 6.4
(d)所示。

图 6.5 中展示了一架具有高涵道比发动机的 Yakovlev - 42 在降落飞行时,以上
三种降噪方法的声谱预测。按照预测,方法 1 可以减少风扇正向的噪声辐射(见
图 6.4(b)),方法 2 可以降低前后两个方向的风扇噪声辐射(见图 6.4(c)和 6.5(c)),
方法 3 可以降低风扇和涡轮的噪声辐射(见图 6.4(d)和图 6.5(d))。

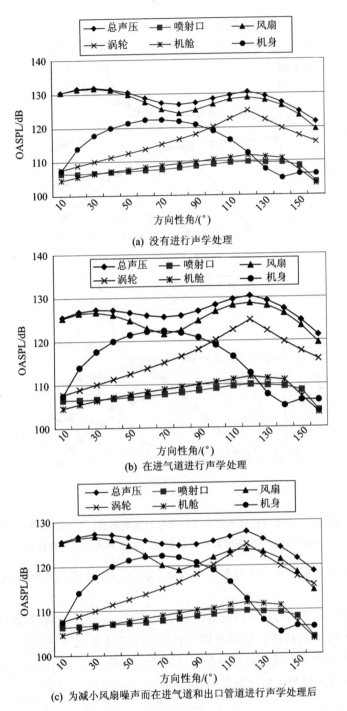

(a) 没有进行声学处理

(b) 在进气道进行声学处理

(c) 为减小风扇噪声而在进气道和出口管道进行声学处理后

图 6.4　Yakovlev－42 型飞机($m＝4$,内外函涡喷发动机)降落时的预测噪声指向性图

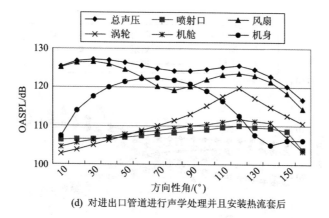

(d) 对进出口管道进行声学处理并且安装热流套后

图 6.4　Yakovlev - 42 型飞机($m=4$,内外函涡喷发动机)降落时的预测噪声指向性图(续)

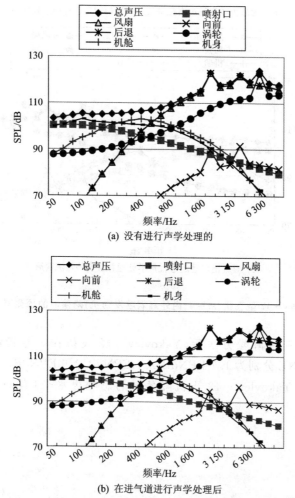

(a) 没有进行声学处理的

(b) 在进气道进行声学处理后

图 6.5　Yakovlev - 42 型飞机($m=4$,内外涵涡喷发动机)降落时的预测噪声频谱图

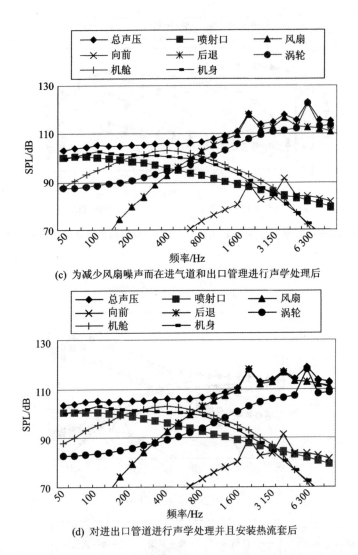

(c) 为减少风扇噪声而在进气道和出口管理进行声学处理后

(d) 对进出口管道进行声学处理并且安装热流套后

图 6.5　Yakovlev－42 型飞机(m＝4,内外涵涡喷发动机)降落时的预测噪声频谱图(续)

在引入以上三种降噪方法后,Yakovlev－42 飞机在 3 号控制点(距离跑道 2 000 m)的 ΔEPNL 分别为 1.7 EPNdB,2.7 EPNdB,2.9 EPNdB。图 6.6 为装有高涵道比发动机的 Yakovlev－42 飞机降落时的总噪声水平(有效感知噪声水平:EPNL)。

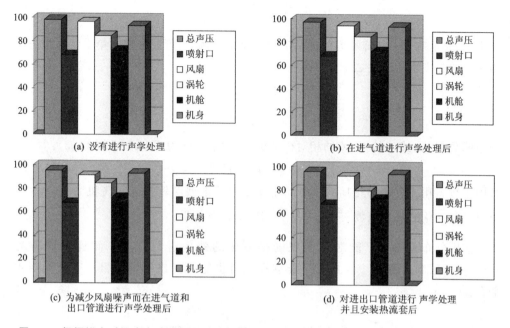

图 6.6　根据拟定对涡扇发动机进行的声学处理,每种声源对有效感知噪声水平(EPNL)的影响

6.2　飞行路径下及机舱内的降噪

　　声源噪声的降低导致了飞行路径下和机舱内噪声的降低。如果分布函数 P_j 代表第 j 种降噪方法的相对贡献(在飞行路径下和机舱内的某一区域),那么等效连续声级可以表示为

$$L_{\mathrm{Aeq}} = 10\lg\left(T_0^{-1}\sum_{j=1}^{N}\tau_{ej}10^{0.1L_{\mathrm{AMAX}_j}}\right) \tag{6.1}$$

其中 T_0 表示观测时段;有效时间 τ_{ej} 由 $\tau_{ej}=K(D_{0j}/v_{Fj})$ 定义,涡喷发动机 $K=3.4$,涡桨发动机 $K=2.5$,D_{0j} 为第 j 种降噪方法到飞机的最短距离,v_{Fj} 表示飞机的飞行速度;L_{AMAX_j} 表示第 j 种降噪方法飞行路径下区域的最大噪声水平;N 是降噪方法的总数。在选定区域内,式(6.1)可以被改写为

$$\sum_{j=1}^{N}\tau_{ej}P_j10^{0.1\Delta L_j}=1 \tag{6.2}$$

其中 $\Delta L_j=L_{\mathrm{AMAX}_j}-L_{\mathrm{Aeq}}$,$L_{\mathrm{Aeq}}$ 表示目标等效噪声水平。假设第 j 种降噪方法的效果由机舱内的噪声减少量 δL_j 表示。飞机机舱内所需的降噪总量可以表示为

$$\delta L = \sum_{j=1}^{N}P_j\delta L_j \tag{6.3}$$

这里我们将系统的熵用以下形式引入:

$$S_P = \sum_{j=1}^{N} P_j \left(1 + \ln \frac{v_j}{P_j}\right) \tag{6.4}$$

其中 v_j 表示对第 j 种降噪方法评估的先验概率。例如，可以根据与第 j 种降噪方法相对应的起飞增加重量 Δm_j 来评估 v_j：

$$v_j = \frac{\Delta m_j^{-1}}{\sum_{j=1}^{N} \Delta m_j^{-1}}$$

分布函数 P_j 由式（6.4）中熵的相对极值定义，约束条件为式（6.2）和式（6.3）：

$$P_j = v_j \exp(-\lambda \tau_{ej} T_0^{-1} 10^{-0.1\Delta L_j} - \beta \delta L_t)$$

其中系数 λ 和 β 由式（6.2）和式（6.3）定义。以某重型涡轮螺旋桨飞机为例，表 6.1 给出了归一化的分布函数 $\bar{P}_j = P_i / \sum_j P_j$ 的计算结果。

使用分布函数 $\bar{P}_j$ 能对可实现降噪方法的效率进行排序。而且需要满足式（6.2）的限制以便 $\delta L_j^* = P_j \delta L_j$ 能够在飞机机舱内提供给定的目标等效噪声水平 L_{Aeq}。

6.3　在发动机测试时使用消声器

为了保证当地居民免受强烈噪声的影响，机场的发动机测设设施应该把噪声水平降低至与其稳定运行参数相对应的测试水平。为实现这种目的，消声器需要应对高速射流、高温废气、声源影响的范围（通常是发动机出口喷嘴射流直径的 8～10 倍），各种噪声频谱和噪声水平取决于飞机上射流源的位置。通常，涡扇发动机上使用的消声器成圆柱形，其直径是射流直径的 2 倍。图 6.7 显示了以下类型的消声器：1—喷射器型；2—包含叶片装置的；3—包含强制混合附加空气质量的；4—腔内消声器；5—多喷嘴消声器。

通过选择吸声材料的特性，可以使吸声系数的最大值接近最大射流噪声的频率。由于在与射流的空气相互作用期间降低了射流速度梯度，消声器还可以减少涡扇喷气发动机的噪声。在发动机测试消声器的优化设计中，排气处的射流噪声能量不能超过主射流的噪声能量，而且需要减弱消声器中的射流噪声。由于消声器出口处的射流速度是噪声产生的决定参数，所以需要通过扩散器来降低速度。一些消声器使用的是网状筛网，安装在距喷嘴一定距离的位置。网状筛网的作用是将大漩涡打破成小的漩涡。这意味着将射流频率由低频转换为高频，而高频噪声可以被消音衬层更好地衰减。管状扩散消声器利用了对噪声的主动影响原理，降低了扩散器中的流速，再加上吸声材料的效果，可以将噪声降低约 30 dB[1-3]。

表 6.1 所列为（重型涡浆飞机）几种降噪方法的效果评估。

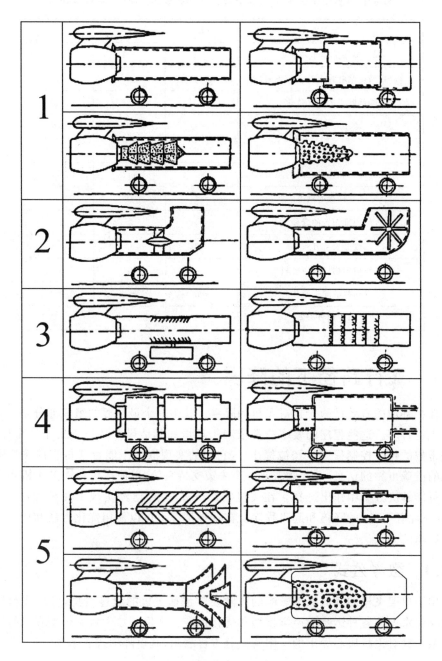

图 6.7　几种典型的机场消声器

表 6.1 （重型涡桨飞机）几种降噪方法的效果评估（$\delta L = -31.9$ dB）

减噪方法	δL_j	ΔL_j	$\bar{P}_j$
降低螺旋桨叶尖速度	-2	-1	0.012 6
降低螺旋桨叶片上的空气负荷	-4	-3	0.025 7
降低叶尖的空气负荷	-2	-1	0.125 7
减小叶尖厚度	-4	-3	0.025 7
叶片扭曲	-2	-1	0.125 7
增加螺旋桨和机身之间的距离	-4	-1	0.509 7
改变面板的刚度	-4	0	0.025 4
客舱内部布置的合理化	-4	0	0.050 8
改变质量分布	-2	0	0.006 3
在机舱内增设吸声材料	-4	0	0.010 1
发动机的同步定相	-5	-3	0.031 2
使用主动吸声器	-5	0	0.051 1

6.4 飞行路径下的降噪

保护环境的有效措施包括对飞机的降噪。其中一个最重要的组成部分是实现低噪声飞行程序。这些程序的效率非常依赖于环境和其他操作环境。出于这个原因，一些常规的噪声控制程序已经被提出[4-5]，它们的实现取决于能否获得当前飞机噪声情况的准确可靠的信息[6]。这就需要一个决策支持系统，以便在机场周围飞机噪声控制的可能解决方案中作出选择。在飞机的运行过程中，已经实现了几种程序：低噪声（起飞路径下的）的降落和起飞程序。在这种情况下可以使用优化方法和用于选择最佳策略的方法。

6.4.1 数学公式

用于单架飞机的降低噪声影响的数学公式包括飞机的轨迹模型，考虑飞行路径下的噪声水平的各种影响的声学模型和优化标准。飞机的数学轨迹模型在飞行速度坐标系中针对飞机质心导出的一组常微分方程表示，其矩阵形式表示为[7]

$$\dot{X} = F(X, U), X_0(t_0) = x^0, \quad t \in [t_0, t_1] \tag{6.5}$$

其中 $X = (x_0, \cdots, x_n)$ 为 $(n+1)$ 维度的欧几里得空间中的轨迹坐标向量；$U = (u_1, \cdots, u_m)$ 是在满足 $\Omega \subset E^m$ 约束的定义域内的飞行控制参数向量；t 是 $[t_0, t_1]$ 时间区间内的某一时刻，其中 t_0 和 t_1 分别表示轨迹段的起始时间和终止时间；$F = (f_1, \cdots, f_n)$

是一个位于 $E^n \times \Omega$ 域的 n 维向量函数。

这里将在无侧滑运动(不存在侧向力)的速度坐标系下,推导出飞机质心的微分方程(6.5):

$$x_1 = v, \quad x_2 = \theta, \quad x_3 = \varphi_p, \quad x_4 = x, \quad x_5 = y, \quad x_6 = z$$

$$\left. \begin{array}{l} f_1 = g\left(\dfrac{T\cos \alpha_e - X_a}{mg} - \sin \theta\right) \\[3mm] f_2 = \dfrac{g}{v}\left(\dfrac{T\sin \alpha_e + Y_a}{mg}\cos \gamma - \cos \theta\right) \\[3mm] f_3 = -\dfrac{g}{v\cos \theta}\left(\dfrac{T\sin \alpha_e + Y_a}{mg}\sin \gamma\right) \\[3mm] f_4 = v\cos \theta\cos \varphi_p \\[2mm] f_5 = v\sin \theta \\[2mm] f_6 = -v\cos \theta\sin \varphi_p \\[2mm] U_1 = T, \quad U_2 = \alpha, \quad U_3 = \delta_f \cdots \end{array} \right\} \tag{6.6}$$

其中 v、θ、φ_p 分别表示飞行速度、飞行路径角度和偏航角;T 表示飞机发动机的总推力;x、y、z 是飞机质心的笛卡儿坐标;X_a、Y_a 分别表示机翼的气动阻力和升力;$\alpha_e = \alpha + \varphi_e$,其中 α 为机翼攻角,φ_e 为发动机倾角;γ 为旋转角;δ_f 为襟翼角;g 是重力加速度。

由于不考虑围绕飞行器质心的旋转运动,轨迹模型仅在垂直平面中有效而且可以用一组四个方程来表示,其中包含以下参数:飞行速度 v,飞行路径角度 θ,纵坐标 x 和垂直坐标 y。飞机轨迹模型中的飞行控制参数是飞机发动机的总推力 T,襟翼角 δ_f 和俯仰角 $\vartheta = \alpha_e + \theta$。

坐标和控制参数的可变范围受到以下沿飞机轨迹定义的不等式的约束:

$$g(X,U) \geqslant 0$$

此外,还可以对轨迹末端的相关参数施加一些约束:

$$\Psi[X(t_1)] = 0$$

控制参数的可变范围的约束条件必须根据飞机或者发动机的技术特点来确定,包括:

$$U_{min} \leqslant U \leqslant U_{max}$$

因此,沿着所考虑飞机轨迹的参数的允许变化范围可以表示为

$$\Omega = \{U \mid g(X,U) \geqslant 0, \Psi[X(t_1)] = 0\} \tag{6.7}$$

优化准则可以采用第 1 章中讨论的通用的飞机噪声控制准则(见表 1.6),具体包括:

● 噪声水平,用来表示人体受噪声影响而产生的心理和生理反应,并通过任何类型的频谱校正来进行修改,例如,计权声级 L_A、L_D 或感知噪声声级 PNL,PNLT 等。

● 有效噪声水平,用来解释特定飞机噪声事件的持续事件,例如 SEL 和 EPNL。

● 等效噪声级或噪声指数,用来计算特定时间间隔内的噪声事件数量,例如 L_{Aeq}、ECPNL 或者 NEF、NNI。

在分析了所有可能的噪声影响准则类型后,最有效的噪声影响准则形式被确定为:

$$I = \frac{1}{T} \int_{t_0}^{t_1} f_0 [X(t), U(t)] dt \qquad (6.8)$$

所有用于飞机噪声评估的模型都被用于定义优化任务的噪声影响准则,并将其与飞机飞行(轨迹)模型的位置和控制参数相关联。数值梯度法已被用于解决这一任务。

除此之外,还有另一种获得最优轨迹的方法[8-10]。这种方法涉及寻找最佳控制参数 Ω。通过 $\Lambda\Pi_\tau$ 系列方法来定义搜索起点以使它们在任何设定的空间中具有最均匀的分布。这种方法不仅可以根据给定的噪声影响准则来对解决方案进行评估,而且可以将其他类型的运行效率(如燃烧消耗、空气污染等)相结合。它们可以表示为任务的附加标准或者作为附加约束。因此,对于每一个被检测的轨迹或轨迹中的特定段,控制参数 U_{kl} 由以下关系式定义:

$$U_{kl} = U_{k\min} + q_{kl} (U_{k\max} - U_{k\min})$$

其中,q_{kl} 表示 $\Lambda\Pi_\tau$ 系列中的一个元素,l 表示调查的序数。

为了确定最优解,必须构造搜索结果表,如果有多个准则,那么需要构造 Pareto 最优集,从而找到最优解。

6.4.2 飞机降落阶段

用于在飞行路径下实现最小噪声的飞机轨迹的最优解的一般结构已经被其他学者提出[4]。据推测,对于飞行轨迹,真实情况是由 $\theta =$ 常数(恒定的飞行路径角)来表示的。

控制飞机着陆的微分方程包括:

$$\left. \begin{aligned} m \frac{dv}{dt} &= T - X_a mg \sin \theta \\ 0 &= Y_a - mg \cos \theta \\ \frac{dx}{dt} &= v \cos \theta \\ \frac{dy}{dt} &= v \sin \theta \end{aligned} \right\} \qquad (6.9)$$

飞行路径下噪声控制点的噪声优化准则为 EPNL 积分形式:

$$I = \int_{t_1}^{t_2} 10^{0.1 \text{PNL}(t)} dt \qquad (6.10)$$

其中所积函数由发动机表现、着陆结构和飞机到观测点的距离决定。

针对某种特定类型的飞机,式(6.10)可以被改写为

$$I = K_0 \int_{t_1}^{t_2} \frac{T^s}{r^p} \mathrm{d}t \qquad (6.11)$$

其中 K_0、s、p 是经验常数,$r = \sqrt{(x-x_0)^2 + (y-y_0)^2}$ 是飞机距观测点(x_0, y_0)的距离。需要确定方程(6.9)的解来将准则(6.11)最小化,从而在点(x_0, y_0)处降低飞机噪声的影响。例如,图6.8表示满足飞机降落的轨迹方程(6.7)的解的可行域OAKBO。

点O由机场等待区的高度确定,点(x_k, y_k)是终点的位置$(x_0 > x_k)$。根据降落飞行轨迹的允许变化,可以确定使单架飞机噪声影响最小的飞行路径。根据方程(6.9),噪声影响准则(6.11)可以得到:

$$I = K_0 \int_{x_1}^{x_2} T^s \varphi \mathrm{d}x \qquad (6.12)$$

其中 $\varphi = (r^p v \cos\theta)^{-1}$,点$O$到点$K$可以使用不同的轨迹,例如$OPK$或$OQK$(如图6.8所示)。准则(6.12)沿轨迹的差值可以表示为:

$$\Delta I = K T^s \left(\int_{OQK} \varphi \mathrm{d}x - \int_{OPK} \varphi \mathrm{d}x \right) = K T^s \oint_{OQKPO} \varphi \mathrm{d}x$$

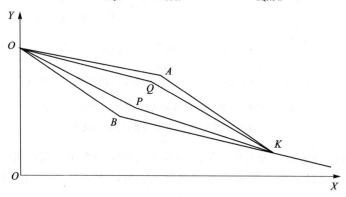

图6.8　满足降落轨迹方程的可行域

表示临近飞行轨迹允许变化量的函数 φ 的连续性满足格林定理的使用条件。

$$\Delta I = K T^s \int_S W \mathrm{d}x \mathrm{d}y, \quad W = -\frac{\partial \varphi}{\partial y}$$

其中 S 为 OBKAO(正方向为逆时针方向)的面积。如果 $v=$ 常数,那么

$$W = \frac{p(y - y_0)}{v r^{p+1} \cos\theta} > 0 \qquad (6.13)$$

由不等式(6.13)可以推出 $I_{OQK} > I_{OPK}$。函数(6.1)噪声影响的最小值(在(x_0, y_0)

根据准则(6.12)确定)是沿着两段 OAK 轨迹实现的。图 6.9(a)和 6.9(b)分别给出了经过优化的最小噪声轨迹的示例以及基于图-154M 飞机两段轨迹噪声效率的评估的示例。

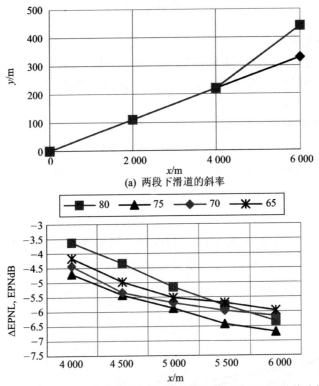

(a) 两段下滑道的斜率

(b) 65 t 至 80 t 降落质量的飞机多种下滑道所对应的EPNL值的减小

图 6.9　两段下滑道的斜率和 65 t 至 80 t 降落质量的
飞机多种下滑道所对应的 EPNL 值的减小

使用同样的方法可以分析降落时襟翼偏转对降噪的影响。假设机翼迎角和发动机倾斜角很小，可以认为飞机沿着抛物线降落。可以在式(6.9)中使用以下无量纲变量：

$$u = \frac{v}{v_p}, \bar{T} = \frac{TK_M}{mg}, \bar{x} = \frac{gx}{v_p^2 K_M}, \bar{y} = \frac{gy}{v_p^2 K_M}, v_p = \sqrt{\frac{2mg}{\rho S \sqrt{\pi \lambda c_{x_0}}}}, K_M = \frac{1}{2}\sqrt{\frac{\pi \lambda}{c_{x_0}}}$$

其中 S 表示机翼表面的面积，λ 表示有效机翼展弦比，C_{x_0} 是零升力机翼阻力系数。式(6.9)的第一个等式的解可以用以下形式表示（$\bar{T}, \theta =$ 常数）：

$$\bar{x} + C = -0.5\cos\theta \ln\left| -\frac{u^4}{\cos\theta} + 2\left(\frac{\bar{T}}{\cos\theta} + K_M\tan\theta\right)u^2 + \cos\theta \right| +$$

$$\frac{\cos\theta}{2\sqrt{\sigma}}\ln\left|\frac{-\dfrac{2u^2}{\cos\theta}+2\left(\dfrac{\overline{T}}{\cos\theta}+K_M\tan\theta\right)-\sqrt{\sigma}}{-\dfrac{2u^2}{\cos\theta}+2\left(\dfrac{\overline{T}}{\cos\theta}+K_M\tan\theta\right)+\sqrt{\sigma}}\right| \tag{6.14}$$

其中 $\sigma = 4\left[\left(\dfrac{\overline{T}}{\cos\theta}+K_M\operatorname{tg}\theta\right)^2-1\right]>0$，$C$ 是积分常数。在平面 (v,x) 中，式(6.14) 的解给出了飞机降落时参数的允许变化范围，如图 6.10 所示。点 M 是参考点。K 是终点。弧 MA、BK 对应于具有中间襟翼偏转的飞机的降落过程，弧 MB、BK 对应于具有最大着陆襟翼偏转的飞机的降落过程。

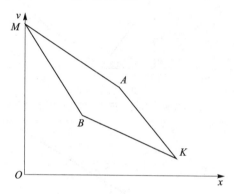

图 6.10　(v,x) 平面上沿飞行轨迹的符合要求的飞行参数范围

如果将噪声影响准则写成式(6.12)的形式，则可以做如下定义：

$$W = -\frac{K_0}{r^p\cos\theta}\left(-\frac{T^s}{v^2}+\frac{sT^{s-1}}{v}\frac{\partial T}{\partial v}\right) \tag{6.15}$$

为了满足 $\partial T/\partial v\leqslant 0$，在相关参数满足要求范围的 MAKBM 域中，函数 $W>0$。这样就可以在路径 MAK 上获得最大程度的降噪效果：线段 MA 对应于具有中间襟翼偏转的飞机降落过程，然后是对应于最大襟翼偏转降落过程的线段 AK。最终在控制点处实现的降噪效果在 $2\sim4$ EPNdB 之间。

一些降噪程序包括对着陆时的襟翼偏转和机翼攻角进行编程。对于这种方法，相关参数变化范围的区域类似于图 6.10 中的 $MAKBM$ 区域。在该区域中，式(6.15)中的 $W>0$，因此可以在路径 MAK 上实现最大程度的降噪效果：线段 MA 对应于低阻力配置的飞机降落过程，线段 AK 对应于沿标准滑行路径在 350 m 和 200 m 高度之间减速过程。飞行路径下各点 EPNL 的降低值在 $5\sim11$ EPNdB 之间。

由于双段或多段下滑道带来了相当大的技术问题，研究者们又研究了一些其它的降噪程序。图 6.11 中给出了根据程序计算的某涡扇飞机减速过程的降噪预测结果。这类似于低阻力/低功率的方法。在飞行重量取特定值（图-154,$mg=80$ t）的情况下，减速加速度的最优值为 -0.1 m/s^2，噪声等声线的轮廓面积预计会降低

10%～15%。

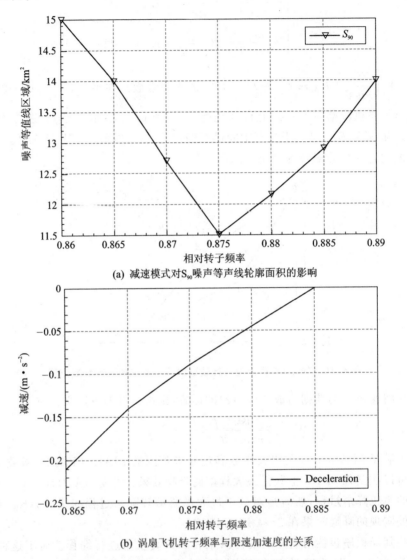

(a) 减速模式对S_{90}噪声等声线轮廓面积的影响

(b) 涡扇飞机转子频率与限速加速度的关系

图 6.11 某涡扇飞机减速过程的降噪预测结果

通过将低阻力/低功率的连续逼近方法和降噪程序的方法相结合,可以大大降低飞机的噪声水平。例如,当飞机在飞行路径上的高度为 200～400 m 之间时,将襟翼和齿轮偏转,可以将 S_{90} 噪声等声线轮廓面积(由 EPNL＝90 EPNdB 定义)降低25%。距跑道较远的观测点的 EPNL 可以降低近 20 EPNdB,跑道附近的观测点的EPNL 降低了 7～10 EPNdB。

6.4.3　飞机起飞阶段

起飞程序的初始控制参数包括发动机功率(为了简单起见,通过转子频率的相对值 $\bar{n}$ 来定义),飞机的俯仰角 θ(俯仰角的解比攻角的更稳定)和襟翼的偏转角度 δ。这些变量的约束由飞行安全要求以及发动机的特性决定:

$$\delta = \delta_{to}, \quad H \leqslant 120 \text{ m}$$
$$\vartheta_{min} \leqslant \vartheta \leqslant \vartheta_{max}$$
$$T_{min} \leqslant T \leqslant T_{max}$$
$$\theta \geqslant \theta_{min}$$
$$v \geqslant v_2 + 20$$

其中 δ_{to} 是飞机起飞时的襟翼角度值,v_2 是根据给定的空气动力学配置而设定的安全速度(km/h),噪声控制点处的降噪标准由等式(6.10)表示。

最典型的噪声解决方案包括:

● 起飞和初始爬升阶段需要将推力 T 最大化(对应转子频率 $\bar{n}$ 的最大值)和通过将飞行速度最小化而实现的飞行路径角度 θ;因此,飞行路径应该尽可能高于目标控制点。

● 在距离控制点 200~1 000 m 时,需要根据符合安全要求的飞行路径角 θ_{min} 来对发动机推力 T 进行限制。

● 在通过噪声控制点后,发动机推力和其他控制参数被重置为正常爬升时的数值。

● 如果噪声控制点设在跑道附近,则襟翼需要保持在起飞的位置。在其他情况下,襟翼会偏转至平滑气动外形位置或者起飞位置与平滑气动外形位置之间的任意中间位置,从而减小阻力,并提高控制点上方的飞行路径角度和高度。

这些特性通过图 6.12 所示的两个低涵道比发动机飞机进行了演示。为了便于比较,正常起飞和爬升的对应值用虚线表示。

如果优化标准由飞行路径周围噪声等值线的面积来表示,那么最优解与之前的解决方案的确存在一些差异。首先,发动机运行模式的减弱应该在起飞阶段结束时提前开始(大多数飞机在 $H=120$ m 的高度;见图 6.13),稍后再将发动机重置为正常爬升模式。

根据以下公式,可以用噪声半径的概念来定义轨迹上的重置点:

$$H = R_{n,nom} \cos \theta$$

其中,$R_{n,nom}$ 表示正常爬升时和发动机正常运转时定义的噪声半径。

噪声半径的概念对于分析所得到的解决方案非常有用。出于这些目的,这里讨论了与降噪有关的噪声半径调查结果。襟翼偏转角的影响可以用以下因素来解释:

235

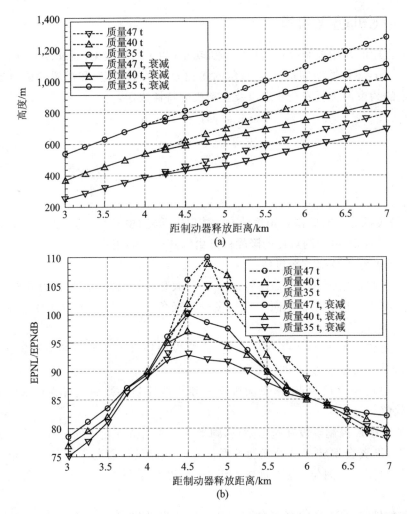

图 6.12　(a)起飞时的飞行轨迹；(b)4.5 km 外噪声控制点处 EPNL 的预测值

● 具有平滑空气动力学外形的飞机,其空气动力性能 K 比正常起飞外形的飞机高出近两倍,因此,在净化配置下必须尽快增加飞行路径角度 θ 和飞行高度 H,尽管最小净化速度在 $30\%\sim35\%$ 之间。

● 净化配置中发动机推力的节流程度比飞机起飞配置更高。

在符合飞机安全要求的前提下,当飞机经过控制点时应尽量采用净化配置以有效降低噪声。

起飞爬升模式下的导数 $dR_n/d\bar{n}$ 远大于导数 dR_n/dv,而且净化配置下 R_N 的绝对值小于襟翼的偏转角度,因此,优化结果符合飞机噪声半径模型。

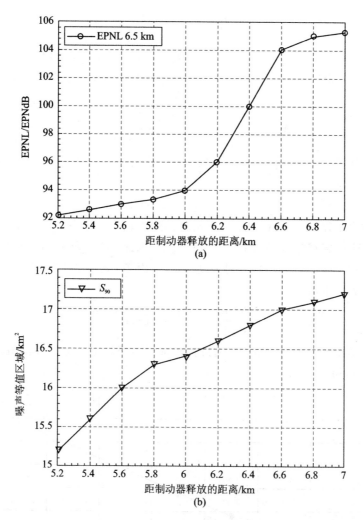

图 6.13 (a)6.5 km 外噪声控制点处 EPNL 的预测值以及(b)相应的 S_{90} 噪声等声线面积

6.5 机场附近的降噪

在研究机场附近飞机飞行形成的噪声轨迹时,噪声半径 R_n(见第 4.2 节)的概念很有用。飞机噪声影响的最小化是通过将由 EPNL=常数与 $\theta=$ 常数定义的等声线内包含的面积最小化而实现的。等声线的方程为:

$$(x\sin\theta - y_0\cos\theta)^2 + z^2 = R_n^2$$

其中 x、z 为等声线在地面上的坐标,y_0 是所选坐标系相对于地面坐标系的纵坐标。对于一部分飞行路径($\theta=$ 常数),表面积由下式定义:

$$S = -\int_l \sqrt{R_n^2 - (y - y_0)^2 \cos^2\theta} \, dx \tag{6.16}$$

其中减号表示路径跟踪 l 中使用的约定。为了将着陆飞行阶段的噪声轮廓区域最小化，我们研究了如图 6.8 所示的 $OAKB$ 区域内参数允许变化范围内的 W 函数，对应式(6.16)：

$$W = -\frac{(y - y_0)\cos^2\theta}{\sqrt{R_n^2 - (y - y_0)^2 \cos^2\theta}} < 0 \tag{6.17}$$

在当前情况下，可以将沿着如图 6.8 所示的飞行路径 OBK 的噪声影响最小化，而且解需要满足：

$$R_n > (y - y_0)\cos\theta$$

通过噪声半径分析，可以对多段下滑道的噪声轮廓变化进行分析，沿着最接近跑道的航段的飞行路径参数等同于正常条件下的，因此，该段噪声等声线 ΔS_1 不变，且符合初始过程（见图 6.14(a)）。对于更高的下滑道，其导数 $\partial\Delta S_1/\partial v$ 由下式给出（$R_N v = C_v$；$\theta_2 =$ 常数）：

$$\frac{\partial\Delta S_2}{\partial v} = -\frac{2C_v R_{n2}}{v^2 \sin|\theta_2|}\left[\frac{\pi}{2} - \arcsin\frac{q_2 \sin|\theta_2|}{R_{n2}}\right] \tag{6.18}$$

其中 $q_2 = x_0 \tan|\theta_1|\cot|\theta_2|$，$x_0$ 是飞机在标准滑行路径上坐标的转换值（如图 6.14(a)和 6.14(b)所示）。

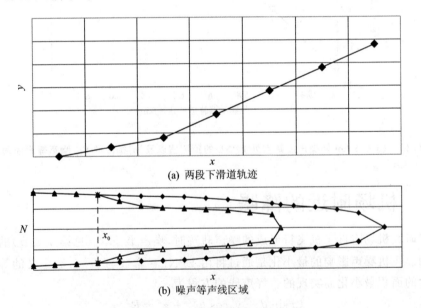

(a) 两段下滑道轨迹

(b) 噪声等声线区域

图 6.14　两段下滑道的等声线面积效应

此导数为负数，表示随着速度的增加，噪声轮廓面积 S_2 会相应减小。对于从较高斜率到正常斜率过渡的影响，可以采用以下形式的导数来分析：

$$\frac{\partial \Delta S_1}{\partial x_0} = -2(\sqrt{R_{n2}^2 - 0.25x_0^2 \sin^2 2 \mid \theta_2 \mid \tan^2 \mid \theta_1 \mid} \times \tan \mid \theta_1 \mid \cot \mid \theta_2 \mid - \sqrt{R_{n1}^2 - x_0^2 \sin^2 \theta_1})$$

$$x_0 < \frac{R_{n1}}{\sin \mid \theta_1 \mid}, \quad \mid \theta_2 \mid > \mid \theta_1 \mid$$

$$(6.19)$$

这个导数为正,所以随着 x_0 减小,噪声轮廓也在减小,并且 x_0 必须尽可能小以符合安全要求。图 6.15 显示了 x_0 对图-154 和图-154M 飞机 S_{90} 噪声轮廓线的预期影响。

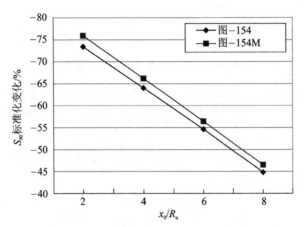

$\Delta \bar{S}_{90} = (\Delta S_{90}/S_{90})$(需要百分数化),其中 ΔS_{90} 表示通过使用

两段下滑道实现的 S_{90} 噪声区域内的降噪值

图 6.15　(两段下滑道)标准化噪声水平降低的百分比

现在让我们使用式(6.19)来研究低噪声起飞程序。当飞机爬升到某个高度(如图 6.16 中,假设 400 m)之后,可以确定飞机起飞噪声的最小化问题。轨迹 MOK 是涡喷发动机飞机的典型轨迹。线段 OA 对应于飞机的起飞推力轨迹。轨迹 OB 和 AK 对应于推力减小后的轨迹。线段 BK 对应于标称发动机模式飞行推力的轨迹。

飞行路径的可行域(θ=常数)可以通过在速度坐标系中根据飞机质心导出的微分方程来描述:

$$\left.\begin{aligned} m\frac{dv}{dt} &= T\cos \alpha - X_a mg \sin \theta \\ 0 &= T\sin \alpha + Y_a - mg\cos \theta \\ \frac{dx}{dt} &= v\cos \theta \\ \frac{dy}{dt} &= v\sin \theta \end{aligned}\right\}$$

$$(6.20)$$

在允许飞机路径范围内,由式(6.20)的解定义,函数 $W<0$[见不等式(6.17)]。

239

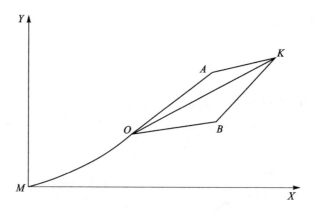

图 6.16　起飞轨迹参数的允许变化范围

可以沿着 OBK 形式的轨迹来实现飞机噪声影响的最小化：先使用较弱的推力（如图 6.16 中线段 OB），再使用飞机爬升阶段的发动机标称模式推力（如图 6.16 中线段 BK）。

为了将噪声等声线轮廓面积最小化，这里引入了初始坐标系 x_i，噪声等声线轮廓面积的一部分由下式给出：

$$\Delta S_i = \frac{R_{ni}^2}{\sin\theta_i}\left(\frac{\pi}{2} - \arcsin\frac{q_i\sin\theta_i}{R_{ni}}\right) - q_i\sqrt{R_{ni}^2 - q_i^2\sin^2\theta_i} \tag{6.21}$$

其中 $q_1 = x_0$，$q_2 = x_0 \, \mathrm{tg}\,\theta_1 \cot\theta_2$，$q_3 = R_{N2}\cot\theta_3(\cos\theta_2)^{-1}$，$x_0$ 表示发动机降低功率的位置。

飞机质量对于噪声等声线轮廓面积的影响由 $\partial\Delta S_i/\partial m$ 表示：

$$\frac{\partial\Delta S_i}{\partial m} = \frac{\overline{T}_i\cot\theta_i}{mg}\left\{\frac{R_{ni}^2}{\sin\theta_i}\left[\frac{\pi}{2} - \arcsin\left(\frac{q_i\sin\theta_i}{R_{ni}}\right)\right] + q_i\sqrt{R_{n1}^2 - q_1^2\sin^2\theta_i}\right\} \tag{6.22}$$

$$q_i < \frac{R_{ni}}{\sin\theta_i},\theta_i > 0$$

其中 $\overline{T}_i = T_i/mg$，T_i 表示第 i 条飞行路线对应的推力（如图 6.17(a)所示）。由于导数 $\partial\Delta S_i/\partial m > 0$，降低飞机质量可以减少噪声等声线轮廓面积。发动机模式对噪声等声线轮廓面积的影响由 $\partial\Delta S_i/\partial n$ 表示（n 表示发动机转子频率）：

$$\frac{\partial\Delta S_i}{\partial n} = A_i\frac{\partial R_{Ni}}{\partial n} + B_i\frac{\partial\overline{T}_i}{\partial n} \tag{6.23}$$

$$A_i = \frac{2R_{Ni}}{\sin\theta_i}\left[\frac{\pi}{2} - \arcsin\left(\frac{q_i\sin\theta_i}{R_{ni}}\right)\right]$$

$$B_i = -\frac{\cot\theta_i}{mg}\left\{\frac{R_{ni}^2}{\sin\theta_i}\left[\frac{\pi}{2} - \arcsin\left(\frac{q_i\sin\theta_i}{R_{ni}}\right)\right] + q_i\sqrt{R_{ni}^2 - q_i^2\sin^2\theta_i}\right\}$$

$$\theta_i > 0, q_i < R_{Ni}(\sin\theta_i)^{-1}$$

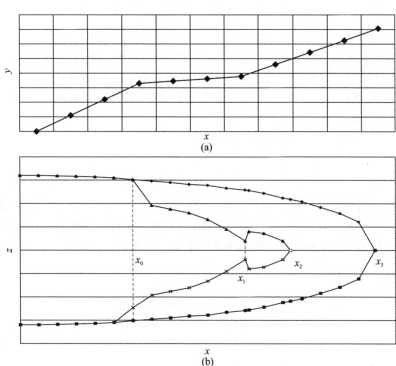

图 6.17 (a)某种飞机降噪轨迹和(b)对应于不同的降低功率位置的噪声等值线

其中,mg 表示飞机的飞行重量,对上式分析得出:

$$A_i > 0, \quad B_i > 0, \quad \left| A_i\frac{\partial R_{ni}}{\partial n} \right| \gg \left| B_i\frac{\partial \bar{T}_i}{\partial n} \right|$$

因此,$\partial \Delta S_i/\partial n > 0$,降低发动机的功率(意味着转子频率的降低)可以减小噪声等声线轮廓面积。噪声等声线轮廓的坐标(如图 6.17(b)所示)由分别下式表示:

$$x_1 = x_0(1-\tan\theta_1\cot\theta_2) + R_{N2}(\sin\theta_2)^{-1}$$

$$x_2 = x_0(1-\tan\theta_1\cot\theta_2) + R_{n2}(\sin\theta_2)^{-1}\cdot 1 - \tan\theta_2\cot\theta_3 + R_{n3}(\sin\theta_3)^{-1}$$

$$x_3 = R_{n1}(\sin\theta_1)^{-1}$$

飞机起飞时发动机的低功率持续时间 t_2 由下式定义;

$$t_2 = \left(\frac{R_{n2}}{\sin\theta_2} - x_0\tan\theta_1\cot\theta_2 \right)\frac{1}{v_{m2}} \tag{6.24}$$

其中 v_{m2} 表示飞机在爬升第二阶段中间的速度。

由于导数$\partial \Delta S_1/\partial \theta_1 < 0$(对应飞机爬升的第一阶段,如图 6.17(a)所示),因此,如果增大飞行路径角,噪声等声线轮廓面积也会相应减少。

由于导数$\partial \Delta S_i/\partial v < 0$,因此,如果增大飞行速度,噪声等声线轮廓面积也会相应减小。在所考虑的飞行阶段,飞机速度变化的可能范围在 20～40 m/s 之间,因此由

于速度增加而减少的噪声等声线轮廓面积比通过降低发动机功率而减少的面积要小得多。

根据式(6.21)，导数$\partial\Delta S_3/\partial v<0$(对应飞机爬升第三阶段，如图 6.17(a)所示)，因此，飞机的加速度也有可能减少噪声等声线轮廓的面积。通过利用如图 6.18 所示的 $BCKD$ 区域内参数允许变化范围内的调查函数 W[对应式(6.16)的标准]，可以确定飞行速度程序。在平面(x,v)中，参数允许变化的区域包括：加速爬升的弧 BC 和 DK，匀速爬升的弧 CK 和 BD。

对于 $\theta_3=$ 常数的轨迹，函数 W 满足：

$$W=-\frac{C_v R_{n3}}{v_m^2 \sqrt{R_{n3}^2-(y-y_0)^2\cos^2\theta_3}}<0$$

其中 v_m 表示飞机爬升阶段的飞行速度(如图 6.18 所示)，$C_v=R_{n3}v_m$ 为常数。在图 6.18 所示的 $BCKD$ 区域内，函数 $W<0$，因此，沿路径 BDK 的噪声等声线轮廓面积减小，路径 BDK 由匀速爬升的弧 BD 和加速爬升的弧 DK 组成。

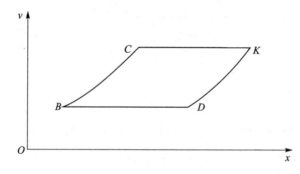

图 6.18　(x,v)平面内沿飞机轨迹飞行参数允许变化的区域

一些指南给出了减少飞机噪声影响的操作程序。例如，实施连续下降降落(CDA)有可能减少飞机降落阶段的噪声，而且每次飞行可以减少 $50\sim150$ kg 燃料[13]。CDA 是一种飞机操作技术，到达机场上空的飞机会以最小推力下降到最优位置，如图 6.19 所示。这些断线是使用 CDA 飞机的典型特征，可以减少对地面的噪声影响，减少飞机的燃料使用和废气排放。

CDA 的基本方面包括[13]：

- 为飞行员提供准确及时的飞行距离(DTG)以实现 CDA；
- 避免在 CDA 发生点之前给予降落许可，并提供距离着陆点的估计距离以便飞机以最低飞行推力进入降落滑道；
- 在不违反安全要求和现有操作程序的情况下，避免不必要的提前展开襟翼和起落架的操作。

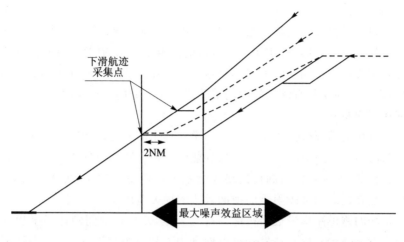

图 6.19　连续下降法的示意图

6.6　隔音屏障在减少机场地面运作噪声方面的效果

　　降低机场地面运作噪声的重要方法之一是通过在噪声传播路径上设置隔音屏障来降低噪声。预测隔音屏障的效果需要考虑到噪声源的种类及其声学特性、噪声源相对于噪声影响评估点的位置、隔音屏障的类型和特性以及地面反射面的影响。

　　屏障的声学效率或效能包含对视距内声波的屏蔽效果。然而,由于其顶部和侧面的声波衍射,声波会在屏障上传播。对机场噪声问题中屏高、屏宽、屏厚的影响的研究表明,其性能取决于航空噪声源的声学特性、接收点处直接波与反射波的干扰以及屏的声透射特性。由于所有的降噪效果都取决于频率,所以在机场使用隔音屏的决策过程中需要有关噪声源的频谱特性以及无隔音屏时传播路径上的降噪情况。基于以上这些目的,研究者们开发了专门的软件,并给出了其主要特点及一些结果。

　　屏障高度对其降噪效果起着至关重要的影响。屏障越高,视线被阻挡得越多,路径差(视线与屏障顶部或者侧面的声音路径长度差)越大,噪声的衰减也就越明显。因此,就与飞机相关的噪声而言,隔音屏障仅适用于减轻飞机在地面运行时的噪声。这些运行时的操作包括发动机在地面运行、跑道起降和滑行。隔音屏障可能适用于的其他机场噪声源包括用于维护机场地面和航空发动机的车辆以及机场内及附近使用的其他地面交通工具。

　　地面启动是对飞机发动机的测试,以确保它们在维修后能够正常运行。地面启动的持续时间可以从几秒到几分钟不等,通常包括对发动机所有设置的测试-从空转到最大负载模式。通常情况下,地面测试并不遵循可预测的规律。实际上,这样的测试通常在夜间进行。在机场内工作的机修工和其他航空工作人员通常认为这种测试是最烦人的噪声源。

由于飞机发动机发出的噪声是定向的，所以在地面测试期间飞机的朝向是非常重要的，如果距居民区的距离小于 1 km，可能会引发特殊的问题。因此，许多机场都设置了隔音屏障或者围墙来降低发动机地面测试作业的噪声。如果隔音屏障安装在飞机周围，则应该使用具有倾斜侧面的屏障以避免声波的多次反射。在某些情况下，还可以使用吸声材料。

噪声的远距离传播性是隔音屏障在声学设计中需要考虑的问题。主要问题在于大气效应（即风和温度梯度效应）对屏障性能的影响。顺风条件或者温度反转会降低屏障的隔音性能，因为弯曲后的传播路径会减少路径差，进而降低屏障的插入损耗。屏障的插入损耗也会由屏障附近的地面效应的损失造成。

许多机场的跑道距离最近居民区只有几公里，并且这中间的地形平坦且畅通无阻。在起飞滑跑开始时以及在发动机反向推力作用下着陆时，居民区内噪声的测量值可以达到 A 计权 90 dB。由于从安全角度考虑，跑道周围区域内必须没有障碍物，隔音屏障不能位于跑道周围 200 m 范围内。这意味着必须在居民区附近建造隔音屏障才能有效降低飞机起飞滑跑时的噪声。

除非声源和噪声接受者之间的所有地面都是声学硬面，否则通常必须考虑由于地面效应引起的衰减以正确评估隔音屏障的预期插入损耗。

土堤有时会用于控制机场跑道上的噪声。它们比隔音屏障便宜，也相对美观。此外，机场通常可以提供土堤所需的土地，尤其是当土堤和跑道同时建造的情况下。

隔音屏障的性质也是影响降噪效果的一个因素。机场使用的隔音屏障的形式和类型包括屏障、墙、建筑物以及与当地地形相关的人造及自然结构。由于隔音屏障壁面的形状、衍射边缘的性质、壁面的有限长度（如在建筑物之间的进出口间隔）以及吸声材料的加入，其降噪性能有所改善。

屏障的声学效率 ΔL_{ef}，又被称为插入损耗 IL，被定义为从噪声源（以声级 L_s 为特征）到接受者（以声级 L_r 为特征）的噪声传播路径上，使用屏障后的降噪效果 ΔL_{scr} 与没有屏障的效果 ΔL 之间的差异，具体来说：

$$\Delta L_{ef} = \Delta L_{scr} - \Delta L, \quad \Delta L = L_s - L_r, \quad \Delta L_{scr} = L_s - L_{r'}$$

其中接受者位置声级 L_r 和 $L_{r'}$ 根据屏障的存在和影响而不同。

飞机在地面上产生的噪声主要由发动机的类型、额定功率和飞机上的设置决定。飞机的发动机是一个复杂的噪声源，包括一个或多个喷射器、风扇、涡轮、压气机、燃烧室以及螺旋桨。为了研究噪声源特性对屏障声学效率的影响，这里选取了三个噪声源的例子：(1)涡轮喷气发动机噪声；(2)涡轮风扇发动机噪声；(3)涡轮螺旋桨发动机噪声。这些噪声的三倍频带如图 6.20 所示。飞机噪声源的频谱已经针对特定发动机做了平均处理，并且进行标准化，使参考距离 $R_0 = 1$ m。

相对于声源的噪声水平，位于地面以上不同高度的接收点处的噪声水平会由于多种效应而衰减。中心频率为 f 的各个频段的降噪效果由下式定义：

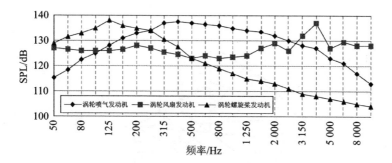

图 6.20　发动机噪声特征谱(参考距离 $R_0 = 1\text{ m}$)

$$\Delta L(f) = \Delta L_R + \Delta L_{atm} + \Delta L_B + \Delta L_{scr}$$

其中 $\Delta L_R = 20\lg(R/R_0)$ 是声波沿球面扩散的结果,R 表示噪声源于接受者之间的距离;$\Delta L_{atm} = \alpha(R - R_0)$,$\alpha$ 是空气的吸声系数,它是一个关于频率和大气参数(温度、压力、相对湿度)的函数;ΔL_{int} 是各种频率的直接波与地面反射波相互干涉的结果;ΔL_B 表示由声传播路径上绿化带造成的传输损耗;ΔL_{scr} 表示由隔音屏障造成的降噪效果。

所有大气条件的吸声系数都是根据民航组织附件 16^9 中的建议确定的:

$$\alpha = 10^{\left[2.05\lg\left(\frac{f}{1\,000}\right)+1.14\cdot10^{-3}T-1.917\right]} + \eta 10^{\left[\lg(f)+8.43\cdot10^{-3}T-2.756\right]}$$

其中,T 是空气温度,η 是一个取决于声音频率、相对温度及湿度的参数。

由各种树木及灌木组成的绿化带的传输损耗 ΔL_B 由经验公式定义[10]:

$$\Delta L_B = 20\lg\left(\frac{d + \sum_i B_i + \sum_i A_i}{d}\right) + 1.5Z + \beta\sum_i B_i$$

其中 d 表示绿化带宽度,B_i 表示第 i 个与第 $i+1$ 个树冠之间的间距(通常为 5 m),Z 表示行数,β 表示绿化带的相对吸声系数。干涉(通常被称为过度衰减或横向噪声衰减)和衍射效应的影响将在其他位置讨论[10]。

对于围绕屏障边缘(即屏障顶部和两侧)的传播路径,必须进行特殊考虑。薄屏和厚屏顶部边缘上的几何传播路径分别如图 6.21(a)和 6.21(b)所示。

用于屏障特征评估的软件所使用的算法是基于 Maekawa[11] 模型的,该模型之前在第 3 章和第 4 章中讨论过。

在一般情况下,在控制飞机地面作业的噪声时,声波会沿地面传播,传播路径的长度远大于波长,而噪声源的尺寸小于波长,对应于致密声源(如图 6.22 所示)。

评估接收点处总声压的数学表达式由两部分组成:直接声波和反射声波。由于通常反射表面不是刚性的,声波和表面的相互作用会使反射波的振幅减小,反射波的相位也会发生变化。这两种效应都由反射表面的复声阻抗 Z 描述。噪声阻抗和平面波反射系数 R_p 之间的关系如下:

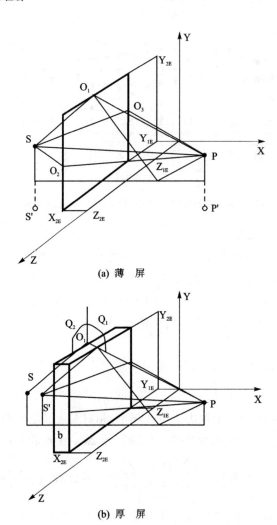

(a) 薄 屏

(b) 厚 屏

图 6.21　薄屏和厚屏周围的噪声传播路径

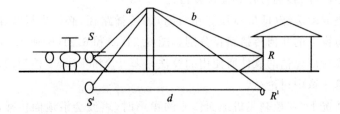

S—实噪声源；S^1—虚噪声源；R—实际的噪声接收点；R^1—虚接收点

图 6.22　通过隔音屏障来降低飞机地面作业噪声的原理示意图

$$R_{\mathrm{p}}=\frac{Z\sin\phi-[1-(k/k_2)^2\cos^2\phi]^{1/2}}{Z\sin\phi+[1-(k/k_2)^2\cos^2\phi]^{1/2}}$$

其中 Z 由空气特征声阻抗标准化；ϕ 表示入射角；k 和 k_2 分别表示空气和反射表面

的波数。通常 $\phi>0, k_2>k$，所以最后一个公式可以转换为更为简单的形式：

$$R_p = \frac{Z\sin\phi - 1}{Z\sin\phi + 1}$$

在之前提到的方程中，反射系数与平面波的反射系数相对应，但在实际应用中需要考虑球面波的反射(见第 3 章和第 4 章)，球面波的反射系数由下式给出[10]：

$$R = R_p + (1 - R_p)F(w)$$

其中，函数 $F(w)$ 为"边界损失因子"，用来描述弯曲波前与平面的相互作用；w 表示"数值距离"，它与传播距离 R_2 成正比，通过波数 k 与频率 f 成正比[10-11]：

$$F(p_e) = 1 + ip_e^{1/2}\exp(-p_e)\mathrm{erfc}(-ip_e); \quad p_e = (ikR_2/2)^{1/2}(\beta + \cos\theta)$$

直射波和反射波之间的相位和振幅差异会导致在特定频段内声压级的降低或增加，形成复杂的干涉图案，任意频谱波段的干涉效应可以由下式计算[10]：

$$\Delta L_{\mathrm{int}} = 10\lg\{1 + S^2\mid R\mid^2 + 2S\mid R\mid[(\sin\alpha\Delta R/\lambda)/(\alpha\Delta R/\lambda)]\cos([\beta\Delta R/\lambda + \delta])\}$$

其中 $S = R_1/R_2$，$\Delta R = (R_2 - R_1)$，$\alpha = \pi(\Delta f/f)$，Δf 表示频谱带宽度，$\beta = 2\pi[1 + (\Delta f/f)(\Delta f/f)/4]^{1/2}$；对于三倍频程带来说，$\alpha = 0.725$，$\beta = 6.325$。

这些公式已在软件中实现并且与试验结果进行了比较。相关比较结果($\sigma^2 = 0.63$)如图 6.23 所示和表 6.2 所列。

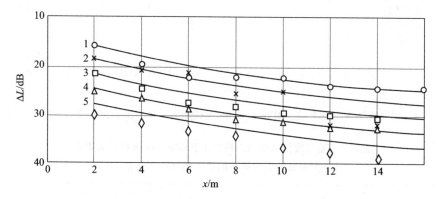

图 6.23 不同距离下隔音屏障对不同频率(1~250 Hz, 2~500 Hz, 3~1 000 Hz, 4~2 000 Hz, 5~4 000 Hz)噪声的衰减效果测量值

表 6.2 有限长度隔音屏障的声学效率的预测值与实际值之间的对比

被计算点的位置(X,Y,Z)	屏幕插入损耗	频率/Hz		
		2 500	5 000	10 000
1,0.5,1.28	预测值	19.7	22.6	25.7
	测量值	19.9	21	26
1,1,1.28	预测值	17	20	21.5
	测量值	15.3	17.2	19.6

续表 6.2

被计算点的位置(X,Y,Z)	屏幕插入损耗	频率/Hz		
		2 500	5 000	10 000
1,0.5,0	预测值	23	25	27
	测量值	20.9	23.9	26.9
1,1,0	预测值	19	20.5	21
	测量值	15.7	17.5	19.8

这些模型和算法的充分性的证明，是通过对一架位于莫斯科谢列梅捷沃国际机场的 Il'jushin - 86 飞机的预测和测量噪声进行比较而实现的，验证时分别测量了这架飞机在机场安装隔音屏障和未安装情况下的地面作业噪声。相关结果如图 6.24 和表 6.3 所示。

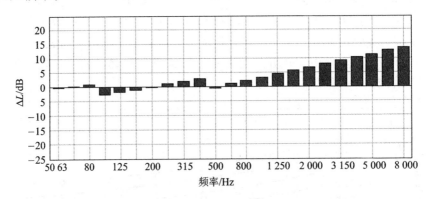

图 6.24　谢列梅捷沃机场为减少 Il'jushin - 86 飞机地面噪声而安装的隔音屏障的插入损耗

表 6.3　谢列梅捷沃机场为减少 Il'jushin - 86 飞机地面噪声
而安装的隔音屏障的插入损耗的测量值

频率/Hz	32.5	63	125	250	500	1 000	2 000	4 000	8 000<
ΔL_{ef}/dB	2	5	0.5	5	5	8.5	14	16	14

本验证案例中地面(干涉)效应的影响值的计算结果如图 6.25 所示。

本节将计算干涉效应对隔音屏障降噪效率的影响。对噪声源、隔音屏障和接收点的几何位置进行选择来代表机场附近酒店周围的噪声控制情况。隔音屏障的长度约为 500 m，高度为 12 m。坐标系的中心位于屏障的左侧。OZ 轴沿着屏障，OX 轴垂直于屏障。噪声源的坐标是(-175,325,5)；接受者的坐标是(113,175,5)，以上坐标均为(x,y,z)坐标。

此处计算考虑了三种反射面的情况：

(1) 无反射面；

(2) 完全反射面(完全刚性表面)；

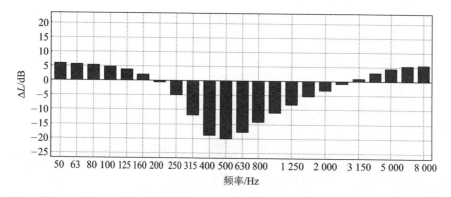

图 6.25　距离 270 m，噪声源高 2.5 m，接收点高 1.2 m 的干涉效应（假设地面覆盖是草）

（3）具有一定阻抗的反射面（地）。

噪声源的具体类型在前文中描述过。隔音屏障的效果如图 6.26 所示。

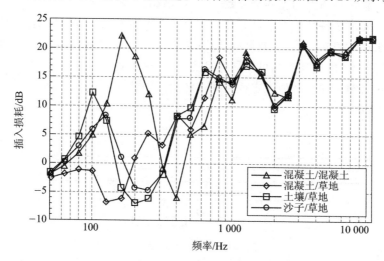

图 6.26　两侧为不同表面的屏障的插入损耗预测谱

与没有反射面相比，完全反射面在整个频谱中会造成同等程度的声学效率下降。来自阻抗表面的反射的结果介于前面两种结果之间，但是在某些频段，降噪效率会大大降低（甚至出现负插入损耗），例如在 160～250 Hz 之间（如图 6.26 所示），插入损耗的降低值取决于隔音屏障的几何形状及其表面的阻抗特性。

表 6.4 显示了对三种噪声源和三种类型的地面进行的屏障降噪效果预测（预测结果用噪声参数 ΔL_{Aef} 和 ΔL_{ef} 表示）。这些预测结果很有趣，因为 A 计权噪声水平经常用于国家噪声控制标准和法规中，而且它们表明噪声源频谱特征的影响是很重要的。

表 6.4　隔音屏障对不同噪声源的减噪效果

噪声源类型	声波反射类型		
	无反射($\Delta L_a/\Delta L_{in}$)	全反射($\Delta L_a/\Delta L_{in}$)	有阻抗($\Delta L_a/\Delta L_{in}$)
涡喷飞机	12.9/10.9	8.3/6.1	12.0/7.9
涡扇飞机	15.5/8.8	10.8/3.8	13.7/5.7
粉红噪声	13.8/8.5	9.1/3.5	12.6/5.9

由于螺旋桨飞机的主要声能位于低频段，干涉效应往往较强，因此，在地面作业时，声源的频谱特性对屏障效果的影响会尤为重要。

图 6.26 所示为屏障两侧不同表面的插入损耗预测谱。这些表面的阻抗特性（1-混凝土/混凝土；2-混凝土/草；3-新耙过的土/草；4-含水量<10%的尖锐砂石/草）是基于其他研究公布的数值计算的[10]。

降噪效果在频谱上的差异会导致 1～2 dBAΔL_{Aef} 的差异。

反射表面声学特性的季节性变化可能意味着屏障效果会以同样的方式随着季节变化。由于这一因素的影响，效果的计算值（在屏障的建设期间）可能会与测量值不同。但是，测量时的气象影响可能同样重要，甚至更重要。

这里对沿跑道和在其他固定或移动点源附近安装屏障进行了设计计算。具体情况如图 6.27 所示。

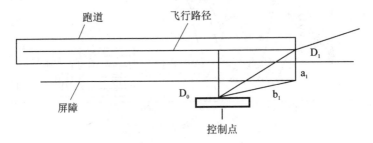

图 6.27　隔音屏障的设计实例

通过对飞机发动机产生噪声（第 2 章）和声波传播条件（第 3 章）进行分析，我们可以观察到：声源的最大预期噪声水平和控制点距声源的最短距离 D_0 无关。

表 6.5 和图 6.28 中给出了声波的几何扩散、方向性和干涉的预测效果，以及飞机飞行路径周围反射表面（由混凝土和草覆盖）的综合结果。从噪声控制的角度上看，上述效应都会对噪声控制点的噪声水平产生影响，但最重要的是干涉-地面效应的影响。

对于混凝土完全覆盖层，在 120°～130°之间可以观测到衰减的最大值，对于完全覆盖的草地，可以在飞机运动方向 150°的位置观测到最大值。因此，有必要对这些方向的屏障几何参数及其声学效率进行定义。

表 6.5　各种噪声传播准则对从噪声源至噪声控制点的方向角的预测依赖性
（数据来自于对 Il'jushin - 86 飞机在最短距离 $D_0 = 500$ m 时的测量）

方向角/ (°)	ΔL_{int}/dBA, 草地	ΔL_{int}/dBA, 混凝土	ΔL_{int} 草地- ΔL_{int}混凝土/dBA	ΔL_{θ}/dBA	ΔL_R/dBA	ΔL_{Σ}/dBA, 草地	ΔL_{Σ}/dBA, 混凝土
10.0	1.8	1.3	−0.5	−7.0	−15.2	−20.4	−20.9
20.0	1.8	1.1	−0.7	−9.5	−9.3	−17.0	−17.7
30.0	1.6	0.8	−0.8	−7.0	−6.0	−11.4	−12.2
40.0	0.25	−1.0	−1.25	−4.5	−3.85	−8.1	−9.3
50.0	−0.7	−2.0	−1.3	−3.0	−2.3	−6.0	−7.3
60.0	−1.1	−3.2	−2.1	−2.0	−1.25	−4.25	−6.35
70.0	−1.0	−1.9	−0.9	−1.0	−0.54	−2.5	−3.4
80.0	0	0.1	0.1	0	−0.13	−0.1	0
90.0	0	0	0	0	0	0	0
100.0	0.4	6.4	6.0	1.5	−0.13	1.8	7.8
110.0	1.0	4.3	3.3	3.0	−0.54	3.5	6.8
120.0	1.2	4.6	3.4	5.0	−1.25	5.0	8.4
130.0	1.5	3.4	1.9	7.5	−2.31	6.7	8.5
140.0	3.2	1.4	−1.8	10.0	−3.84	9.4	6.6
150.0	5.4	−0.1	−5.5	12.0	−6.0	11.4	5.9
160.0	6.9	−1.0	−7.9	9.5	−9.3	7.1	−0.8
170.0	7.0	−1.0	−8.0	1.0	−15.2	−8.2	−15.2

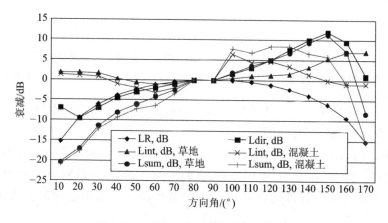

图 6.28　隔音屏障衰减效果的计算结果

6.7　通过优化飞机运行规划以降低噪声影响

本书在第 5.1 节中,提出了一类特殊的操作条件,它直接定义了机场周围的噪声影响。它包括航空交通的特征,如飞机机队的组成、飞行强度和各个航空器类型沿不同航线使用的飞行程序。

通常,机队由具有各种声学性能的飞机组成,包括国际民用航空组织(ICAO)"第 2 代飞机"、"第 3 代飞机"及/或"第 4 代飞机",这种构成随时间而变化。这里以乌克兰的一个区域性机场为例,对噪声足迹的各种结果进行了研究。

在 20 世纪 80 年代,在机场运行的主要是两种飞机 Yakovlev - 40 和 Antonov - 24(也有 Antonov - 2,Antonov - 14,Antonov - 28 和 L - 410 飞机运行,但它们相对更安静些)。出于噪声分区的目的,这里使用了 20 世纪 70 年代开发的图形分析方法来计算噪声等值线。1991 年航班数量达到最大值(与机场运营能力接近)时又重新进行了计算。后来,由于国民经济过渡期对航空运输的需求下降,但仍未达到 1991 年的水平。使用 INM5.2 版本获得的预测值如图 6.29 和图 6.30 所示。这里假设 Yakovlev - 40 和 Antonov - 24 飞机以及飞往 26R 方向的飞机实际噪声和空气动力学性能符合这些预测。实际上,噪声等值线的轮廓可能更大,这不仅因为实际飞机的噪声更大,而且因为真实的飞行路径与 INM 数据库中假设的飞行路径不同。

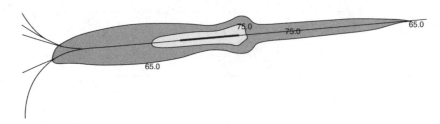

图 6.29　1980 年乌克兰某地区机场 26R 方向航班昼间 L_{Aeq} 等值线的预测结果

(假设的参数值对应于 Yakovlev - 40 和 Antonov - 24 飞机的噪声和气动性能)

08L 方向航班昼间 L_{Aeq} 等值线的预测结果如图 6.31 所示。本节中这些图和后面的图所使用的比例尺是相同的。

根据 1991 年的结果,65 dB 的 $L_{Aeq\,day}$ 等值线(用作建筑限值)包括跑道两侧很大的居民区。因此,在 1980 年代中期,夜间飞行(夜间噪声限制 j)是被禁止的,这是机场在考虑实施的首批运营限制之一。当然这样的限制也约束了机场的运营能力。

目前使用的飞机噪声比较低。例如,Antonov - 24 飞机已被 Antonov - 140 飞机取代,Yakovlev - 40 飞机被 Antonov - 72 飞机取代。这两种更迭的飞机都属于"第 3 代飞机"。然而 Antonov - 24 和 Yakovlev - 40 飞机仍在飞行。所以,飞机机队也是

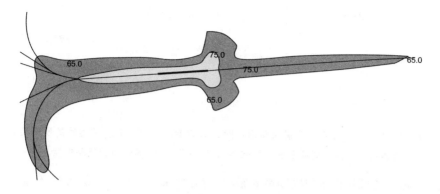

图 6.30　1990 年乌克兰某地区机场 26R 方向航班昼间 L_{Aeq} 等值线的预测结果
（假设的参数值对应于 Yakovlev‐40 和 Antonov‐24 飞机的噪声和气动性能）

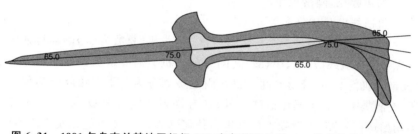

图 6.31　1991 年乌克兰某地区机场 08L 方向航班昼间 L_{Aeq} 等值线的预测结果
（假设的参数值对应于 Yakovlev‐40 和 Antonov‐24 飞机的噪声和气动性能）

混合的,包含"第 2 代飞机"和"第 3 代飞机"。机场满负荷运行时的噪声预测等值线
如图 6.32 所示。

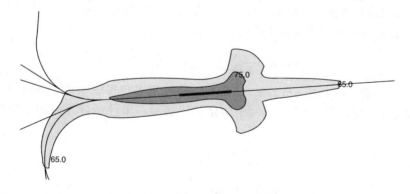

图 6.32　乌克兰某地区机场满负荷运行时 26R 方向航班昼间 L_{Aeq} 等值线的预测结果
（假设的参数对应于国际民航组织"第 2 代飞机"和"第 3 代飞机"的噪声和气动性能）

　　如果将所有机队改为"第 3 代飞机",则需要考虑相同的飞行强度,噪声等值线轮
廓的计算结果如图 6.33 所示。在这种情况下,$L_{Aeq\,day}=65$ dB 的等高线面积要小得
多,但同样覆盖了机场附近的居民区,所以,目前对于一些机场来说,实施"第 3 代飞

机"解决方案并不能满足需求,仍需要更加安静的飞机类型。

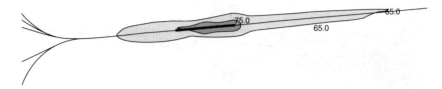

图 6.33   乌克兰某地区机场满负荷运行时 26R 方向航班昼间 L_{Aeq} 等值线的预测结果
(假设的参数只对应于国际民航组织"第 3 代飞机"的噪声和气动性能)

为了控制飞机对机场周围噪声的影响,有必要采取一切可能的措施,包括低噪声飞行程序、建筑物隔声、隔声屏障等。低噪声飞行程序包括:

(1) 机场附近的航线优化;

(2) 低噪声起飞,降落程序;

(3) 飞机航线的最优分配等。

为了考虑运行中的各种类型($i=1,\cdots,L$)的飞机(总数为 N)的运行强度对噪声的影响,有必要在航线($j=1,\cdots,M$)之间分配飞机。需要根据关键区域噪声等级的要求来确定飞机的起飞-降落时间。机场附近被划分为若干个噪声影响程度不同的区域。除控制噪声的各种操作措施以外,还有许多其他因素 $Q(m=1,\cdots,Q)$,其中 $m=1$ 为初始运行程序,未对噪声控制进行任何修改;$m=2$ 为优先使用跑道的情况,依次类推。因此,N_{ijm} 定义了路径 j 上 i 型飞机的数量,该数量的飞机要受到 m 类噪声控制措施的限制[12]

$$\sum_{j,m} N_{ijm} = C_i, \quad \sum_{i,m} N_{ijm} = T_j, \quad \sum_j T_i = \sum_i C_i = N$$

其中 C_i 表示运行中的第 i 类飞机数量,T_i 表示第 j 条航线上所有类型飞机的数量。各个噪声控制点的噪声声级按照连续声级计算,其公式为

$$L_{Aeq} = 10 \lg \left[\frac{T_0}{T} \sum (N_{ijm} \tau_{ijm} 10^{0.1 L_{A\max ijm}}) \right]$$

其中 $L_{A\max ijm}$ 表示第 i 类飞机的最大噪声水平,使用飞行程序 m 沿航线 j 飞行;T_0 为时间常数;T 为观测时段;τ 是一个特定的飞机噪声事件的持续时间。应该指出的是:

$$\sum_{i,j,m} (N_{ijm} P_{ijm}) = 1,$$

$$P_{ijm} = \frac{\tau_{ijm} T_0}{T} 10^{(0.1 L_{A\max ijm} - 0.1 L_{Aeq})}$$

该系统由任意数量的分布 N_{ijm} 和系统的可能状态数确定,分布 N_{ijm} 等于 $W\{N_{ijm}\}$,其中

$$W\{N_{ijm}\} = \frac{N!}{\prod_{i,j,m} N_{ijm}}$$

$\ln\left[W\{N_{ijm}\}\right]$ 等于系统的熵,可以定义为满足任何分布概率的对数。

因此,系统的熵可以用如下形式引入[12]:

$$S = \ln\left[\frac{N!}{\prod\limits_{i,j,m} N_{ijm}} \times \prod\limits_{i,j,m}(V_{ijm}N_{ijm})\right] = \ln(N!) + \sum N_{ijm}\left(\ln\frac{V_{ij}}{N_{ijm}} + 1\right),$$

$$\sum_{i,j} V_{ij} = 1$$

其中 V_{ij} 表示第 i 类飞机使用 j 航线的归一化频率,由关键区域的最大噪声水平限值决定。

任意一个噪声控制点的飞机 N_{ijm} 的概率分布都由熵的相对最大值定义,附加约束条件为

$$N_{ijm} = V_{ij}A_iC_iB_jT_j\exp(-bP_{ijm})$$
$$A_i = \left[\sum_{j,m}V_{jm}B_jT_j\exp(-bP_{ijm})\right]^{-1}$$
$$B_i = \left[\sum_{i,m}V_{im}A_iC\exp(-bP_{ijm})\right]^{-1}$$

其中乘数 b 是由初始限制和 A_i 定义的参数,B_j 是"平衡"乘数。乘数 A_i 根据路线 j 的吸引力而减少飞行次数。

对于任意数量的噪声控制点,飞机 N_{ijm} 概率分布被定义为

$$N_{ijm} = V_{ij}A_iC_iB_jT_j\exp\left(-\sum_l b_lP_{ijm}\right)$$
$$A_i = \left[\sum_{j,m}V_{jm}B_jT_j\exp\left(-\sum_l b_lP_{ijm}\right)\right]^{-1}$$
$$B_j = \left[\sum_{i,m}V_{im}A_iC\exp\left(-\sum_l b_lP_{ijm}\right)\right]^{-1}$$

其中 $l=1,\cdots,i$ 表示不同的噪声控制点。这些公式将被用于求解满足噪声控制标准的 N_{ijm} 的迭代过程。

一个特殊的例子是用 L_{Aeq}(或另一种噪声量度)来表示的 N_{ijm} 极限的定义。控制区内 $L_{\text{Aeq}} = 63$ dB 的结果,作为约束条件 $C_1 = 162, C_2 = 70, C_3 = 70$ 的飞机最优分布,如表 6.6 所列。在这种情况下,$m=2$ 定义了一个沿起飞轨迹减少发动机功率的过程。

表 6.6　三种类型飞机在两条航线间的最佳噪声控制分布的实例。每架 i 型飞机按照飞行程序 m 沿着航线 j 飞行,其中 $m=1$ 对应于未进行任何噪声控制修改的原始程序,$m=2$ 对应于起飞后发动机进行噪声控制的程序

i	j	m	L_{Amaxijm}/dB	N_{ijm}
1	1	1	70	32
1	2	1	80	49
2	1	1	67	14
2	2	1	79	21

i	j	m	$L_{\text{Amaxijm}}/\text{dB}$	N_{ijm}
3	1	1	71	14
3	2	1	75	21
1	1	2	67	32
1	2	2	79	49
2	1	2	70	14
2	2	2	80	21
3	1	2	68	14
3	2	2	72	21

本章所建议的用于计算飞机到达和离开路线之间最优分布的方法,可以用于在考虑机场周围关键区域噪声水平限值的情况下,为机场编制长达一年的飞行时间表。机队使用的归一化频率可以假设满足以下的形式:

$$N_{ijm} = \frac{V_{ik}C_i \exp\left\{-\sum_s \left[b(s)P_{ijks}\right]\right\}}{\sum_{j,k}\left\{V_{ik}\exp\left\{-\sum_s\left[b(s)P_{ijks}\right]\right\}\right\}}$$

其中参数 $b(s)$ 被定义为噪声控制点的噪声水平限制,$s = 1, \cdots, S$,S 表示临界区的编号。

为满足临界区噪声水平要求 $L_{\text{Aeq}} = 65 \text{ dB}$,两种飞机在四条航线间的最优无量纲分布 $\bar{N}_{ijm}$ 实例如图 6.34(a)(Antonov-24 飞机)和图 6.34(b)(Yakovlev-40 飞机)所示。

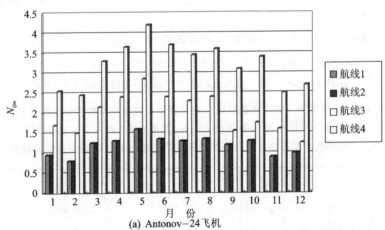

(a) Antonov-24 飞机

图 6.34　采用四条航线的两种飞机在临界区的
噪声影响限值在 $L_{\text{Aeq}} = 65 \text{ dB}$ 情况下的最优调度方案

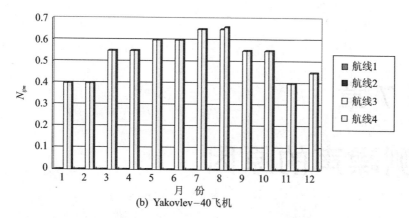

(b) Yakovlev−40飞机

图 6.34　采用四条航线的两种飞机在临界区的
噪声影响限值在 $L_{Aeq} = 65$ dB 情况下的最优调度方案(续)

第7章
监测噪声的原因

如何在飞机上收集有关噪声产生和传播的信息,并且将这些信息使用一种"准确"而且容易理解方式传达给监测者是非常重要的。需要注意的是,这里的"准确"二字的并不仅限于纯粹的技术上的精确度。通过这样的信息,才能准确全面地描述一个机场周围的噪声暴露程度。

监测,作为环境管理的基础,是一个能够进行观察、测量、预报,并且可以根据预设标准进行评估的完整系统。众所周知,任何重大活动所产生的污染都应该被监测和公布,以便公众了解其潜在不良影响。此外,将这些监测结果进行存档也是必要的,这样就可以监测和公布污染水平的长期趋势。在更详细的层面上,监测得到的信息能够反映机场周围的飞机噪声暴露的变化(也适用于监测空气污染、碰撞风险、电磁场暴露的趋势),即噪声暴露会随着飞机降噪性能的提升而改善,也随着飞机起降频次的增加而恶化。

监测和评估是相辅相成的。有些人认为,这两者之间的区别在于监测仅仅是数据的收集,评估则必须包含对监测结果的评价。另一些人进行了更深的分析,认为监测和评估是等价的。例如,监测的目的被某些人描述为:

(1) 对某种需要管理的资源的状态进行评价或是帮助确定管理的优先顺序;

(2) 用来确定是否遵循了所需的管理策略并产生了预期的后果;

(3) 以便更好地理解所管理的系统。

这三点同样也是评估的目的。所以监测和评估的步骤也是相同的:

(1) 定义问题;

(2) 调查清单;

(3) 设计实验和选择指标;

(4) 取样;

(5) 模型验证;

(6) 分析数据和调整方案。

目前有两种主要的监测系统：基于发展趋势的监测和预测性的监测。预测性监测也被称为基于模型的监测方法。与基于模型的监测方法一样，以目标为导向的监测也用于确定实现预定目标的进展。

所有的监测系统都可以根据以下标准进行进一步细分：[1]

- 根据地区：乡村、城市、省（郡）、国家、洲、全球；根据媒介：空气、水、土壤、植被、人口等；
- 根据监测的方法：直接使用仪器测量、遥感测量、建模、通过间接指标监测、问卷调查、日记等；
- 根据监测效果的强弱或者监测的过程：影响监测（在城市）、区域监测（在农村）、基线监测（在偏远地区）；
- 根据影响的类型：物理、生物、化学、人体健康、社会经济、制度（政府对环境问题的反应）。

根据其他客观的方式监测系统总体可以分为两类：仪器监测和无仪器监测。对于飞机噪声，仪器系统包括一组通常安装在机场周围的传感终端，传感终端的数量主要由日常噪声管理的任务来决定的。无仪器监测系统的运行依赖于机场的信息数据和统计数据，包括实时数据、历史数据以及预测数据，这些数据通常被用于不同目的的监测。这两种类型的监测系统必须共同运行，才能满足"机场-环境"系统的日常和战略管理的需求。[2]

从更大的尺度来看，噪声作为主要的环境问题之一，其主要产生因素包括交通运输、工业生产和休闲活动，这是因为噪声暴露是靠近噪声辐射源而产生的。但是区域（全国乃至全球）的噪声暴露分布是一个战略解决方案的主题，包括针对这个问题的政治监督和经济调整。

监测的目标包括：确定现状、判断趋势、了解现象、验证/校准环境模型、短期预测、长期评估、优化上述任何一项的效果或者成本功效以及对它们进行控制。如果以进行控制为主要目标的话，那么监测系统就成为一个基于观察功能的管理子系统。

监控系统运行的容许限度或置信区间取决于监控目标。这些考虑因素在实际设计监测系统时至关重要，之后将在第 7.3 节对其进行详细分析。

监控系统的最佳设计策略在很大程度上取决于为监控系统设立的目标，如表 7.1 中列出的设计参考。

表 7.1　根据不同目标为优化监控系统设计的策略

目　　标	策　　略
环境因素的控制	在热点区域放置监测器
环境因素的描述	在广泛区域放置监测器
与健康有关的研究	在对噪声暴露敏感的地方放置监测器
趋势分析	在趋势变化最大和最小的地方放置监测器
环境因素的建模	根据所建模型的需要放置监测器

对一个地理区域进行监测时,优先选择的抽样策略主要取决于[1]:

● 监控可用的资金,仪器设备和操作站的费用;

● 监测目标(例如:估算某一区域内的区域平均值、长期趋势或最高值出现的位置);

● 所需的容许限度(例如:在±5%误差范围内估算区域平均值,且保证95%的置信度,这样的估算是否有必要,还是说一些粗略的估算就可以满足监测要求);

● 被监测对象的复杂性(例如梯度,方差等)。

对于网络密度优化问题,一般有三种方法:统计方法使用梯度、方差和空间相关场的信息。通常会选用能够提供最多新信息的站点。与此相反的是,使用率最低的站点会被找到并从网络中移除。

建模方法使用被研究的元素/过程的环境行为的信息来估计数据可用性最高的区域。例如,可以使用气候离散模型来估计空气污染最有可能发生的区域。对于飞机噪声而言,必须选择站点以避免其他可能的环境噪声源的影响。

目前有许多监测系统和理念可供使用。本章对飞机噪声监测的现状进行了阐述。一般来说监测系统的设计目的在于测量空间和时间的变化,但在大多数情况下,尽管建立了监测站网络,所有监测站在同一时间测量的都是相同的元素。通常,飞机的噪声监测系统是为了满足多个目标而设计的。

至于全球(全国、区域)问题,当地飞机噪声的评估和控制需要考虑航空对环境影响的其他主要因素。如第1.1节所述,机场的环境容量是由以下几个因素决定的:飞机噪声、当地的空气质量、第三方风险、水污染、土壤污染、周围土地的利用、栖息地的价值以及垃圾的处理。最近,对环境的影响主要分为局部和区域两级。目前,绘制大型工业中心和城市地区的噪声和空气污染的地图是最为关注的问题。

例如,2002/49/EC指令(Environment Noise Direction,END)是针对来自公路、铁路、空运以及工业的噪声。这条指令要求:

(1) 通过绘制策略噪声地图,使用噪声测量或者计算机噪声建模的方法,达到用噪声参数 L_{den} 和 L_{night} 量化环境的噪声暴露程度的目的;

(2) 提供有关环境噪声的信息及其对公众的影响;

(3) 采用基于噪声地图的行动方案,该行动方案应旨在管理噪声的问题和影响,同时也包括必要时的降噪。

另一个例子,英国在2006年制定了环境噪声规范,完成了策略噪声地图,该地图目前的覆盖区域包括:

(1) 每年车流量超过600万的道路;

(2) 每年通行列车超过60 000列的铁路;

(3) 每年起降超过50 000架次的机场(不包括训练飞机和轻型飞机);

(4) 人口超过25万,并且具有一定的人口密度的城市地区。

单独采用测量的方法就能在规定的分辨率下获得足够的信息,但这会涉及到一项工作量极大的调查,并耗费大量的资源。许多测量工作必须长期进行,之后的数据整理和分析工作也十分繁重。同时也要注意到,无人值守的测量通常是不加鉴别的,比如记录某一位置的总噪声中就包含外来噪声,很难分辨噪声的来源。因此,虽然测量噪声可以暂时发挥一定的作用,例如进行核实,但仅通过测量并无法达到END 所要求的详细程度。

噪声建模所需的有关噪声源、传输路径和接受者的信息如表 7.2 所列[3]。根据表 7.2 中所述的不同噪声特性,可以利用计算机软件模型来确定在特定噪声源(例如机场)的各种接受者位置的噪声水平。在第 4 章详细介绍的建模工具和软件满足大多数 END 要求,但仅限于于飞机噪声测绘。建模的任务是将在当地和特定时间(包括白天和季节变化,如果需要的话)进行的测量结果与全球/区域对噪声(或其他因素)影响的评估相结合。

表 7.2　用于绘制噪声地图的模型的输入信息

噪声源	传输路径	接受者
噪声源中的不同元素; 由不同的元素产生的噪声; 元素的数量; 每个元素的位置; 这些噪声源产生的时间	噪声源与接受者之间的距离; 气候条件的影响; (对于陆基源)源和接受者之间的地面覆盖类型; 是否存在会影响从声源到接受者的声音传输的障碍物	接受者的位置; 局部声波反射的影响; 接受者的类型(住所,学校,医院,开放空间等)

欧盟委员会在其关于共同运输政策未来发展的白皮书中强调,需要确保机场周围地区得到充分的保护,以防止因航空运输量增长而导致噪声增加,并且禁止机场周围新的噪声敏感活动,并宣布了包括在机场周围进行噪声监控等一系列措施。

污染者们有责任监测和报告他们正在产生的污染,公众也有权了解环境污染水平。但如果以公众无法理解的方式来报告污染水平,那么毫无疑问的是,这样的披露并没有实际效果。

如果要为机场周围的飞机噪声暴露情况绘制一幅有意义的图画,那么一个人至少需要获得以下信息:飞机的飞行路径;飞机在什么时间使用航线(特别是敏感时间——晚上/清晨、晚上和周末);飞机使用飞行路径的频率;每小时、每天乃至每周飞机活动水平的变化;以及个别航班的噪声水平。

所有降低飞机噪声的政策都应包括使用仪器对飞机噪声进行监测,以向公众提供有关机场周围实际噪声的资料,以及评估有关飞机噪声的投诉。当与机场监视雷达的飞行数据相结合时,噪声监测系统允许按照规定的标准飞行程序和轨迹进行检查。这种综合的飞行轨道和飞机噪声监测系统可以立即监测到任何违反标准程序的行为,并可以根据既定的噪声限制对违规者实施追踪。

世界上很多机场都安装了噪声监测系统,既包括用于测量单个航班噪声水平的简单系统,也有包括相对复杂的系统,这些系统用于收集和分析噪声数据,监测飞机的飞行轨迹、天气信息及周围居民的抱怨等。这些系统必须提供飞机运行及其对环境影响的事实分析,并且能够为周围的社区提供有效控制噪声的信息,这些由系统提供的数据和分析有利于噪声控制的规划工作,比如飞机飞行时的噪声控制,或者机场周围居民区的最佳位置。

有许多国家规则和指令对如何在国际机场周围安装监测系统进行管理,在过去的 20 年里,每年大约有 10 个机场会提供新的或改进后的装置。与目前的系统相比,最初的系统的设计和操作都非常简单。

根据国际民用航空组织(ICAO)航空环境保护委员会(CAEP)的一项特殊工作计划,机场噪声监测工作应当:

(1) 汇编用于描述航空器噪声暴露和数据的应用方法的资料;

(2) 确定飞机对整体噪声暴露的影响(一般影响和由飞机类型、线路、航线等因素决定的特定影响);

(3) 利用噪声和/或飞行路径监测系统收集机场的特征数据;

(4) 收集机场噪声监测系统的详细资料,例如系统功能、数据储存及技术支持;

(5) 选择一个适当的机场样本,对噪声水平的监测值和计算值进行比较;

(6) 将一系列飞机型号及不同操作条件下的认证噪声水平与测量噪声水平进行比较;

(7) 检查在一个代表性的时间段内所测噪声暴露的变化;

(8) 通过专家和决策系统的帮助,更新有关噪声轮廓和监测方法及应用的咨询文件,用于补充环境噪声的管理。

这些收集到的信息应该:

(1) 能够确定飞机对整体噪声暴露的影响;

(2) 能够侦测到飞机运行时出现的过量的噪声水平;

(3) 能够评估噪声控制的运作和行政程序的成效,符合这些程序和/或评估噪声控制的其他飞行程序(客观评估机场附近噪声控制的运作及行政程序的效果的工具);

(4) 协助规划空域使用问题;

(5) 提高有关机场噪声监测工作的公信力,以保障公共利益;

(6) 能够在较长时间内验证噪声预测、预测技术及其方法(收集数据用于绘制等声线、系统噪声暴露预测及已编制的数据制成的等高线图);

(7) 能够提供机场周围噪声的影响以协助有关政府部门进行土地用途规划;

(8) 能够评估配额计数系统(Quota Count System,一种特殊的缓解程序,该程序定义了特定类型的飞机在一天中特定时段内不违反噪声限值的适当的飞行次数),以及其他可能的噪声缓解措施;

(9) 表明其管辖范围和管理机构对机场噪声的官方关注,并允许向政府和其他议员、行业组织、机场所有者、社区团体和个人提供报告和回答问题。

同样,一个机场监测系统可以为以下工作提供协助:

(1) 答复市民对飞机运行的噪声投诉及查询;

(2) 发现异常飞行事件(相应的噪声声级由飞机、航空公司量度及核实);

(3) 培训飞行员、航空公司、机场业主和公众(关于发现不符合空中走廊要求的操作);

(4) 利用客观资源(飞机种类、运行时间、航迹和航线的使用、跑道、投诉等)来获取统计数据;

(5) 应用研究工具协助机场执行所需和授权的某些任务(规划机场周围的空域使用、监测未符合空中走廊要求的行动、飞机对机场周围噪声暴露的影响等);

(6) 评估是否符合由政府机构制定的强制性噪声标准等(通过测量验证噪声水平和飞行程序,监测不同航空公司或不同种类的飞机在运行过程中过量噪声的发生情况等)。

目前的飞机噪声监测改良起源于 19 世纪 80 年代末,旨在发展一个单独的复杂系统用于收集有关噪声监测、飞行轨迹、天气信息和人口投诉等信息。这样的系统已经难以满足需求,对于噪声源的识别、对单独声音事件影响的的评估、对飞机飞行控制的监管、测量和建模工具相结合等方面的要求已经迫在眉睫。

运行噪声和航线监测系统有很多好处,但是如果没有足够的资源来监督系统的运行和确保其准确性,这些好处可能无法被充分体现,相关机构的信誉也会受到影响。注意事项有以下几点:

(1) 噪声和航线监测系统会产生大量的数据,对这些数据进行系统性的汇总和报告是非常重要的。这可能需要采取标准化的报告格式,并且按照规定的时间间隔进行。

(2) 在公开发布数据之前,必须仔细检查数据的准确性。这尤其和噪声数据相关,对于这些数据,系统可能会对从无人值守的仪器自动收集的数据进行数据计算。而对数据处理是声级计算的基础,它不需要很多错误的输入就能严重扭曲汇总平均的结果。

(3) 必须保留系统中断的记录,特别是有关飞行轨迹信息的记录以避免因为飞机在某个地点某段时间没有进行某个操作而被投诉,实际上操作被执行了,却由于系统宕机而未被记录。

(4) 需要运行预防性维护和校准程序,而且这将需要长期投入成本。如果该系统用于监测违反噪声限制和/或飞行走廊边界的行为来起诉违法者,那么维修和校准数据的记录可能会成为法律诉讼的证据材料。

(5) 安装噪声和航线监测系统的过程可以视为向社会服务,帮助处理飞机运行的不良影响。然而,虽然该系统可以起到一些积极作用,但它本身并不是这些不良影响的解决方案。

7.1 用于飞机噪声监测的仪器

世界上大多数的机场都在规划或者已经安装了飞机噪声监测系统（ANMS），每种 ANMS 都有自己的特点。这些系统从单人可以操作的间断运行系统，到拥有 15 名或以上工作人员的长期系统。相关噪声监测的工作单位的范围从那些每月只处理一两个噪声投诉的办公室，到一个完整的分部或者可以每周处理数千起投诉的大型国际机场的噪声处理单位。噪声测量终端（NTMs）的数量可能从小型机场的两个到大型机场的五十个以上（如日本的成田机场）。机场周围噪声测量终端的数量取决于机场的跑道布局、机场与噪声敏感位置之间的关系以及需要监测地点的数目。至于机场周围噪声测量终端的数目和位置的重要性，本章的前面已经讨论过。

要满足噪声监测的主要目标，通常必须进行以下三期研究：

（1）利用分析模型和可用的最佳数据库建立一个初步的等声线图；

（2）利用等声线图选择噪声监测点并获取监测数据；

（3）将监测数据做归一化处理使其符合典型的飞行条件，并对等声线图进行更新。

一个理想的噪声监测系统的配置包括：

（1）能够在机场周围选定地点测量飞机噪声和环境噪声的硬件；

（2）空中交通管制人员对飞机飞行时刻的记录；

（3）实测的声音事件与飞机飞行的相关性；

（4）与声音事件有关的飞机识别；

（5）数据的储存；

（6）对用于生成和显示测量结果的永久信息数据库进行操作和管理。

噪声监测系统必须与天气信息源相连。噪声数据的分析和飞机航迹的分析都是很重要的。通常，记录的信息包括风速、风向、温度和相对湿度。这些气象数据可以从 NMTS 监测站或者机场的气象站获得。

为了评估受噪声困扰的人数，有必要建立一个处理投诉和信息的子系统。图 7.1 所示为两个包含航迹控制单元飞机的噪声监测系统（ANMS）。

噪声监测系统的基本组成部分为噪声监测终端和设有储存、处理、分析及展示（以不同形式生产报告）有关机场地区噪声影响所需软件的中央噪声监测站（NMS）。每个机场的噪声及航迹控制系统（NTK）均会将空中交通管制的雷达数据（即飞机的飞行路径）与噪声监测器在指定位置的相关噪声测量结果相匹配。航迹控制系统（NTK）在机场的典型应用包括监测设备是否超过噪声限值以及监测飞机的航迹保持性能。在这种情况下，与机场雷达的通信网络也会自动实现。

机场空中交通管制系统提供的噪声数据和航线及航迹的信息的准确性是非常重

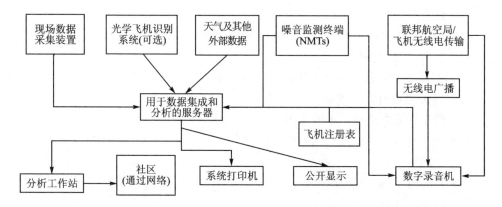

图 7.1　机场噪声监测系统的结构示意图

要的。为了提高准确性,可以通过对噪声测量过程的监督,也可以通过将从飞机飞行信息注册设备及控制设备获得的轨道与空中交通控制系统提供的轨道进行比较。

飞机噪声监测系统(ANMS)应当

(1) 对长期数据提供可靠、快速的展示和分析;

(2) 根据用户数量和类型、终端(监测器)数量和外围设备的数量及类型的变化,能够进行经济有效的调整;

(3) 保持开放,能简单地集成到机场基础设施和附近的运营环境中。

ANMS 的系统描述通过具体系统应用的实现提供,这些描述可以分为不同的逻辑块(如表 7.3 所列)。

表 7.3　系统描述

噪声控制工作	噪声控制终端(便携式及永久性)的规定
中央噪声监测站(NMS)	NMS 的要求,通常特定于设备,包括计算机、数据存储、打印机、用户数量等
软件的功能特性	数据处理软件的需求
报告	报告形式的需求
非本质的可能性	监控和存储天气数据,机组调度员无线电连接记录,远程显示等
系统维护	详细说明所需的维护、校准、检查等

机场噪声控制系统建立在许多个噪声控制终端(NTMS)上,从而保证了噪声数据聚集和传输的灵活性。通常该系统保持实时工作,将数据传输到中央噪声监测站(NMS)来显示声音事件,还可以记录典型数据并进行特殊分析和显示(重构)。噪声数据的典型重构可以在计算机上显示,并用于对声音事件进行详细的可视化和数学分析。NMS 会对声音事件及周期数据进行实时传输和储存。NMS 通常在交流电网中工作,当电力中断时,它会使用备用电池来继续工作。一个噪声控制终端(NMT)包括:

(1) 固定在高杆(见图 7.2(a))上的麦克风(见图 7.2(b));

（2）带有声信号分析和相关分析结果储存设备的气候防护箱（见图 7.2(a)）；

（3）用于向中央噪声监测站传输数据的调制解调器；

（4）电力系统（电网或电池）。

调制解调器链路通常通过专用数据线或者电话拨号模式实现。

测量环境噪声有以下重点：

（1）数据压缩方法和显示的清晰度；

（2）动态范围；

（3）脉冲响应；

（4）环境情况（极端温度和风）；

（5）耐冲击性；

（6）操作简便；

（7）操作错误的可能性。

在安装噪声监测系统时，需要使其尽可能地远离任何可以反射声波的物体，并且保护其不受恶劣天气和鸟类的影响（见图 7.2(b)）。除地面以外的所有反射面都应与麦克风保持至少 10 m 的距离。根据 IEC 651 和美国国家标准协会（ANSI）S1.4 标准，正常工作使用的整套麦克风组件（如麦克风、前端放大器、防雨保护器、挡风玻璃、麦克风支架、防鸟装置、避雷针以及其他校准装置）必须满足国际电工委员会（The International Electrotechnical Commission 61672 - 1）的一级专业要求。而且在规定位置安装的每个附件都必须满足这些专业性要求。

每个噪声测量终端的所有设备都应该满足国际标准 IEC 651 和 IEC 804 中的第一类要求，并由经认可的第三方组织进行核实。

对于无人值守的测量麦克风的位置，必须进行选择以尽量减少来自非飞机声源的干扰声音的影响。为了能够让基于声级鉴别的系统提供可靠的事件监测，建议选择核实的地点，使得待测噪声最小的飞机的 A 计权最大声级至少比残余长时间的平均声压级低 15 dB。

标准麦克风需要至少高出地面 6 m，但是为了最大限度地减少由于地面反射造成的干扰效应，建议使用 6～10 m 的麦克风。对于高涵道比飞机发动机噪声的监测，如果可以证明每架飞机的仰角（相对于地面）总是大于 30°，而且声压级在最大值的 10 dB 范围内，那么 1.2 m 高的麦克风也适用。

在进行环境噪声监测时，噪声水平范围会非常大，尤其是在机场周围的区域。为了估计控制点的噪声状况，该设备应该能够记录飞机产生的不同噪声事件所对应噪声的最大值和相对要低很多的背景噪声。如果背景噪声水平很低，例如 30 dB 左右的噪声会在夜间机场出现，那么机场必须确保测量仪器能够测量如此低的噪声水平。根据国际标准的精确测量要求，测量水平应该至少比仪器底噪高 6 dB。实际上，底噪应该比所测噪声的最低水平低 10 dB。

噪声监测仪器应至少具有 63 dB（通常大于 80 dB）的动态范围以满足标准的要

(a) 带有气象传感器的高杆

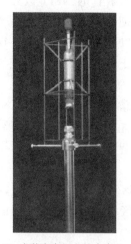

(b) 安装在高杆上的麦克风
及其保护装置

图 7.2　噪声监测系统的组成元素

求。这里的动态范围指的是设备在没有过载情况下能够进行记录的噪声水平范围。尽管可以通过在特定子区间之间进行切换来实现更大的系统范围,但是这可能会导致测量中的错误,特别是在噪声水平迅速变化的情况下(如飞机声音事件)。目前大多数可用设备的动态范围超过 110 dB。

　　为了符合人类对噪声的反应,在噪声测量中通常会进行频率校正(加权)。测量设备至少应该使用 A 计权频率校正。在噪声监测终端(NMT)中进行的噪声分析的复杂程度取决于运营商的要求,可能包括定期间隔(例如每秒一次)的 dBA 水平,每小时或每天的平均噪声水平(L_{Aeq}),一天或其他一个时间区间内的统计噪声水平(L_n 值)。

　　通常情况下,控制外界噪声需要进行宽频测量。为了进行更详细的分析,也有必要提供离散频段的数据:通常是三倍频带。分析仪在许多单独的频段(在 50~10 000 Hz 范围内有 24 个频段)之间分配噪声,并得出在哪些频谱带中发现有噪声能量及其数值。频率分析在机场噪声控制系统中属于相对较新的技术,但对一些国家来说尤为重要,这些国家规定了相应的测量指标,如国际民用航空组织(ICAO)对感知噪声水平(PNL)和/或有效感知噪声水平(EPNL)所建议的指标的测量,以及用于验证噪声模型的测量。频率分析所要求的精度应该符合国际标准 IEC 225 中的 1 型规定。

每个噪声监测终端(NMT)都应该将本地储存和每秒的噪声水平进行报告。对于"拨号"类型的系统来说,数据的储存是最重要的;但是如果中央计算机由于某些原因无法访问,那么对于需要实时与中央计算机通信的系统来说,这种储存也是必要的。

除了永久放置的 NMT 以外,系统还可以根据实际情况的要求包含位于附加住宅中的若干便携式 NMT。此外,对于特定地点的短期控制计划(两到三个月),便携式 NMT 可以允许在许多位置进行定期的噪声水平估计,相比于永久性 NMT 在技术上和经济上有更大的优势。便携式 NMT 可以具有与永久性 NMT 完全相同的功能,并且完全兼容固定系统终端。使用移动电话技术在便携式 NMT 与中央计算机之间进行通信,可以增强便携式 NMT 的灵活性。如果便携式终端设备没有自动数据收集的功能,那么它们应该能够将数据至少保存五天。

根据世界各国的经验,在选择噪声检测区域和 NMT 时,有以下几个标准需要满足：

(1) 该区域应主要为住宅区,最好距离最近的跑道最近的一端不超过 10 km；

(2) 该区域应靠近经常使用的飞行轨道,以尽量减少错误识别环境噪声源的可能性；

(3) 该区域必须相对安静以便可以在背景噪声之上检测到飞机噪声,也就是说不应该靠近噪声源,如主要道路、铁路线、工厂和空调系统。同时也要考虑到天气因素,比如要尽量避免靠近金属屋顶,因为下大雨时会产生很大的噪声；

(4) 从 NMT 麦克风到飞机必须有直接的视线,最好还能避开大型建筑物和陡峭的地形,因为这会引起回声或者屏蔽噪声；

(5) 必须有电力供应和电话线；

(6) 必须随时可以进行维护；

(7) NMT 应该得到保护以避免被恶意破坏。

此外,有必要实施预防性的维护计划,包括定期审核 NMT 各个部分的测量性能。如标准所示,麦克风应该每天更换两次,并且通过实验室设备(如活塞校音器)来定期校准。相关的校准结果要保存在中心站以保证测量精度。

中央 NMS 的核心安装了必要软件的计算机。软件的一般结构取决于监控的目标,包括三个模块：[2] 库存模块、功能模块和分析模块。

库存模块主要用于收集有关噪声污染水平和噪声来源的数据,包括噪声源的数量和各种保护措施。库存模块决定了系统中传感终端的要求(它们的数量和位置)。

功能模块是软件的一部分,包括噪声源和环境的所有必要描述。最重要的是噪声源和环境的表现会直接影响到噪声所造成的影响,例如飞行路线方案,沿特定路线的航空交通以及飞机的型号。

分析模块中的软件同时用于仪器和非仪器两种系统模块,它有助于在生态环境和经济环境两方面评估环境影响。

软件应该提供从机场周围的终端收集的全部噪声数据,以及来自雷达的关于航班和来自空管的关于飞行计划的信息。软件中的一些额外信息,如天气数据和航班信息,将有助于系统对噪声环境进行更好地管理。

噪声和航线的监测与控制需要处理大量数据,实现机场噪声监测的全部潜力则依赖于计算机系统和内存的最新进展。由于具有在两种数据之间的关联能力,现代系统远比早期只用于噪声控制的系统实用。

使用飞机噪声等值线的一个缺点在于它们会给人一种在等值线外没有噪声的假象。因此,系统需要包含较远距离的飞行路径以证明飞机的噪声不会停留在最外层的噪声等值线。对于一些机场来说,公众会关心延伸至机场外 30～40 km 的航线的位置。此外,相对较远的飞行路线信息表明,等值线的形状并不一定反映大量飞机的飞行位置,某些等值线的形状主要受到噪声最大的飞机类型和着陆飞机的影响。

NTK(航迹控制系统)系统提供以下信息:

(1) 哪些飞机正在飞行;

(2) 这些飞机往返地点;

(3) 这些飞机在空中的位置;

(4) 它们使用的跑道和路线;

(5) 它们在地面发出多少噪声;

(6) 相应的天气状况等。

航班计划或雷达数据收集可以是实时的,也可以使用"拨号"来实现,或者由各方共同实现(例如使用飞机上的磁性信息载体来进行传输,其中包括用于飞机飞行路径再现的所有必要信息)。此外,也可以手动单独添加航班计划信息。

雷达接口各有差异,从由异步接口发送的简单文本 ASCII 格式到具有严格时间要求的同步接口的复合体。

考虑到机场监视雷达(如 ASR - 9)所要求的安全与飞机分离功能的重要性,雷达提供及其精确和可靠的位置信息就不足为奇了。ASR - 9 能够保证 0.05 km 的测距精度和 0.09°以内的方位角精度。

对飞行轨迹位置信息的评估是相对于被观察的飞机在飞行中的位置进行的。核实雷达飞行航迹数据的最有效的方法是确定一架飞机在某一地区的飞行位置,并将其与现有的飞行轨迹数据进行比较。

如何识别所观察飞机的位置有若干种方法,但这些位置评估方法的目标都是确定所观察的飞机在地面投影的位置。有些人考虑了对于飞机高度和与测量点的距离的三角测量,但却没有确定从地面到经过飞机的精确距离。虽然这种方法看起来过于简单,但是从理论上讲,测量的次数越少,那么总的误差也就越小。一名测量人员肉眼观察到飞机飞越上空时的飞行路径,当飞机从头顶的正上方飞过时,使用全球定位系统(GPS)确定此时的位置。当确定了飞机的位置时,飞机的型号和时刻也应该被记录,从而将该时间与相关的雷达航迹位置的信息联系起来,同时还可以参考街道交叉口的方法来确定飞机的地理位置。然后将观察到的飞机位置与飞行轨迹数据进行比较以确定飞行轨迹数据的准确性。

通过上文概述的过程可以确定 ANMS 中所描绘的物理监测轨道和实际轨道之间的误差。通过这样做,工作人员能够确定 ANMS 中描述的飞行轨迹相对于实际监测飞行的准确性。分析结果显示,ANMS 中描绘的轨迹与物理监测航迹的平均偏差约为 8 m。考虑到在这种飞机位置评估中引入了多方面的误差因素,又出于 INM 等值线图生成过程中所涉及的飞机位置精度考虑,上述结果是非常好的。

世界各个主要机场收集的噪声和相关运行数据的准确性问题并不新鲜,本书将在第 7.3 节分析这个问题。

收集天气数据是准确估算噪声影响所必需的,天气数据既可以使用计算机从专业控制系统的天气报告中获取,也可以通过手动获得。

系统的管理功能必须包括:

(1) 预约(每日和每月,自动和定期);

(2) 存档(在必要时保存历史数据);

(3) 确保系统安全(为使用者定义和控制访问级别,防止非典型的或者非法访问和使用系统);

(4) 报告(即对数据卸载、重要参数变化、外部数据传输终端等相对重要的情况进行记录和报告)。

系统的管理功能至关重要,因为它们会产生大量数据,在向公众提供噪声监测结果报告之前,必须仔细验证其准确性。

为了减少持续投资,ANMS 的可修改性和扩展性是很重要的,其扩展要求可能会来自以下几个方面:

(1) 需要引入额外的功能以满足新法律或者新的机场运营需求;

(2) NMT 功能的发展;

(3) 用户数量的增加;

(4) 监测面积的增加;

(5) 机场的发展。

系统在正常运行的过程中会持续收集噪声和飞行路径的数据(每天 24 小时,每周 7 天),所以,时刻对于系统的运行是很重要的。系统的所有部分的时间必须彼此同步,并与系统所连接的外部数据源同步。将系统各部分的时钟进行定期同步是必要的,就像将 NMT 上的麦克风进行灵敏度检查一样。

由于 NMT 测量的是它们所接触到的所有噪声,而不仅仅是飞机噪声,因此,需要将飞机噪声与其他噪声源区分开来。这个过程可以使用"声音事件"的概念,即每当噪声水平超过预设阈值且超过预设持续时间时,就会发生声音事件。如何在特定地点条件下确定声音事件的噪声水平和持续时间的阈值,应由经验来确定。阈值的选择通常是在确保尽可能多的飞机被测量和识别与避免因大量无关的非飞机噪声而使系统储存容量过载之间的折衷。

系统可以仅根据声学特性来从持续测量的数据中提取声音事件,然后借助于飞机声音事件的附加声学特性将事件分为飞机声音事件和非飞机声音事件(见图 7.3)。如果还有可用的非飞机信息可用,则可以进一步处理飞机声音事件,将它们和飞机类型及其特定的运动联系起来。

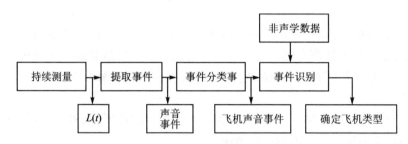

图 7.3　用于声音事件识别的数据处理过程

只有当飞机被可靠且精确地监测和识别时,自动且长期的监测才有可能实现。根据不同的情况,可以使用不同的识别技术来监测飞机声音事件。如果有必要,也可以在一天中的不同时段使用不同的技术来做监测。而且,这些技术必须满足以下两个标准:

(1) 所有飞机声音事件的累计暴露量与暴露量实际值之间的差异不应超过 3 dB。实际值还应该通过计算未测量飞机噪声和误测的非飞机声音事件的影响来估算。

(2) 飞机声音事件的数量与飞机运行总数的实际值之间的误差不超过实际值的 $\pm50\%$。

在估计监测质量时也要考虑飞机位置的数据,例如空中交通雷达数据,并且将自动识别结果与操作员进行的声学识别结果进行比较。后一种识别可以通过现场识别飞机事件或者通过收听记录信号来进行。测试期间将包括至少 20 次相同类型的飞机操作的飞机声音事件。

所测量和储存的噪声数据还可以包括事件期间的最大噪声水平(L_{Amax})、事件噪声水平随时间的发展、暴露声级(SEL)、等效连续声级(L_{Aeq})和有效感觉噪声级(EPNL)。此外,事件数据还将包括事件开始和结束的时间,以及事件期间发生的最大声级的时间。

雷达接收到的信息不仅包括飞机的位置信息,还包括每次雷达回波的时间。计算机可以将噪声事件和雷达跟踪信息联系起来。当噪声事件发生的事件与飞机轨迹在 NMT 附近的事件一致时,则该噪声事件属于飞机。当然,也存在其他的噪声源比如卡车,可能产生与飞机类似的噪声,因此,不可能完全确定噪声事件是由飞机产生的。此时可以利用 NMT 中包含的频率分析功能,可以进一步判断噪声源是否为飞机。

地理信息系统(GIS)是一种计算机系统,包括用于将空间数据处理成可用于制定地球区域决策的信息的工具。GIS 系统是一个强大的分析工具,可以支持影响数千居民的决策。目前,各种新式的 GIS 系统被广泛用于绘制和分析机场监测系统周围的飞机噪声的影响。

有几种类型的地图被用作评估飞机噪声影响的信息工具,它们的优点和缺点见表 7.4。

飞行路径图是分析飞机噪声信息的基本工具,它向人们提供飞机飞行位置的指示,并且可以有效支持所有其他飞机噪声的信息。它可以清楚地显示飞机的飞行方向,也可以显示飞机在投诉者家附近的高度(采用一种颜色编码系统来指示飞机的高度)。

增强型的飞行路径图——超过几天的(对于繁忙的机场)航迹密度图,可能会包括太多的信息而呈现出令人困惑的画面。

飞行路径运动图表显示了飞机在机场周围的噪声分布情况,飞机并非都沿着同一轨道飞行,但往往会扩散到不同的飞行路径区域。因此,飞机路径运动图表除了包含日平均信息以外,还包含图表所涵盖期间最繁忙和最安静日期的数据,以显示噪声在该时段内的变化情况。

一般来说,单一事件的噪声数据可以通过显示计算机生成的"噪声足迹"或者通过提供机场周围的噪声监测器上各个航班所记录的噪声水平和数据来提供。这种等声线图可以方便人们对不同类型飞机的噪声水平进行比较,特别是对某一种飞机降落和起飞时噪声水平的比较。

表 7.4 所列为特定类型的噪声/轨迹图的优点和缺点。

表 7.4 特定类型的噪声/轨迹图的优点和缺点

地图类型	优 点	缺 点
飞行路径图	显示飞机在有人居住地区的飞行路径; 基于实际的监测情况	通常不包含运动次数以及运动发生时间的信息; 不能提供有关噪声的直接数据
飞行路径运动图表	可以结合飞机路径位置和飞机运动次数的信息	不能提供有关飞机噪声的信息
单事件噪声数据	可以更好地显示制定飞行路径上制定类型飞机的声压级	等值线仅由计算机建模产生,而且仅与一个飞行路径有关; 会给人一种等值线外没有噪声的假象
N70 等声线图	能够有效显示短时间内的噪声暴露情况	会给人一种等值线外没有噪声的假象

续表 7.4

地图类型	优　点	缺　点
N70 测量图	信息来自于噪声监测； 可以快速检查特定操作或者飞机类型产生的噪声	只能提供噪声监测终端周围的信息； 不能直观显示 70 dBA 声压级的实际效果
噪声等值线图	可以显示一年或者几个月内的昼夜平均噪声等值线	使用一组实际飞行路径通过计算机建模来生成等值线，难以与噪声监测终端上的噪声测量水平相关联
噪声分区图	可以显示允许的人类活动的噪声区域	使用一组实际飞行路径通过计算机建模来生成等值线，难以与噪声监测终端上的噪声测量水平相关联
音频/视频工具	可以清楚地显示不同类型噪声事件之间的差异以及噪声的实际效果	无法重新访问信息以便进行分析
网络浏览器	可以接收几乎实时的信息	无法解释事件发生的原因

　　N70 等值线图对机场周围区域内制定时间段内的单个事件数据进行了汇总，并统计出在图表所述期间内发生了大于 70 dBA 的飞机噪声事件的平均天数。这里的术语"N70"通常也被用作"大于 70"这样含义的通用表达，类似地，为了其它一些特殊用途，也会有"大于 60"或者"大于 80"的等值线图。

　　与 N70 等值线图不同，N70 测量图报告了实际的噪声测量值，它不仅可以提供可信度更高的信息，还可以作为检验 N70 等声线图精度的工具。

　　噪声等值线图通常是利用真实的飞行轨迹和气象条件计算昼夜噪声指数得到的，它可以为噪声管理程序提供信息。

　　噪声分区图通常是根据全年平均昼夜噪声指数计算所得，是支持允许人类活动的必要工具。

　　近年来，出现了许多音频/视频产品，它们通过高质量的声音和视觉图像，以噪声模拟为内容，向非专业受众展示了飞机噪声的影响。通常，它们将作为主要机场项目的咨询过程中的一部分，比如修建新跑道。演示的内容可能包括不同飞机类型产生噪声的差异，改变飞机路径产生的噪声变化，房屋隔热所带来的噪声减少等。这些工具也可以用来帮助受众了解噪声评估报告中所使用的专业描述词汇。

　　许多机场在其网站上提供了查看飞行路径的功能，其中的数据会随着飞机的移动而更新，通常情况下会比实际情况延迟 10 分钟到 1 天。当飞机穿越空域时，用户还可以选择某架飞机进行跟踪。这些网站还允许用户重放航班轨迹数据库内包含的任意选定时间段内的航班飞行轨迹。这种 GIS 技术允许用户通过交互式的网页制图应用程序公开访问 GIS 和 ANMS 数据库。可以在地图上创建（示例如图 7.4 所示）实际噪声的等值线图，并根据飞机的实际轨迹和噪声测量（ANMS 监测器）进行校正，最终确定飞机某一操作实际噪声的影响并验证噪声分区边界的有效性。

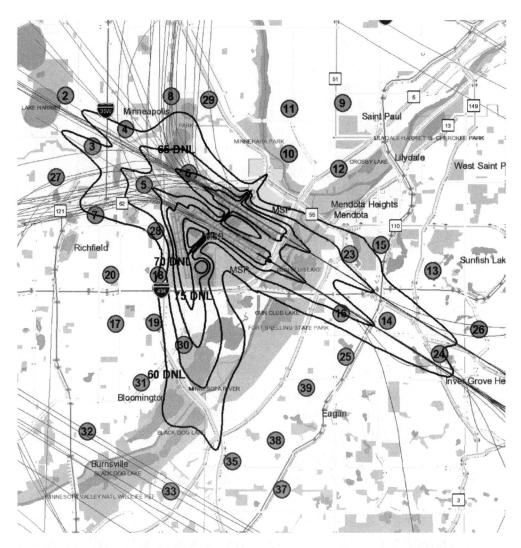

图 7.4　在网站浏览器上创建的典型噪声图：图中有 38 个监视器
用于仪器噪声测量，出发航线向西，到达航线路径向东
（由 http：//maps. macnoise. com/interactive/于 2008 年 3 月 11 日 3：53 创建。此信息仅供参考）

　　通过仪器测量噪声数据和使用建模方法预测噪声的结合是飞机噪声预测系统改进的基本方向之一。这种方法能够估算机场周围整个区域的噪声水平，而不仅限于测量站的位置。另一个优点在于可以更自由地选择测量站的位置，对于传统方法，测量站必须位于居民区附近，这使得无法消除其他噪声源的影响。对于测量站来说，更好的位置可以产生更可靠的数据，从而产生更可靠的噪声水平。

　　对于某一地点的噪声水平的预测结果和实际测量结果之间会有很大的差异，这是因为大多数计算/建模工具都是基于平均描述或者夏季条件（最不利于测量飞机噪声暴露的季节)。气象参数的日变化或者季节变化的影响以及它们随地面高度的变化,还有地形特征(地面覆盖、植被、遮挡物等),都会对噪声测量终端的测量结果产生很大影响,而这些影响往往没有被计算/建模工具考虑在内。为了定期更新声音传播的模型,测量站不仅需要测量噪声水平,还需要测量一些其他参数,如温度和风轮廓线。飞机噪声的释放量可以根据飞机的类型和其他影响噪声水平的环境因素,由飞机噪声释放模型得出。本书的第 4 章描述了将测量值和计算值关联起来的方法,这种方法可以用于改进地面噪声水平的计算程序。目前,一些合适的用于评估、识别和优化的算法已经得以提出和实现。与其它使用线段和校正项的模型相比,飞机噪声释放模型使用了具有方向性特征的电源。利用强大的动点源模型,可以重建单次飞行过程中噪声释放量随时间的变化过程,再将此计算结果与测量结果进行比较,可以就单次飞行事件对这个模型进行验证。这些模型的强大功能在于将这些基于模型建立的监测系统中的模型和数据进行结合。此外,该模型的使用还有助于进行以下方面的工作:

(1) 短期噪声预报;

(2) 多种飞机的情景研究;

(3) 噪声限制的执行。

噪声监测终端网络(它们在机场附近的数量以及位置)的优化需要根据监测目标和目的来进行(见表 7.1 和本章第 7.1 节内容)。系统的全部功能都必须以仪器方式实现,尤其是以下功能:对飞行路线进行控制;对指定地点制定类型飞机或者全部类型飞机的噪声水平的控制;通过分析特定路线的测量噪声来控制飞行模型;控制居民点的噪声水平并根据当地居民的活动与具体限制进行比较。

噪声监测系统最常见的任务在于定义噪声等声线,同时也允许使用其他方法来设计监控系统,特别是在需要广泛覆盖噪声监测终端的地方(比如日本成田机场周围就安装了 56 个噪声监测终端)。考虑到每个噪声监测终端和整个系统的成本,在解决任务时并不一定需要一味地增加终端的数量。这样的说法不仅限于飞机噪声,也适用于其他的环境因素。目前,针对如何解决这个任务,已经有两种概念被提出。[4]

第一个概念是在进行持续监测的现场对噪声水平(连同其他环境影响因素)进行的总的典型性评估,在一段时间内,可能涉及相当多不同的噪声暴露情况(以及其他因素的影响)。这是通过第 4 章概述的模型实现的。

典型性评估系数 C_i 通过计算所有场景的加权平均值得到:

$$C_i = \sum_j c_{ij} p_j \tag{7.1}$$

这里的 p_{ij} 指的是在相应区间内给定场景的概率。还有另外一种计算方法:

$$C_i = \sum_j q_{ij} p_j \tag{7.2}$$

此处如果 c_{ij} 在噪声等级上高于标准限值(或者其他环境因素),那么 $q_{ij}=1$;否则 $q_{ij}=0$。

第二个概念是边界内的代表性区域（即终端周围区域）的概念，其中对于评估环境因素的数据可以用预先确定的准确度和可靠度外推。

这个概念分为两个阶段实现。第一阶段涉及确定监测器所在的位置点，在这些位置上的典型性评估系数 C_i 要得到最大值。在第二阶段，需要为所有监测器定义一个典型性区域 A_i，这一区域的边界由预先设定的评估置信水平决定。最佳解决方案是使总面积最小化，其中包含一些（或者全部考虑在内的）特定典型性区域。

将建模（计算）结果与监测器测量结果进行协调的工作对于验证和引用预测结果十分重要[4]。具体的实现需要通过各类飞机噪声模型计算得到的结果 L_P 和相应的测量结果 L_O。这样就可以设定一个标准[4]：

$$D = \left[\sum_i (L_{Pi} - L_{Oi})^2 W_i \right]^{\frac{1}{2}} \tag{7.3}$$

具体的解决方法将涉及到这一标准的最小化。解决方法取决于初始数据集的范围——飞行路线和轮廓图，气象和地形参数。而且针对每种类型的飞机（每个事件）都需要分别进行识别。

有关机场周围现有航线的位置和使用水平的资料，比较容易得到；但是预测这些信息要复杂得多。而且这种预测的可靠程度将随着时间范围或距离机场的距离的增加而降低。

在绘制长期的土地利用规划轮廓图时，时间范围可能长达 50 年，因此所有飞行路径假设都应该相对保守，只能拓展到轮廓图所需要的范围。在拟定长期规划轮廓图时，无论所使用的飞行路线的限制性质是怎样的，出于透明度的原因，如果有要求，都应该向公众提供用于绘制飞行线路轮廓图的信息。

7.2 测量和预测中的不确定度

一些机场的降噪测量精度要求控制在 0.1 dB 以内。然而这要比目前的麦克风的测量公差还要严格。由于这些要求可能会影响到数百万美元的开支，因此，需要新的解决办法。测量误差可以认为是由电子误差、机械误差和声学误差造成的。电子电路的精度和线性度都得到了提升，在温度、湿度和静压效应的补偿方面也有了改进。此外，还必须考虑现场校准设备和声学限制。只有考虑到所有这些因素，才可能减小系统的公差。

在向公众提供数据时，应该尽量确保其准确性。在实际中，数据不太可能是完美的，而且几乎总是存在某种形式的小缺陷或者基于某些假设。重要的是，这些"缺陷"不应该被用做隐瞒信息的借口。比较合适的方法是认识到数据中的这些缺陷，并且向接收人表明这些数据的可信任程度。

在绘制噪声地图时会有许多潜在的误差源，这些误差源结合在一起就会在预测的噪声水平上产生较大的误差。这些误差包括计算方法方面的错误、计算机实现方面的错误、输入数据方面的错误、处理数据方面的错误以及软件在计算噪声水平时可能由于效率技术而引入的错误等。

　　测量的准确性和用于评估机场周围噪声的数据是非常重要的,噪声等声线作为噪声区划的基础也同样重要,这些因素会对特定区域内成交的房屋隔音合同数量产生重要影响。这将关系到大量的家庭,所关系到的金额将达到数亿美元。因此,噪声保护区的轮廓和边界的估计精度问题是成本评估的对象,尤其是在隔音措施方面,这可能会给机场及其运营商带来巨大的额外成本。

　　无论是测量还是估算,都需要对特定机型单次飞行的不确定度进行估计。噪声估计是基于实验误差影响的算法。测量和计算都是对未知真实声级的估计。如果测量或者计算更接近真实的声级,那么预测工作的优先级就会相应降低[5,6]。不确定度的测量对以下两种用途影响很大:

　　(1) 确定声功率(通过测量或者算法)来根据算法估计声输入;

　　(2) 测量噪声并与社区的噪声限值规定做比较。而且要将第一种情况的不确定性与第二种情况的相结合,否则会引起当地居民的不满。

　　噪声估计中的误差可能来自于建模算法的局限性,也可能来自于数据数据的误差。建模过程中可能出现的错误来源包括以下[7,8]:

- 大气对声音传播的影响–许多模型都假设大气是标准均匀的。当环境条件偏离标准条件时,就会产生一些误差(15 ℃,1 013.25 hPa,70%湿度)。产生误差的主要原因在于大气的吸收作用(温度和空气湿度)、折射效应(风速和温度梯度)和大气湍流的变化。

- 地形效果——由于当地地形和地形的变化(复杂的地面反射和散射)。

- 飞机噪声源——发动机、机翼(襟翼)的表面。

总的建模不确定度 u_m 可以表示为以下的形式(同式(4.72)):

$$u_m^2 = u_{source}^2 + u_{div}^2 + u_{atm}^2 + u_{add}^2 \qquad (7.4)$$

其中 u_{source} 表示声源建模的不确定度(在各种功率设置、气动配置和飞行速度下,取决于噪声发射水平);u_{div} 是几何发散的不确定度,它是由距离的不确定度 u_r 引起的;u_{atm} 是大气衰减的不确定度,由距离的不确定度 u_r 和空气吸收系数的不确定度 u_a 引起;u_{add} 用来表示传播变化(气象效应、地面特性、大气和地形条件)的不确定度。

　　考虑到飞机三倍频程噪声水平的建模,模型的误差可以用总谱差 E 的矢量形式(见式(4.27))和/或协议 d 的相对误差指数来表示(见式(4.28))。在使用主要飞机噪声源的权重和及识别任务的解决方案时,特定类型飞机噪声源的不确定度 u_{source} 是非常小的,对于总体 SPL 来说小于 1 dBA。声音传播(大气和地形)的影响可能会导致更多的不确定性,特别是当飞机在更高的高度(距离跑道足够远时)。对于机场周围交通强度接近机场容量限值位置处的,而且小于 65 dBA(L_{eq}、L_{DN}、L_{DEN})的噪声等声线来说,这种不确定度非常重要。

　　输入数据错误由以下情况引起:

(1) 飞机位置信息，利用理论飞行路径或雷达测得的位置误差；

(2) 起飞、抵达的飞行手续；

(3) 标准轮廓图，包括标准仪表离场（SID）或者标准到达路线（STAR）；

(4) 起飞重量和推力减少程序；

(5) 发动机推力的估算；

(6) 对大气条件和地形条件的了解；

(7) 操作性数据，包括飞机类型和发动机类型。

通过不同空中交通管制（ATC）可以在当前 ANMS 中执行雷达辅助，从而可以验证每架飞机在不同飞行状态下（起飞、巡航和降落）的位置。因此，雷达航迹为飞机噪声评估所需的许多参数提供了综合信息。

通常，雷达航迹由一系列时空数据(x,y,h,t)确定，这些数据和通用的飞行信息相关。对于轮廓图的分析，有必要计算从起飞阶段开始所覆盖的距离。这使得可以将实际轮廓图与通过建模计算得到的结果进行比较。在大多数情况下，起飞起始点与跑道的起始点重合，但在某些情况下，可能会达到偏移阈值。为了验证天气条件对轮廓图的影响，雷达航迹必须根据实际情况来获取天气条件以验证其对轮廓图的影响。风速和风向是很重要的变量，尤其是后者，会对跑道朝向起到主导作用。总之，跑道的使用也会受到风向的影响，详细了解相关信息是很有必要的。

对于单个飞机的噪声发射量来说，数据的准确性至关重要。如果飞机噪声发射量的估计值存在错误，那么所有相关计算都会错误。根据应用和需要，一些因素被认为是对于给定测量装置的边界条件，另一些被归为不确定因素。对于某一区域的典型性监测测量，反射的局部效应被视为不确定因素。

由于检测阈值和残留噪声的影响[7,8]，测量必须通过位置相关的系统偏差来校正，该系统偏差为 0.4～0.9 dB。年平均测量的剩余标准不确定度接近 0.9 dB。目前，已经定义了两种类型的标准不确定度评估法，如下[9]：

A类的标准不确定度u_A可以用统计方法进行评估，并且随着测量次数的增加而减低。A类不确定度包括：

- u_{dist}-由飞行路径到接收点的可变最短距离引起的不确定度；
- u_{add}-由声音传播过程引起的不确定度（气候条件和地形变化）；
- u_{ac}-由飞机噪声发射变化引起的不确定度（发动机的功率设定、襟翼的位置、板条和齿轮、飞机和发动机的个体差异等）。

B类的标准不确定度U_B取决于会对测量结果产生影响的因素，而且不随测量次数的增加而减少。B类不确定度可以用分析调查来进行估计，包括：

- u_{inst}-测量设备的不确定度（校正以及声级仪，例如 IEC 61672-1 中第一类声级仪的不确定度）；
- u_{set}-不同参数（如阈值）对飞机时间检测的影响和单个事件噪声暴露的计算值L_{AE}产生的不确定度；

- u_{res}-由残余噪声(在飞机事件测量期间的"非飞机"噪声)引起的不确定度;
- u_{env}-由声波反射(在地面和墙壁上)和麦克风高度引起的不确定度(也会由 A 类的造成,例如声源在飞行走廊内不同的飞行路径上的运动引起的声音入射角的变化)。

无论是 A 型不确定度还是 B 型不确定度,都在 0.2~1 dB 之间。A 类标准不确定度 u_{A} 和 B 类标准不确定度 u_{B} 可以合并为标准不确定度 u_{C}[10]:

$$u_{\text{C}} = \sqrt{u_{\text{A}}^2 + u_{\text{B}}^2} \tag{7.5}$$

由雷达[11] 得到的测量位置误差是一个受到距雷达的距离、雷达分辨率和相对于雷达的轨迹方向(径向速度)这三个变量影响的函数。雷达系统根据距雷达的距离和方位角来测量飞机位置。在使用之前,需要将数据投影到合适的坐标参考(例如,以机场数据作为原点的笛卡尔坐标)。所有商用航空噪声(AN)计算模型均假设地球平坦,所以由于投影引起的水平位置误差估计可以忽略不计[12]。根据不同雷达的性能规格、飞机到雷达的距离及飞机的高度,标准不确定度 u_r 在 90~130 m 之间。

误差也可能是由于目标的高度和传感器的配置引起的。在监测中,可能缺失的数据有两类:消隐和扫描检测损失。消隐是为了避免雷达系统在对接近雷达的目标和雷达数据未被使用的区域做出响应时而饱和。噪声监测系统通常与进场雷达相连,因此,对于跑道上的目标来说,消隐是一个主要问题。然而,如果雷达针对 ATC 的使用进行了优化(在飞机的进场和起飞阶段进行监测),机场跑道上的目标可能会被消除。在目标的机动过程中,扫描损失会导致大多数的误差。在飞机的直线飞行段,如起飞滑跑,相应问题会比较少,这是因为计算模型可以从跑道起点使用线性插值的方法。

目前的 ATC 二级监视雷达提供的飞机高度信息为飞行高度,精度为 30 m。飞机的高度可以由静压导出。为了避免由于局部压力修正而产生的误差,通常会利用飞机上的飞行高度信息来得出目标在机场上空的高度。通过比较证明[12],平均轨道保持精度(雷达跟踪精度)可以满足飞机高度误差在 $\pm 7 \sim 8$ m,飞机位置误差在 ± 40 m。这些这些小于轨道保持的估计误差(即,高度为 ± 25 m,位置为 ± 60 m)。从所分析的各个雷达数据样本可得出,测量高度误差的一般范围在 ± 30 m,同时也发现,各个数据点的平均"x"和"y"的误差在 ± 100 m 以内。

目前大多数噪声模型都采用与时间无关的位置信息来产生噪声轮廓。这使得难以将噪声模型数据与传统监视和机载信息相关联,因为这两者都依赖于带有时间标记的信息。所以需要人工对噪声事件进行关联,以确保事件和目标的位置相关。飞行数据记录器和噪声监测数据将以协调世界时(UTC)的标准设置时间标记,精度为 1 s 或更高。雷达数据通常带有时间标记,精度为 0.1 s 或者更高。

INM 基本计算算法的灵敏度分析[13] 检查了两个主要变量组,并且评估了它们对模拟声学水平的影响,变量组主要包括:

- 当地条件:气象-气候条件,尤其是影响运行的压力因素;

● 航空参数：飞行性能特征，尤其是起飞质量和与襟翼配置相关的空气动力学
系数。

一些近似方法，即便是统计模型强制要求的，也会导致与测量数据之间的差异，
特别是考虑到 SEL，需要在每天设置一个值。对于每一个航段，比较敏感的数据在
于起飞时的飞机重量、气动数据库、初始爬升时的推力系数以及加速时的飞行速度。

当输入参数变化 1% 时，相应的输出参数变化最大可达 6%。更值得注意的是，
SEL 值的误差小于 0.5 dB。然而，噪声功率距离（NPD）的插值误差导致最小误差为
0.8 dB，"噪声分数调整"的误差小于 1.4 dB。

希思罗机场的一项研究提供了关于飞机起飞质量数据的初步分析结果[14]。每个
航班都与 NTK 中的相应事件相匹配。图 7.5 绘制了每个航班对起飞质量的最高横
向调整参考值（同时也对应图 5.4 和 4.1(a)）。尽管在实际情况下（特别是质量较轻
时）难以满足线性的关系，但还是根据数据绘制出了最合适的直线。该直线的斜率为
3.8 dB/100 000 kg。

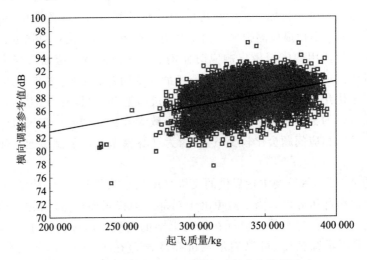

图 7.5　起飞质量（TOW）对横向调整参考值的影响

对于当前最先进的但还没有得到验证的模型来说，一个最基本的假设是，飞机发
出的噪声辐射围绕机身中心线呈圆柱形对称。然而，一些调查显示事实并非如
此[12,14]。而且，目前所有的噪声模型都没有考虑到这一问题。

测量和随后的模拟都表明，横向衰减小于汽车工程师学会（SAE）在航空航天信
息 1751 报告（AIR）中的预测[12]。这种趋势适用于出发和着陆作业中的所有类型的飞
机。结果还表明，B737 系列飞机的横向衰减小于 MD80 系列飞机。这主要和飞机发
动机的位置有关，B737 系列飞机的发动机安装在机翼部分（见图 7.6(a)），而 MD80
系列飞机的发动机安装在尾翼部分（见图 7.6(b)），这会导致不同的安装效果，进而
可能导致对横向衰减的过高估算，因此，需要将估算值适当下调 2~4 dBA（具体取决

于计算点相对于飞行路径的位置,如图 7.6 所示)[14]。

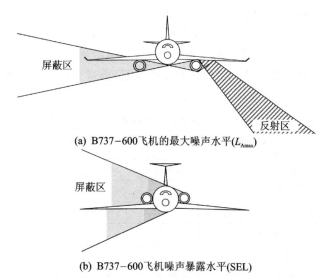

(a) B737-600飞机的最大噪声水平(L_{Amax})

(b) B737-600飞机噪声暴露水平(SEL)

图 7.6 数据库对比(噪声功率距离;NPD)

分析结果表明,噪声的测量值与数据库 NPD 曲线之间存在统计学上的显著差异。将测量的 SEL 的 A 计权和 L_{Amax} 与 NORTIM 数据库中的 NPD 表上相应噪声曲线进行比较。通过在数据库噪声水平之间的线性插值,在特定推力值下的飞机在下降和沿着滑行斜坡飞行期间的测量值可以被标准化为曲线值(如图 7.7 所示)。

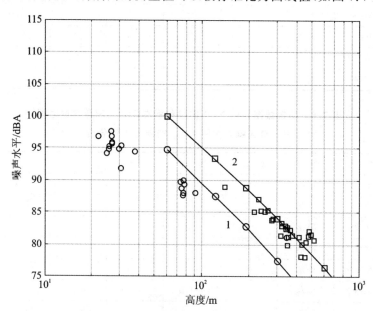

图 7.7 飞机高度关于随机选择的三个到达点的时间函数,其中高度的数据分别来自于飞行记录器(粗线)、噪声与轨道监测系统(细线)[14]

　　本文在这里分析了来自数据库的 NPD 曲线和标准化数据之间的 dBA 之间的误差[14]，并且就 SEL 和 L_{Amax} 分别在表 7.5 和表 7.6 中给出了关于误差的一些统计数据。同时也列举了每架飞机和每次作业的观测数、平均值、标准差和 95％置信区间的范围。若平均值为正，表明数据库 NPD 曲线给出的噪声值偏高。从这些结果可以明显看出，对于推力设置和飞行距离相似的飞机，测量到的噪声数据和数据库中的数据存在统计学上的显著差异。

表 7.5　来自数据库的 NPD 曲线和标准化后的测量数据之间
关于噪声暴露水平 (SEL) 的误差统计分析

型　号	操　作	观测编号	均　值	SD	CI_{low}	CI_{high}
B736	降落	20	4.1	1.6	3.4	4.9
B737	降落	22	3.8	1.4	3.1	4.4
B738	降落	3	1.4	2.1	−3.8	6.6
MD81	降落	13	−2.6	0.7	−3.0	−2.2
MD82	降落	25	−1.6	1.6	−2.3	−1.0
MD87	降落	8	−2.4	1.4	−3.5	−1.2
MD90	降落	2	8.9	6.5	−49.5	67.2
B736	起飞	31	−0.9	1.2	−1.4	−0.5
B737	起飞	36	−0.8	1.8	−1.4	−0.2
MD81	起飞	29	−0.8	1.1	−1.3	−0.4
MD82	起飞	58	−1.4	1.5	−1.8	−1.0
MD83	起飞	2	0.1	1.6	−14.5	14.8
MD87	起飞	11	−1.1	1.2	−1.9	−0.3
MD90	起飞	4	−2.0	1.0	−3.5	−0.5

表 7.6　来自数据库的 NPD 曲线和标准化后的测量数据之间
关于最大噪声水平 L_{Amax} 的误差统计分析

型　号	操　作	观测编号	均　值	SD	CI_{low}	CI_{high}
B736	降落	20	6.0	2.5	4.9	7.2
B737	降落	22	6.3	2.6	5.1	7.4
B738	降落	3	4.2	2.7	−2.4	10.8
MD81	降落	13	−1.8	1.1	−2.4	−1.1
MD82	降落	25	−0.4	2.5	−1.5	0.6
MD87	降落	8	−1.6	1.8	−3.1	−0.1
MD90	降落	2	12.3	10.9	−85.9	110.5
B736	起飞	31	0.2	1.6	−0.4	0.8

续表 7.6

型　号	操　作	观测编号	均　值	SD	CI$_{low}$	CI$_{high}$
B737	起飞	36	0.4	2.0	−0.3	1.1
MD81	起飞	29	−0.5	1.9	−1.2	0.2
MD82	起飞	58	−1.2	2.4	−1.8	−0.6
MD83	起飞	2	0.7	2.0	−17.1	18.6
MD87	起飞	11	−1.0	1.6	−2.1	0.1
MD90	起飞	4	−3.8	1.0	−5.4	−2.2

B738、MD90 在降落时和 MD83、MD90 在起飞时的样本非常少(即观察次数非常少),表明这些飞机的平均误差并不是很大。对于 B737 系列飞机来说,这种误差可能是巨大的,这是因为这种飞机的典型总横向衰减效应(见图 7.6(a))比 NOR-TIM 数据库中计算模型所采用的高。第二个可能的原因是,在标准着陆轮廓图中,没有考虑到从五海里(NM)里程到着陆的推力调整。这种影响最大可以达到 10 dB,而且这种校正可以在中短期内实施。对于 L_{Amax} 来说,这种差异要高于 SEL,因为 SEL 是对事件的综合考量,通常在飞行事件周期内的数据整合会降低由横向衰减效应所定义的不确定度。所以 SEL 数据通常比 L_{Amax} 数据更稳定,置信度也更高。

机场的噪声和航迹监测系统的结果可以和机载记录仪的数据较好地吻合。因此,实际的飞行过程图可以直接从噪声和轨道监测系统(NTMS)中提取到 GMTIM 数据中。GMTIM 程序将对飞机的噪声暴露量进行计算(这款挪威软件使用 INM 数据库计算噪声和飞行过程图[11])。这种计算的实现依赖于开发相应的算法来估算每次飞行的所用推力。

在 155 次的飞行调查中,有 70 次的飞行记录中包含了 GPS 定位数据[14]。机载记录仪同样也记录了压力高度。这里将机载记录仪和噪声与航迹监测系统的数据进行了比较。图 7.8 和图 7.9 分别显示了随机选择的三次飞行在起飞和降落时,机载记录仪与雷达追踪系统报告中关于飞机高度数据的比较。这两个信号源基准都是通过将跑道高度设为零来调整的。

平均偏差可能是由于雷达跟踪系统对高度进行报告时的时间延误导致的。对雷达数据进行 1.5~3 s 的时间调整可以减少偏差。然而,这样的偏差远小于定义了输入参数不确定度的 INM 基础计算算法分析的灵敏度[13],这会导致计算结果与实测数据之间存在相应的误差。

飞行过程图被定义为飞机(沿着飞行轨道)距参考点的距离关于高度、速度和发动机推力设置的函数。对于起飞过程图来说,参考点是刹车的释放点。对于降落过程图。参考点是跑道着陆端的入口处。

机载记录仪可以构建实际的飞行过程图。所有的 155 个飞行过程图来自于有效飞行。图 7.10 和图 7.11 分别表示着陆和起飞过程中飞机距参考点的距离关于高

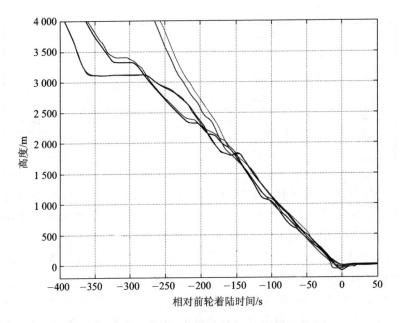

图 7.8　机载记录仪(粗线)和 NTMS(细线)所测得
飞机高度关于时间的函数(随机选择的三次起飞)

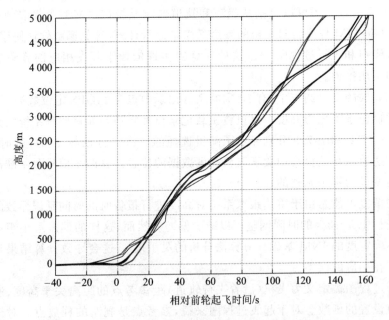

图 7.9　MD82 数据库中飞行过程图与 15 个实测飞行过程图
关于高度、速度及推力的对比[14]

度、速度和净推力的函数。

在飞机下降和着陆过程中,除少数情况下飞机迅速下降以外(例如采用连续下降着陆模式),下降斜率(从 600 m 的高度开始)与 3°的斜率相差不大。如图 7.10 所示,速度和净推力的偏差是很明显的。在 5 000 m 以上的高度,实测速度几乎高于来自数据库的数据。误差会随着飞行路径距离的增加而递增。根据灵敏度分析[13],速度上的最大误差约为 1.5 节(即约占输入的 1%),其中 0.4 dB 的误差来自于速度调整的误差。这也就意味着,对于飞机的下降和着陆过程(如图 7.10(b)所示),实测噪声水平与计算所得结果之间的偏差在±3～4 dB。功率水平(50～100 kg)的误差为1%,内插声音暴露水平的最大误差为 0.2 dB,噪声水平的相应偏差(如图 7.10(c)所示)最高为±2～3 dB。

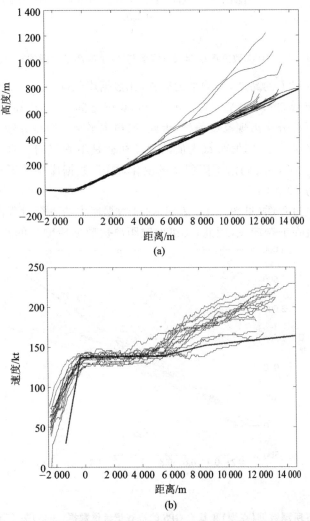

(a)

(b)

图 7.10　MD82 数据库中起飞过程图与 29 个实测过程图的对比

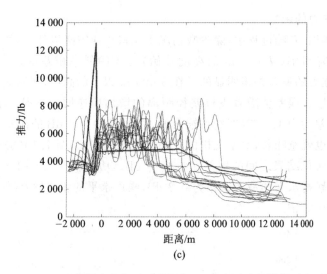

(c)

图 7.10　MD82 数据库中起飞过程图与 29 个实测过程图的对比(续)

在 9 000 m 以上的高度,实测推力通常(比数据库数据)更低,具体比数据库配置文件建议的噪声低 2～3 dBA。在 5 000～9 000 m 之间,当飞机高度高于阈值时,发动机的推力执行部分会出现高度偏移,因此,噪声水平会比数据库输入高 2～3 dBA。此时的噪声水平是一个波动值,最大值的预测往往是不确定的。对于图中所示的推力在 1 000～2 000 kg 之间沿下降斜率的变化,NPD 数据库中关于这种飞机噪声水平的最大偏差为 10 dBA。

实测的起飞过程图(见图 7.11)表明 INM 数据库中的飞行过程图是基于不同的爬升过程。飞机在助跑起飞(因此,飞机助跑距离比数据库输入的距离大)和整个爬

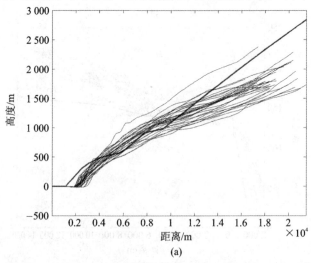

(a)

图 7.11　NTMS 所测数据(点型)和基于 GPS 的机载记录仪数据(线型)关于飞机位置的比较

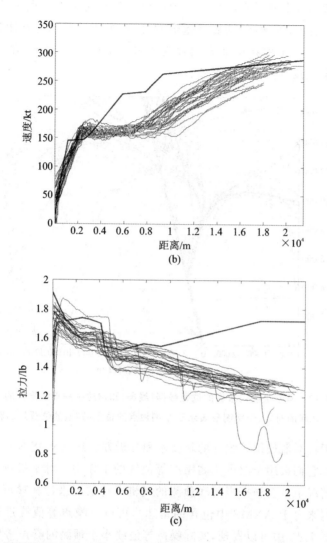

图 7.11 NTMS 所测数据(点型)和基于 GPS 的机载记录仪数据(线型)关于飞机位置的比较(续)

升过程(因此,大于 10 km 的高度比从数据库输入的距离要小)都使用较低的推力。功率下降的现象只能在大约一半的飞行事件中看到,最有可能的原因是频繁使用了减低推力程序。这将对噪声水平产生混合效应,会对飞行路径及其两侧的区域产生不同的影响。当高度(如图 7.11(a)所示)和速度(如图 7.11(b)所示)较低时,飞机的噪声水平会更大些。减少推力可以有效降低噪声水平——当飞行距离超过 10 km 时(如图 7.11(c)所示),噪声水平比数据库输入数据少 0.5~1.0 dBA。

图 7.12 将来自于机载记录仪的位置数据和来自雷达跟踪系统报告的进行比较[14]。图中连续直线表示 GPS 数据(已经过平滑处理),散点表示从雷达获取的位

置,十字图形表示五个测量点的位置。图中坐标是相对于测量点 1 的位置设定的。从图 7.12 可以看出,近地面(即靠近跑道的位置)的雷达数据存在比较大的随机误差。当高度更大时,虽然在南北方向存在±50～100 m 的误差,在东西方向存在±20～60 m,但是没有大的随机误差。

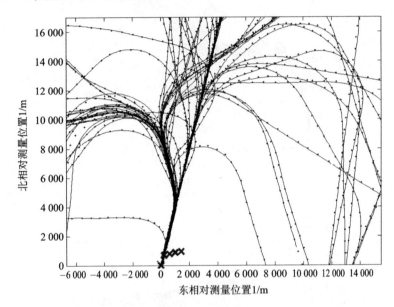

图 7.12　基于机载记录仪的位置数据(线条)和雷达跟踪系统报告的位置
数据(散点)之间的对比,十字图形表示五个测量点的位置,跑道的位置用加粗直线表示

目前,用于针对航迹跟踪统计的新技术和分析方法是 ANMS 航迹保持子系统的主要发展主题,它们被用于改进实测噪声等值线的工作中。对于机场周围的噪声区域,在大多数情况下都会根据当前和预测的飞机运行情况来计算噪声等值线。利用航迹保持数据(来自于 ANMS 中包含的雷达),可以对噪声等值线进行更准确的评估。例如,在图 7.13 中可以发现,实际噪声等值线小于预测的噪声等值线(根据 the Consent Decree[4] 的规定制定),其中,昼夜声级(DNL)＝60 dB 的轮廓线小于 9%,DNL＝65 dB 的轮廓线小于 11.6%。

这些差异是由预测或者假设与实际之间的差异造成的:

(1) 白天(小于预测)和晚上(大于预测)的航班数量;

(2) 机队的混合(例如,第三阶段飞机的平均日常运营实际统计数据比预测数量低了 42.1%);

(3) 跑道使用率;

(4) 飞行程序。

图 7.13　实际(点线)与预测(连续线)噪声等值线的比较

7.3　噪声源识别

噪声监测系统的每一个终端都内置了模式识别功能,可以在噪声测量时以常规模式识别出因飞机经过而产生的噪声事件,这种识别功能是基于一套用于噪声监测系统的算法开发的。由于应用于输出算法的规则设定不同,识别性能以及出现的识别错误也相应不同。

噪声源识别(NSI)是成功进行噪声控制的关键步骤[15]。在 NSI 方法中,声场可视化技术在估计声源位置和声源强度方面特别有用。除 NSI 以外,声场可视化技术还在无损评估[16-17]、水下成像[18-19]和机器诊断等领域[20-21]得到了广泛大的应用。

一般来说,噪声评估是指评估某一特定噪声源的影响,例如某一特定类型飞机的噪声。这通常并不容易。实际上,在每一个环境中,大量不同的噪声源都会对特定位置的环境噪声产生影响。

环境噪声(Ambient Noise)这一术语常用于 ISO 1996 中,具体指的是来自所有声源的噪声,而特定噪声(Specific Noise),指的是来自调查声源的噪声。特定噪声是环境噪声的组成部分,可以识别并与特定声源(即特定类型的飞机)相关联。

残留噪声(Residual Noise)是在一定条件下,当来自特定声源的噪声被抑制时,在某一点上仍然存在的噪声。背景噪声(Background Noise)一词在 ISO 1996 中并没有使用，却也很常见，注意不要将它与残留噪声混淆。背景噪声有时被用来表示某一特定声源无法听到时测量到的声级，有时是噪声指数的值，如 L_{A90}（在整个测量时间内出现时间在 90% 以上的声级）。

在建筑规划领域，初始噪声（Initial Noise）一词指的是在实施改变（例如扩建生产设施或者建造屏障）之前的某一时刻的噪声。

由飞机产生且被识别出来的噪声被称为噪声事件（Noise Event）。噪声声级随时间的变化是每种噪声的特征，由于这种高度特异性，可以清楚地识别与空中交通相关的噪声事件。图 7.14(a) 就是一个例子。通常，三种不同类型的交通噪声：飞机噪声、道路交通噪声和火车噪声的时间分布是有区别的（如图 7.14(b) 所示）。

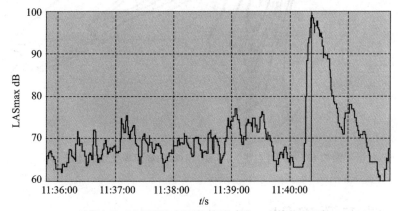

(a) 飞机起飞时实测噪声水平随时间的变化，(最大值出现在11:40:22)

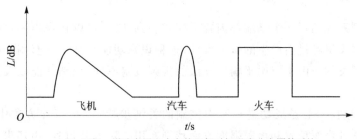

(b) 飞机、道路交通和火车的理想时间噪声分布图的对比

图 7.14　飞机噪声事件

例如，通过简单地比较相对于背景水平的上升和下降时间，可以将经过的飞机和汽车进行区分。虽然这两种事件的特征都或多或少地表现为声级上升到最大，再下降到残留水平，但通常飞机噪声的持续时间为 1 min 的数量级，而以 35 mi/h 速度经过的汽车的噪声可能只持续 15 s。此外，飞机噪声的传播距离比汽车的要远得多，而且由于大气对噪声的吸收效果随频率增加而增加，飞机的 C 计权噪声水平与 A 计权噪声水平之比会随着飞机接近而变化。具体来说，这种比例会随着飞机接近而减小，随着飞机远离而增加。事实上，在飞机飞越上空时，C 计权噪声水平与 A 计权噪声

水平之间存在很大差异,飞机飞得越远,这种差异就越大。在分析事件时,重要的是从事件中减去背景 C 和 A 计权水平,这样更容易看到事件从开始到结束随时间的变化趋势,从而容易确定声源的特征。

目标识别的一个重要步骤是获取适合在自动识别系统中对目标建模的信息。通常可以通过短至 20 ms 的取样周期来识别对象,为了方便起见,我们称之为信号的"帧"。在目标识别的过程中,通常会减少这些数据,这种减少数据量同时保留识别对象能力的过程称之为特征提取。特征将被表示为向量,如果要识别每一个对象,就必须有可以区分的特征向量。

有几个因素造成了目标识别的复杂化。其中一个问题在于,即使是同一个对象,其通信通道也可能不同。也就是说,对于同一架飞机来说,放置在不同环境中传感器的行为会有所不同,随之会产生不同的信号。另一个复杂的问题在于,同一类对象(例如同一类型的飞机)会产生一些不同的信号。信号分类是识别与给定输入信号相关联的对象的过程。特征提取完成后,将向分类器输入 n 维特征向量。

最后,来自于不同声源的噪声和多个信号会使信号失真,所以需要开发相应的音频信号模型用于在特征空间中进行目标识别。这些特征将以 n 维向量的形式表示,这样就可以通过对特征向量的分析来实现目标识别。提取时域和频域特征的方法有很多。

如图 7.15 所示,根据不同类型的飞机事件,时域信号的形状具有不同的特征[15]。无论使用哪种描述参数,包括任何常用的声级指标(L_{eq}、L_{max}、SEL 等)都是正确的。因此,可以对时域声级信号进行处理,减少测量次数,提取对分类有用的特征。最大值是相关性的一种度量。一些事件,例如喷气式飞机的声音会比其他声音更大。相比之下,单引擎螺旋桨飞机降落时就非常安静。还有其他的识别特征与曲线形状有

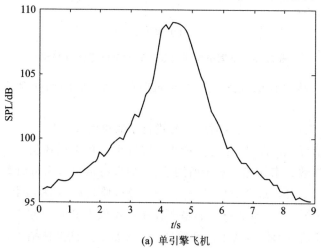

(a) 单引擎飞机

图 7.15 不同类型飞机起飞时的声压级(SPL)

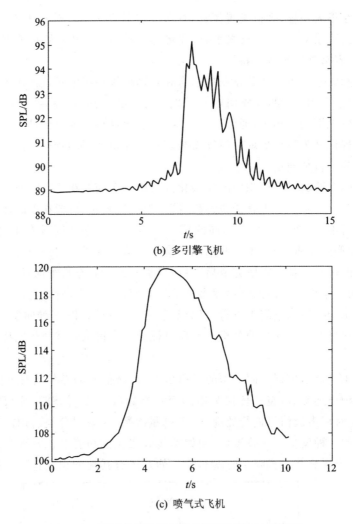

(b) 多引擎飞机

(c) 喷气式飞机

图 7.15　不同类型飞机起飞时的声压级(SPL)(续)

关。像喷气式飞机这样的高速飞机在接近时的声级-时间曲线会比螺旋桨飞机的更陡。

图 7.16 对飞机经过期间的时域信号进行了简单的分析[15]。

除了最大值(峰值)以外，还有三种测量参数可以用来描述信号。所测信号的上升时间可以用参数 α 来描述。对于所测信号，如果将从声音事件开始到最大声级出现的时间点 t_{max} 的过程近似看做是一个二次函数，那么 a^2 即为这个二次函数的二次项系数($\alpha=1/a^2$)。这个参数反映的是声音在麦克风上形成的方式。另外两个测量参数 b_1 和 c_1 分别表示信号从事件开始到 t_{max} 和从 t_{max} 到事件结束的曲线斜率。其中，b_1 反映了声音在麦克风上累积的速率。另一种测量参数是声音事件偏度 S_{SE}，即关于 t_{max} 曲线的倾斜度，由以下公式定义：

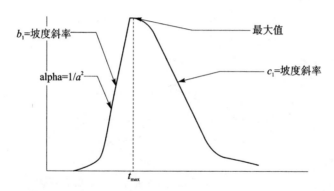

图 7.16　飞机经过期间的时域信号的简要分析,同时对 a、b_1、c_1 的图示

$$S_{SE} = \mu^3 / \sigma^3$$

其中,μ^3 指的是三阶中心矩。S_{SE} 反映了 t_{max} 左右拟合函数的差异大小。

另一种测量参数涉及到函数关于 t_{max} 的对称性,其测量值是 t_{max} 右边面积与 t_{max} 左边面积之比。

对频谱的测量也可以反映飞机的不同。例如,对不同类型飞机的信号的分析表明,直升飞机的频率主要集中在从 3~10 Hz 的频段(如三倍频段),单引擎螺旋桨飞机的频率主要集中在 6~13 Hz 的频段,喷气式飞机的频率主要集中在 7~18 Hz 的频段。

图 7.17 描述了一种标准的监督下模式识别的范例。预处理器利用信号处理技术可以生成待分类信号的一组特征,如噪声识别中的短时谱序列或者平均谱序列。这些特征会形成一个模式(或特征向量)。

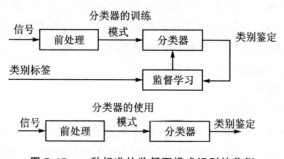

图 7.17　一种标准的监督下模式识别的范例

随后,分类器利用决策逻辑和二叉树分类系统(如图 7.18 所示)将特征向量分配给特定类。一个很有用的概念是模糊建模[22-24],它基于 IF - THEN 规则库,包括模糊前因和后续谓词。这种模型的优点在于规则库通常由专家提供,这种模型的主要范式在于模糊算法是一种基于知识的算法,其基本概念来源于模糊逻辑。模糊系统是一个基于专家知识的系统,在简单的规则库中包含模糊算法。

在有监督的训练或学习阶段,需要向系统提供识别训练模式或训练样本的类标

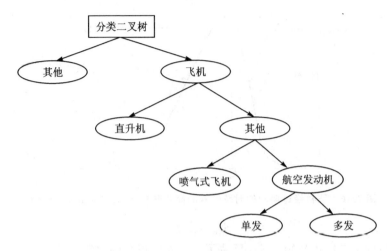

图 7.18　一种关于飞机噪声的二叉树分类器

签,使系统能够根据一定的准则调整分类器的参数以获得最佳的性能,通常为最大程度地降低错误率。一旦系统被训练用于特定模式的识别,就不再进行任何修改,分类器也将投入使用。

　　理论上可以为多种噪声源和不同的测量条件训练分类器,但是这种训练是不现实的。如果要使训练数据能够代表模式的可变性,就需要大量的训练数据。通常会以分类功率损失为代价来获得对观测条件的不敏感性,因为对变化不敏感的特征通常也不太具有辨别力。可用的解决方案有两种:一种是适应性的分类器,它在特定情况下训练但可以通过调整一些参数来适应其他的情况,另一种是自适应分类器,可以自动执行适应的操作。对于一些噪声监测的实际应用来说,准确地检测出一种特定类型的事件(如飞机)可能比为所有类型的噪声源进行分类更加重要。

　　对噪声监测的模式识别系统的期望特性包括:

　　(1) 对不同情况的适应性;

　　(2) 绩效标准的灵活性;

　　(3) 声学领域专家知识的整合。

　　在模式识别技术的现状下,很明显,用于噪声识别系统设计的单片"黑箱"方法将无法满足所有这些需求。为了达到目标,更好的办法是构建一个用于噪声分类的"工具箱",其中包含一个分类器元素库,可以由噪声控制专家轻松地选择和调整,从而为噪声控制提供一套特殊的系统。

　　模式识别的统计范例为实现噪声分类"工具箱"和实现理想的适应机制提供了框架。统计方法非常强大,严谨而灵活。我们假设可用于噪声事件分类的唯一特征是它的 SEL[25-26]。

　　可以假设数据的分布符合一种统计模型,例如高斯模型。假设 ω_1、ω_2、ω_3 分别表示三种可能的噪声源类别的集合,$P(\omega_i)$,$i=1,2,3$ 分别表示它们的先验概率,

$p(x|\omega_i), i=1,2,3$ 表示它们的概率分布函数(pdfs),其中 x 代表 SEL。基于高斯模型的假设,我们有

$$p(x \mid \omega_i) = \frac{1}{\sqrt{2\pi}\sigma_i}\exp\left[-\frac{1}{2}\left(\frac{x-\mu_i}{\sigma_i}\right)^2\right]$$

从训练样本中可以使用常见的方法估计出分布的参数(均值和方差)。一旦确定了 pdfs,就很容易构造出分类器。例如,将具有最大后验概率的类别分配给一个新的模式 y,就可以得到最小错误率的分类器(Bayes 分类器):

$$P(\omega \mid y) = p(y \mid \omega_i)P(\omega_i)\Big/\sum_{i=1}^{3}p(y \mid \omega_i)P(\omega_i)$$

可以发现,通过将似然比 $p(y \mid \omega_3) \mid p(y \mid \omega_1 V\omega_2)$ 与选择的阈值 T 进行比较,可以给出相对于"汽车"或"卡车"事件的"飞机"事件的最佳检测器,从而根据 Neyman–Pearson 准则获得合适的"未中"和"误报"概率。值得注意的是,这两个决策测试都可以直接从 pdfs 集合中获得[26]。

距离的变化可以通过修改相应的 pdfs 参数来处理。距离变化对 SEL 的影响相对容易建模,pdfs 的均差和方差也可以进行相应的调整。此外,可以通过混合密度估计方法,例如期望最大化(EM)算法,在没有外部监督的情况下可以对 pdfs 的参数进行现场微调[26]。

当向机场提交航空器噪声投诉或向民航局提出低空飞行飞机的投诉时,必须尽可能准确地找出违规飞机。观测员应该设法核实以下项目:飞机类型(喷气式飞机或螺旋桨飞机);引擎的数量(单引擎还是多引擎);发动机的位置(在机翼上或机翼下,在机身上或机身下,在尾翼或者飞机前端);翼型(直翼或后掠翼);机翼安装的位置(机身顶部或机身底部);起落架类型(可伸缩起落架或者固定起落架);以及有时可以在飞机尾翼看到的注册号。

根据前面的识别项目列表,NMT 捕获的数据并不足以建立起噪声事件与飞机之间的相关性。录音的解释工作由专家在线下完成。其目标是开发构建 NMS 所需的工具,除了记录其声学特性以外,还能够自动识别噪声源的特性。除了噪声测量(NMT 提供),系统还需要雷达系统、飞行计划处理系统和时钟系统的相关信息。

NMT 会对输入的噪声信号进行连续分析,以识别噪声源。通常,噪声事件的检测过程基于阈值和事件变化标准。标准噪声事件的检测工作在一个由国际民用航空组织附件 16 标准定义的模板上完成。

许多待分析的环境噪声测量是通过峰值检测过程提取的。如果想要检测到峰值,必须提前正确设置触发水平 L_{trig} 和阈值水平 T。合适的 L_{trig} 也会根据目标噪声的种类、目标与接受者之间的距离以及大气条件而变化。因此,必须通过初步测量来确定。当目标与接受者距离较近且接受者周围没有干扰噪声源时,容易确定 L_{trig} 的值。

1. 阈值标准

忽略主要阈值以下的所有信息。以超出第一个阈值 T_1 为准，将后续的噪声数据验证为可能的噪声事件（如图 7.19 所示）。当噪声水平达到 L_{max} 并且在给定持续时间 D 内保持高于次要阈值 T_2（通常等于 T_1）时，事件继续。当噪声信号移动到阈值 T_2 以下时，它必须保持在阈值 T_2 以下直到噪声事件结束的给定终止时间。

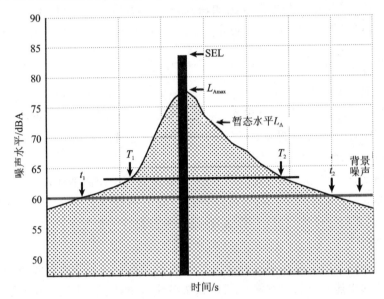

图 7.19　一次飞机噪声事件的背景噪声水平的阈值标准

背景噪声是一直存在的噪声，并且都会被昼夜记录。阈值（如表 7.7 所列）是为每个站点单独输入的，以避免要求 NMT 检查每个声音是否是可能的噪声事件。事实上，NMT 一次只能处理一个事件。

表 7.7　噪声测量终端（NMT）的阈值和背景噪声值实例

NMT 编号	阈值 1＝阈值 2/dBA	背景噪声/dBA	最短持续时间/s
1	65	40	5
2	65	48	5
3	75	49	5
4	66	58	5
5	64	62	5

2. 持续事件标准

对于声音事件的最终验证，阈值 T_1 和 T_2 之间的事件持续时间 D 必须等于或超过事件的最短持续时间（单次会话的数据长度），否则事件将被舍弃。

事件被识别后,NMT 通过调制解调器将数据发送到中央站。所识别到的噪声事件不一定意味着是由飞机引起的。因此,有必要参考外围系统的数据(如图 7.20 所示)。三种输入数据:噪声事件、飞机飞行计划、雷达信息,分别储存在三个不同的数据库表中(如表 7.8 所列)。

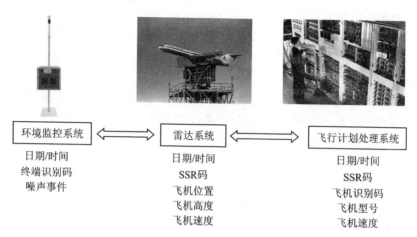

图 7.20　外围系统的相关数据

表 7.8　用于噪声事件与特定飞机飞行相关的三个基本数据库

噪声监测终端	雷　达	飞机飞行计划
日期/时间	日期/时间	日期/时间
终端识别码	SSR(二次监视雷达)码	SSR 码
噪声事件	飞机位置	飞机识别码
	飞机高度	飞机型号
	飞机速度	飞行速度

综合飞行数据处理系统做了大量工作,需要不断检测飞机运动、评估和分配资源、解释来自不同来源的各种类型的信息并将其转发到其他系统,而且以上所有工作都必须同时进行。这样一个广泛的数据收集和处理系统是现代机场运营不可或缺的。

相关算法会长期扫描这些数据库表以查找不相关的数据,并允许以下相关模式:

(1) 航迹与飞行计划的相关性

通过平均 SSR(二级监视雷达)代码将雷达监测的航迹与特定飞行计划相关联。

(2) 航迹与噪声的相关性或者基于距离的相关性

基于距离的相关性是实时执行的。每个声音事件在噪声事件达到 L_{max} 时,都与距离最近的飞行轨迹相关。

（3）基于时间的相关性

对于没有航迹信息的飞行,噪声事件可以与基于NMTs的起飞计划相关。

（4）人工关联

噪声系统操作员通过深入的数据分析,能够对噪声事件进行人工关联。

（5）测量可用性

系统完全基于自动的事件关联。如果噪声监测站、雷达系统(可能没有SSR代码属性)其中一个组件发生故障或者飞行计划处理系统(可能没有设置呼号归属),那就不能进行自动关联。

在过去的几年里,已经开发了几种用于长期监测环境噪声的声学监测系统,包括记录天气条件和通信的功能,以便进行距离控制和诊断。现代监测系统基于双通道(Symphonie)或者四通道(Harmonic)的PC采集板,允许在多个点同时测量来实现对现场情况的完整描述[27]。

用于不同类型噪声源的分类器(如图7.21所示)使用MADRAS(声源自动检测和识别)方法[27],包括信号处理(时频和时标分析)、数学形态学、因子数据分析和神经网络。MADRAS的目标是开发新的噪声监测设备,能够实现自动识别和量化构成给定声学环境的各种声源。MADRAS数据库包括各种类型的常见环境噪声源的高质量记录,如火车、汽车、链锯、割草机、工业设备等。

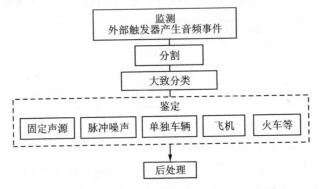

图7.21 MADRAS(自动检测和识别声源的方法)的体系结构

在时域中实现监测和分割后,神经网络的离线训练将基于L_{Aeq}的变化来对脉冲、平稳、通过、重载波和能量激增进行区分。在每个亚族中,通过适当的方法(如脉冲信号的小波变换或用于通过的三倍频程统计谱),专家能够将信号形状与声源相关联。通过将数据库中的已知形状与当前事件进行比较,MADRAS能够对声源进行实时编码,从而使最终的测量文件中只包含代码和符号信息。编码文件中支持监管程序和进行声源统计。

该系统在没有过度扰动的实际情况下(包含的声源并不多)达到了大约80%的成功率。对于比较嘈杂的环境(城市地区),必须进行一些重要的调整[27]。

MADRAS 方法中采用的监测结构对于城市环境检测具有足够的鲁棒性。因此,实际的提升效果是通过事件的精准时间定位和相关的音频记录(包括完整的声源标记)来实现的,而不是通过增加检测到的事件的数量。这样,专家对记录下来的信号可以进行更加精确的后期处理,从而提高识别过程的成功率。这种检测器的递归实现目前正在研究中,这将使对不同噪声状态的管理进行审查成为可能。

用于选择检测器结构的一种自然思想在于在谱域中搜索对比度函数。选择的方法基于在两个时间滑动窗口上运行的两个估计量之间的比较(如图 7.22 所示)。其中最大的一个将被构造成背景噪声的自适应模式,用于计算一个线性平均三倍频程频谱,该频谱的长度取决于噪声波动(在城市环境中通常只有几秒钟)。该模式包括计算每个频谱通道的平均差和标准差以实现经典的检测器结构。

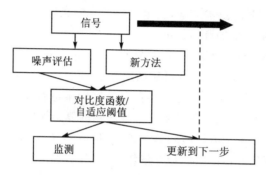

图 7.22　一种自适应检测结构

然而,尽管有一些令人兴奋的新的可能性,但却暴露出两个缺点,而且所有的检测系统也都将面临这样的问题。首先,在许多情况下,目前所有噪声源的声学特性都不足以定义决策机制。其结果是自动编码与音频记录的阈值不匹配,以及降低了这些工具的效率。其次,长期测量的现状是由于数据量很大,后期处理工作往往比测量时间更重要。

所以,未来面向全球的挑战是提出智能监测工具,这些工具能够:(a)实时提取必要信息以实施法规;(b)识别违反相关法规的声源;(c)填充一个动态数据库用于最终用户咨询和参考。

7.4　噪声与民用航空相关的其他环境因素之间的依赖与制约

机场的三个基本环保重点是限制或减少噪声、减少污染气体的排放量以及减少温室气体的排放量。飞机的噪声排放与其他类型的排放之间存在着复杂的相互依赖的关系。因此,为了有效降低航空对环境的影响,必须考虑到这种相互依赖关系。要想解决这一复杂的任务,重要的是要有分析工具和相关提供支持的数据库,这些工具和数据库可以说明这些因素之间的相互依赖关系，并可以优化这些缓解措施的环境效益。

在世界各地的某些机场，考虑到对水和土壤的污染、土地利用、废弃物或者第三方风险可能占主导地位，当地环境因素的优先次序可能会发生改变。因此，必须对其他地方所述的关于噪声控制和空气污染的决策[28,29]进行分析，以确定这些决策是否有助于或者阻碍对特定机场其他重要因素的控制。

随着时间的推移，决策的复杂性也在增加，从主要集中在适用于飞机的标准，到为了减少航空对环境的影响而提供有关运营方面的政策建议和基于市场的选择。为了达到国际或一些国家制定的限制或者减少航空环境影响的目标时，所采用的方法一定要考虑到战略因素，包括：更严格的噪声标准；更严格的着陆/起飞（LTO）操作和新的氮氧化物（NO_X）巡航标准；新的颗粒物标准；结合通信、导航和空中交通管理监视系统（CNS/ATM）的技术进步，制定新的操作标准；以及基于市场的选择和土地使用措施来制订更加严格的环境标准。

机场环境影响综合评估的主要任务是：

（1）对所考虑的环境因素进行可靠的监测；

（2）建立合适的模型并根据运行参数对这些因素进行计算。这里，在乌克兰发生的事可以被视为针对机场基础设施对环境影响的复杂评估的一个例子。

目前有飞机噪声、第三方风险和航空排放（地方和区域）的分析工具可以有效地纳入单一框架，以评估这些因素的相互依赖性，并分析拟定行动的成本/效益。

这一工具框架将使政府机构、工业界和公众等航空利益相关方能够理解：

（1）拟定的监管行动和决策将如何影响局部、国家、区域和全球各级的环境因素；

（2）运营决策对它们的影响及其对航空项目的潜在影响；

（3）管制和非管制行动从局部和整体角度对环境因素影响的累积效应。

该框架的预期效益包括：

（1）对拟定行动和投资的环境效益进行优化；

（2）将与复杂决策相关的不确定性进行量化。

其他好处包括：

① 改进机场/空域容量项目的数据和分析；

② 在解决社区问题方面，提高处理噪声和排放相互依赖的能力；

③ 更有效的项目组合管理；

④ 分析和适应环境限制的能力。

这些工具在战略决策环境中的相互作用如图7.23所示。

该框架的组成部分包括：

● 飞机设计空间（ADS），将提供飞机设计、维护和操作层面的环境因素综合分析。第4章中描述的NoBel和NoiTra[30]等工具是ADS在噪声评估方面的基础。此外，PolEmiCa工具[31]的排放定义模块是专为机场当地空气污染任务而设计的，是飞机在LTO周期内进行排放评估的基础。

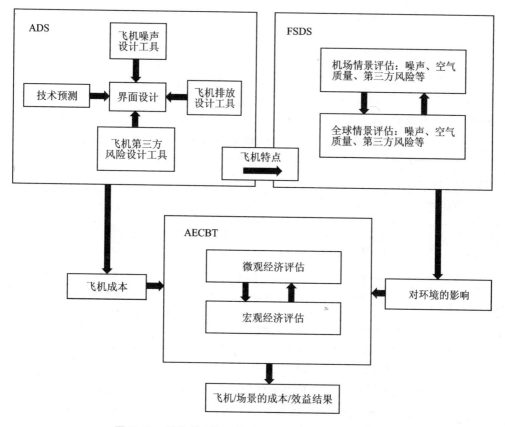

图 7.23 新航空环境下的影响工具组件的详细示意图

- 飞行场景设计空间(FSDS),包括 ADS 以及分析模块和数据库的集成,包括机场描述、航线、机队结构和操作环境,提供了评估环境因素之间相互依赖和权衡的综合能力。例如用于噪声评估的 INM 和 IsoBell'a,用于机场空气污染的 PolEmiCa,用于机场附近因飞机失事概率产生的第三方风险 3Prisk[32],用于机场导航设施的电磁场评估的 EMISource[33],这些工具是 FSDS 的基本要素。
- 航空环境成本-效益工具(AECBT),与 FSDS、ADS 和经济模块相互作用,可以提供通用、透明的成本/效益方法,以配合环境政策优化航空政策。主要的方法是对机场附近环境因素可能造成的损害进行经济评估,这也是 AECBT 的基础。

ADS 的主要关注点是对飞机技术和操作方面的生态因素进行参数化分析。因此 ADS 能够通过捕捉高端技术发展趋势来分析不同情况下的现有飞机设计和未来飞机设计。除了 ADS 以外的其他功能要求是

(1) 对现有飞机和未来飞机的环境因素、性能和改装成本进行定量估计;

（2）考虑到技术能力、设计选择、市场情景和环境保护政策的不同设定；

（3）提供关于飞机的技术、经济和环境影响之间的权衡和相互依赖关系；

（4）探索某一类飞机的潜在变化；

（5）量化与所有建模因素和所需输入的不确定性。

设计飞机及其发动机所需要的合适输入和信息类型（如表 7.9 所列）需要明确，以确定其技术影响。

表 7.9　设计飞机及其发动机时通常需要的输入和信息类型

输　入	信息类型
载具规格	在此类别下要考虑的参数通常用于确定特定任务的飞机尺寸，包括类别定义、任务定义、材料结构选择、空气动力输入和约束，例如最大航程和最大着陆速度
发动机循环变量	从载具角度来看，发动机是一个子系统，如果对所使用的发动机详细定义，就不可能真正实现环境影响评估
经济影响	经济参数通常以市场情景为中心，包括生产计划，人工费率和燃料成本等
技术影响	这些参数在本质上可能是通用的，例如用于提高空气动力学效率的因素，或者它们可能被引入模型特定的技术，例如，能够允许更高涡轮机入口温度的新材料或冷却技术

为了满足信息需求，ADS 必须至少包括五个无缝集成的模块：

（1）推进系统模拟器-发动机热力循环的计算分析；

（2）基于涡轮发动机热力循环参数的发动机重量（尺寸）估算器；

（3）飞机飞行性能优化器-根据发动机的机械模型计算飞机重量和性能；

（4）环境因素预测因子（噪声的 NoiTra 或者 ANOPP）；

（5）经济效益计算器。

在 ADS 框架下关于不同涵道比的涡轮发动机的噪声分析的详细结果见于本书第 2 章。表 7.10 显示了发动机涵道比对其推力/尺寸以及环境因素的影响。

表 7.10　发动机涵道比对其推力/尺寸和环境因素的影响

（飞机起飞和着陆期间 NO_x 的排放比；发动机的起飞推力 F_{∞}）

涵道比	推力/尺寸	风扇增压比	燃烧室出口温度/K	累积噪声水平（来自第 2 章中的噪声幅度，数值）	$\dfrac{NO_x}{F_{\infty}/(g \cdot kN^{-1})}$
5	100/100	1.8	1 585	20	33
10	123/147	1.3	1 450	28	26
15	146/190	1.23	1 370	32	22

随着涵道比的增大，发动机的最大直径（即风扇外径）显著增大。当设计优先级是巡航推力，并且假设发动机的热力学循环负载不变，发动机的直径最大（即尺寸最大）。这些设计变量对其他发动机参数以及不同的热力学负载的影响可以通过燃烧室出口温度和风扇压力比来表征。从与推力有关的 NO_x 排放沉积物（D_p/F_{∞}）表现

出减少的特征。对于这种特殊的技术相互依赖性,可以观察到双赢的结果(飞机噪声和发动机排放量都收益)。本书第 6 章中描述的连续下降法(CDA)就是一个实现双赢的操作实例。

　　FSDS 需要有关飞机声源的数据,以便计算飞机在特定机场运行时产生的噪声和排放量。FSDS 的初始版本借鉴了 IsoBell'a 和 PolEmiCa 等工具使用的现有飞机和发动机的数据库。

　　FSDS 系统依赖于四个核心输入数据库来获取声源信息,其结构支持的所有工具包括 IsoBell'a、PolEmiCa、3Prisk 和 EMISource。

　　该方法的优点是初始数据的数据库被推广用于分析,包括机场数据库、机队数据库、运动数据库和飞机性能数据库。机场数据库的详细信息如图 7.24 所示。这些规范是对 IsoBell'a、PolEmiCa、3Prisk 和 EMISource 等工具的特定数据库进行一般性分析的结果。

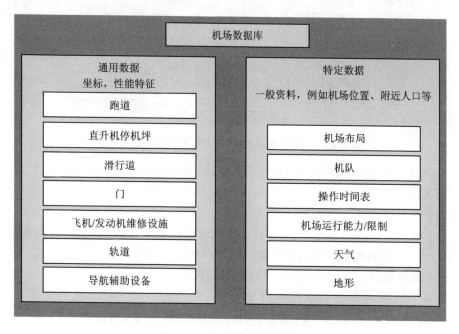

图 7.24　机场数据库示意图

　　AECBT 最终将使用 ADS 提供的各种信息来确定拟定环境措施的有效性。大部分信息将传递给 FSDS 并处理。然而在 AECBT 内部,机队和运营计划以及成本评估需要一组 ADS 信息,包括机身/发动机组合成本和飞机性能。

　　AECBT 的具体结构如图 7.25 所示。航空经济模块用来模拟航空市场中的经济流量。飞机设计空间(ADS 模块)为 AECBT 提供环境因素、飞行性能和经济特性,从而可以在需要时模拟未来潜在飞机的技术权衡(这些权衡可以基于现有技术能力或者未来技术能力)。FSDS 将航空活动转化为空间中分布的大量环境因素。环境影响评估将环境因素的数量转化为健康和福利影响,包括广泛的社会经济和生态影响。最后,成本和收益模块包含收集成本、环境成本和货币收益,并允许进行图形分析和不确定性的定性估计。

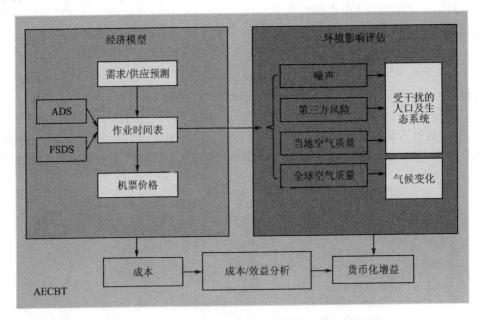

图 7.25　航空环境成本–效益工具的组成部分示意图

在 FSDS 框架下,对符合 END 要求的机场(每年的航班数量超过五万次)进行了分析。考虑了以下三种情景:

(1) 当前的情景。

(2) 航班量翻倍的情况(由于以目前的航班增长率来算,10 年左右可以翻倍,所以这是一个十年的预测情况),这里第二代并不在机队之内。

(3) 航班数量达到机场最大运营能力的情况。

相应的航班/机队参数如表 7.11 所列。

表 7.11　当前正在考虑的机场环形飞行/机队的参数

飞机的分类	飞行强度	
	当前飞行强度	与之等同的运作能力
LT,PAX	4	—
L2,PAX	1 101	
L3,PAX	3 276	85 410
L4,PAX	18 002	98 550
SU,PAX	6 280	—

续表 7.11

飞机的分类	飞行强度	
	当前飞行强度	与之等同的运作能力
T1,PAX	923	20 650
T1,NP	12	1 250
T2,PAX	7 368	—
EJ,PAX	972	8 760
LT,PAX	1 659	4 380

根据这些场景计算的噪声等值线图如图 7.26 所示。这里也分析了"第二阶段"飞机占大多数的情况(如图 7.26(b)所示),但飞机的年飞行强度不足目前的一半,且只有一条跑道在使用中。在这种情况下,具有相同标称值的等声线的横向距离比目前的情况大 50%～70%。此外,沿路线的等声线长度更大,尤其是 $L_{Aeq}=65$ dBA 的日间等声线长达 2 km。

如果当前的环形飞行增长率在预测期间保持不变,那么所考虑的机场在二十年后可能达到最大运营容量的情况下,会有不同的结果。在这种情况下,飞机机队将会产生很大的变化,国际民航组织"第三阶段"飞机的主导地位越来越高,其中机队的三分之一将由"第四阶段"飞机组成。对于这种情况,等值线的面积会远小于其他三个的面积。预测面积在表 7.12 中进行了比较。

表 7.12　噪声等值线面积(单位:平方公里),适用于四种飞机/机队的情况

L_{Aeq}/dBA 等值线	飞行/机队场景			
	当前值	将当前值翻倍,加上"第二阶段"的淘汰	机场最大运行能力-"第四阶段"/"第三阶段"的混合(1/2)	当前值的一半-主要是"第二阶段"
55.0	156.2	150.1	113.6	164.8
60.0	78.3	83.2	56.8	70.6
65.0	34.5	41.3	22.9	28.0
70.0	15.1	17.0	9.2	12.0
75.0	6.0	7.6	4.0	6.1

为了确定机场附近的噪声区,这里选择了第二种情况的结果,即航班次数增加一倍,飞机机队也有所改进("第二阶段"飞机逐渐淘汰)。就必须在区域内实现的噪声保护措施的数量和总费用而言,这种设想相对更经济有效和适当。

对于机场的空气污染、第三方风险和电磁场评估的建模工具(PolEmiCa[31] 或 EDMS[34]),可以使用与飞机噪声相同的网格/点计算原理、相同的机场布局和交通地图。对于空气污染,相比于其他因素,会使用更详细的气象和地形输入信息。

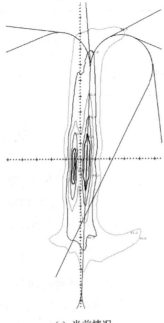

(a) 当前情况

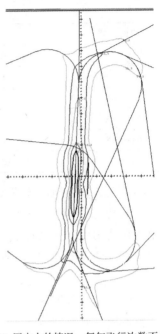

(b) 历史上的情况，每年飞行次数不足
一半，但"第二阶段"飞机的机队
占多数，且只有一条跑道

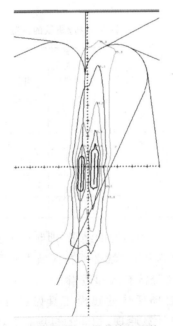

(c) 飞机数量增加一倍的情况(即按
目前的增长率计算，10年之后)

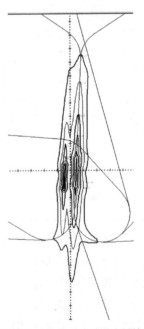

(d) 机场最大运营容量的交通情况
(比例尺：每个大尺度/2 km)

图 7.26 L_{Aeq} 噪声等声线图

　　机场区域内的空气污染是移动源和定源共同作用的结果。乌克兰等国机场的空气污染源清单显示,除飞机外,基本排放源包括:(1)机场车辆;(2)客运;(3)燃料储存;(4)锅炉;(5)飞机维修设施。

　　然而,飞机仍是主要的空气污染源。主要污染物是碳氧化物(CO)、碳氢化合物(HC)、氮氧化物(NO_x)和烟雾(PM)。这些是所有传统运输工具燃料燃烧的典型产物。分析表明:在发动机启动时、飞机起飞前和着陆后滑行时,不完全燃烧产物(CO和HC)的排放量最大。在这些阶段,发动机的运行接近于空转。在起飞和爬升阶段,氮氧化物的排放量最大。

　　空气污染评估的第二个难点在于在定义年平均浓度时,必须计算具有不同车队/航班内容和不同气象/季节条件的日常场景。例如,特定机场的飞机在 LTO 周期内的短期(平均 30 min)污染浓度如图 7.27所示,其最大值见表 7.13。

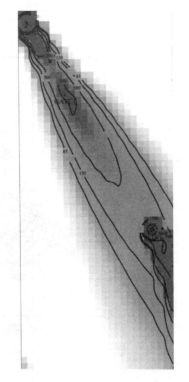

图 7.27　一个飞机在起飞/降落期间产生的 NO_x 羽流的例子

表 7.13　机场内空气污染的最高浓度及其与标准环境限值的比值

浓度的最大值/(mg·m^{-3})				浓度的最大值/限制值			
CO	NO_x	SO_x	PM	CO	NO_x	SO_x	PM
984.48	178.19	4.243	4.161	197	2096	8.49	0.5

CO—碳氧化物;NO_x—氮氧化物;SO_x—硫氧化物;PM—粉尘。

　　絮状物和最大浓度主要由风向和风速确定。它们不仅由飞机产生,而且由用于飞机飞行前后维修的机场车辆产生。

　　整个机场的年平均浓度由年风向玫瑰图和季节性大气分层确定。这些浓度等值线的例子如图 7.28 所示。与飞机噪声一样,由于未来飞机的排放性能的提高,空气污染的预测情况会随着空中交通的增长而显示出不均匀的上升。

　　正如飞机噪声区由飞机噪声等声线定义(如图 7.26 所示),空气污染卫生区域由空气污染等值线定义(如图 7.28 所示),第三方风险公共安全区(PSZs)由个人风险等值线定义。PSZs 是在最繁忙的机场跑道或者靠近住宅区的跑道周围定义的。其目的是消除机场周围人口遭受飞机事故而受到损害的风险。

　　出于这样的目的,年度个体风险等值线的计算[32] 及其标准限值(10^{-4} 或 10^{-5},具

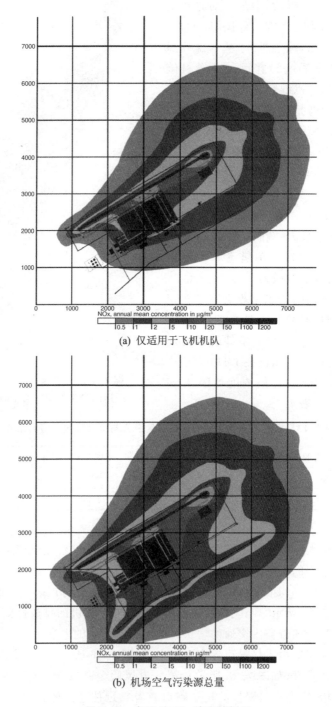

(a) 仅适用于飞机机队

(b) 机场空气污染源总量

图 7.28　年平均NO_x浓度的例子

体取决于不同国家)、PSZs 边界的定义方式都类似于飞机噪声区域或空气污染卫生区域的。对于一些非常繁忙的机场,10^{-4} 的风险等值线可能超过机场边界或者接近居民区。在这样的危险区域内,所有的非机场活动都必须完全清除。

风险等值线的计算包括三个主要阶段[29]:

(1) 确定预定义发生事故的每种航空器的总航班数,以及计算机场(某条跑道)的年平均事故率;

(2) 使用基于历史飞机事故概率分布函数的事故位置概率模型,计算事故的可能位置面积;

(3) 确定个体风险等级 10^{-4}、10^{-5}、10^{-6} 的等值线,并将这些等值线在标注了机场附近的机场设施和居民区的地图上表示出来,就像噪声或者空气污染等值线地图那样。

根据表 7.11 的初始数据,某机场的个体风险等声线如图 7.29 所示。

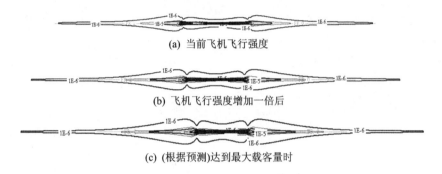

(a) 当前飞机飞行强度

(b) 飞机飞行强度增加一倍后

(c) (根据预测)达到最大载客量时

图 7.29　风险等值线的计算结果

机场两条跑道的等声线区域的长度如表 7.14 所列。

表 7.14　三种等级的个体风险等值线的长度(一号跑道/二号跑道)

风险	长度/m		
	当前强度	当前强度的二倍	机场容量
10^{-4}	80/22	217/45	394/81
10^{-5}	1 311/360	2 416/795	3 507/1 302
10^{-6}	7 233/3 315	10 449/5 335	13 261/7 207

对于所有考虑的情景,风险等级为 10^{-4} 等声线是所有类型的人类活动的法律禁止标准,或多或少位于机场区域内,并且不超过任何一种机场的噪声(白天 $L_{\mathrm{Aeq}}=75$ dB,晚上 $L_{\mathrm{Aeq}}=65$ dB)或空气污染(具体取决于污染物)的适当禁止区域。

对机场内部和周围环境影响的有效评估基于以下程序:

(1) 计算各考虑环境因素在其相应标称等声线内影响的人数;

(2) 假设人口密度不变,计算每一种考虑的每个环境因素的"一般关注"的相对面积；

（3）分别为每个环境因素定义"一般关注"的最大区域（例如噪声）；

（4）确定减少主导因素的关注范围的方法；

（5）对等声线重新计算，同时考虑到拟定的减少关注范围的方法，以及因此修订的"一般关注"的范围；

（6）确定新的主要环境因素，并确定减小这一因素关注范围的拟定方法；

（7）继续进行迭代，直到达到最小影响标准（受影响的人口、有限的资金、有限的资源）。

注　　释

1　A review of the aircraft noise problem

1 Callum, T. (2000) 'Environmental capacity of airports-what does it mean?' *Workshop Proceedings 2 Environmental Capacity. The challenge for aviation industry. London*, Heathrow Airport, 8-11.

2 Janic, M. (2003) 'Modeling operational, economic and environmental perfor-mance of an air transport network', *Transportation Research*, 8, 415-32.

3 Nelson, P. M. (ed.) (1987) *Transportation Noise Reference Book*, London: Butterworths & Co. Ltd.

4 Kvitka, V. E., Melnikov, B. N. and Tokarev, V. I. (1980) *Standardization and Noise Abatement for Airplanes and Helicopters* [in Russian]. Kyiv, Vyscha Shkola.

5 Tokarev, V. I., Zaporozhets, O. I. and Straholes, V. A. (1990) *Noise Abatement for Passenger Airplanes in Operation* [in Russian]. Kyiv, Tehnika.

6 Lighthill, M. J. (1952) 'On sound generated aerodynamically: I. General theory', *Proc. Royal Soc. London*, Ser. A, 211 (1107), 564-87.

7 Lighthill, M. J. (1954) 'On sound generated aerodynamically: II. Turbulence as a source of sound', *Proc. Royal Soc. London*, Ser. A, 222 (1148), 1-32.

8 Howe, M. S. (1975) 'Contribution to the theory of aerodynamic sound with application to excess noise and theory of the .ute', *J. Fluid Mech.*, 71 (4), 625-73.

9 Crow, S. C. (1970) 'Aerodynamic sound emission as a singular perturbation problem', *Stud. Appl. Math.*, 49 (1), 21-44.

10 Ribner, H. S. (1964) 'The generation of sound by turbulent jets', Volume 8 of *Advances in Applied Mechanics*, Dryden, H. L. and von Karman, Th. (eds). New York, Academic Press, Inc., 103-82.

11 Lilley, G. M. (1954) 'Aerodynamic noise', *J. Royal Aeronaut. Soc.*, 58, 235-39.

12 Hubbord, H. H. (ed.) (1995) *Aeroacoustics of Flight Vehicles-Theory and practice*. Vol. 1: *Noise sources*. Woodbury, NY, Acoustical Society of America.

13 Hubbord, H. H. (ed.) (1995) *Aeroacoustics of Flight Vehicles-Theory and practice*. Vol. 2: *Noise control*. Woodbury, NY, Acoustical Society of America.

14 Crighton, D. G., Dowling, A. P., Ffowcs Williams, J. E., Heckl, M. and Leppington, F. G. (1992) *Modern Methods in Analytical Acoustics*, London, Springer-Verlag.

15 Munin, A. G., Kuznezchov, V. M. and Leontev, E. A. (1981) *Aerodynamic Noise Sources* [in Russian]. Moscow, Mashynostroenie.

16 Mhytaryan, A. M., Enyenkov, V. G., Melnikov, B. N., et al. (1975) *Noise Abate-ment of Aircraft with Turbojet Engines* [in Russian]. Moscow, Mashynostroenie.

17 Ffowcs Williams, J. E. and Hawkings, D. L. (1969) 'Sound generation by turbulence and surfaces in arbitrary motion', *Phil. Trans. Royal Soc. London*, Ser. A, 264 (1151), 321-42.

18 Farassat, F. (1981) 'Linear acoustic formulas for calculation of rotating blade noise', *AIAA J.*, 19(9), 1122-30.

19 Proposed amendment to procedures for air navigation services. Aircraft operations. Volume 1: Flight procedures, Part V, Noise abatement procedures (2001), PANS-OPS, Doc8168, ICAO, CAEP/5 Recommendations.

20 Von Gierke, H. E. and McEldred, K. (1975) 'Effect of noise on people', *Noise/News International*, 1(2), 67-89.

21 ENV Noise-Comments-Parliament, Noise policy A40183/97 Resolution on the Commission Green Paper on future noise policy (COM(96), (1997), 0540 C40587/96).

22 Working Group on EU-noise indicators, Commission of the European Communities-Directorate-General Environment, (1999).

23 Zaporozhets, O. I. and Tokarev, V. I. (1998) 'Aircraft noise modelling for environmental assessment around airports', *Applied Acoustics*, 55(2), 99-127.

24 Position paper on dose response relationships between transportation noise and annoyance, EU's future noise policy, WG2-Dose/Effect, 20 February 2002. Luxembourg, Office for Official Publications of the European Communities, 24 pp.

25 Lambert, J. and Vallet, M. (1994) *Study Related to the Preparation of a Communication on a Future EC Noise Policy*. Paris, LEN, Final Report, No 9420.

26 ICAO Standard and Recommended Practice, *Environmental Protection. Annex 16 to the Convention on International Civil Aviation. Aircraft Noise*. Montreal, Volume 1 (1993).

27 Technical meeting on exposure-response relationships of noise on health. World Health Organization Regional Of.ce for Europe, European Centre for Environment and Health, Bonn Office, 19-21 September 2002 Bonn, Germany, Meeting report (2002).

28 Langdon, F. J. (1985) 'Noise annoyance', in Tempest, W. (ed.) *The Noise Handbook*, London, Academic Press.

29 Ollerhead, J. and Sharp, B. (2001) 'Computer model highlights the benefits of various noise reduction measures', *ICAO J.*, No. 4, 18-19.

30 Report of the FESG industry response task group. Information Paper CAEP/7-IP/2, CAEP 7th Meeting, Montréal, 5-16 February 2007, 37 pp.

31 *Airport Planning Manual*, Part 2: *Land Use and Environmental Control*, ICAO Doc 9184, 4th edition (2004).

32 OECD Report: Noise abatement policies for the 1990s (1991), Geneva, OECD.

33 Berglund, B., Lindvall, T. and Schwela, D. H. (eds) (2000) *Guidelines for Community Noise*. Geneva, World Health Organization.

34 Procedures for Air Navigation Services-Aircraft Operations, Volume I-Flight Procedures (2005), PANS-OPS, ICAO Doc 8168.

35 Working paper on curfews (2007), Working Papers CAEP/7-WP/15, CAEP 7th Meeting, Montréal, 5-16 February 2007, 37 pp.

36 Airport Noise Compatibility Planning. 14 CFR Part 150. DOT FAA, 1989.

2 The main sources of aircraft noise

1 Recommended Method for Computing Noise Contours around Airports (1987), Circular 205 ICAO, International Civil Aviation Organization.

2 Standard Method of Computing Noise Contours around Civil Airports (1997), ECAC Document 29.

3 Procedure for the Calculation of Airplane Noise in the Vicinity of Airports (1986), Society of Automotive Engineers, SAE AIR 1845.

4 Integrated Noise Model (INM) version 6. 0 (2000), Report No. FAA-AEE-99-03, Washington, Federal Aviation Administration.

5 The UK Civil Aircraft Noise Contour Model ANCON: Improvements in Version 2 (1999), National Air Traffic Services.

6 Nord 2000. Comprehensive Outdoor Sound Propagation Model (2001).

7 Prediction method for lateral attenuation of airplane noise during takeoff and landing. AIR 1751 (1981), Society of Automotive Engineers. Inc.

8 Gas turbine jet exhaust noise prediction. ARP 876C (1982) Society of Automotive Engineers. Inc.

9 House, M. E. and Smith, M. J. T. (1966) 'Internally generated noise from gas turbine engines-measurement and prediction', ASME Paper 66-GT/N-43.

10 Gas turbine coaxial exhaust flow noise prediction. AIR 1905, (1985) Society of Automotive Engineers. Inc.

11 Heidmann, M. F. (1975) 'Interim prediction method for fan and compressor source noise', NASA TM X-71763.

12 Matta, R. K., Sandusky, G. T. and Doyle, V. L. (1977) 'GE core engine noise investigation, low emission engines', FAA-RD-77-4.

13 Kershaw, R. J. and House, M. E. (1982) 'Sound-absorbent duct design', in White, R. G. and Walker, J. G. (eds) *Noise and Vibration*, Chichester, John Wiley & Sons.

14 Fink, M. R. (1977) 'Airframe noise prediction method', FAA-RD-77-29.

15 Prediction procedure for near-field and far-field propeller noise (1977), AIR 1407, Society of

Automotive Engineers, Inc.

16 Maglizzi, B. (1977) 'The influence of forward flight on propeller noise', NASA CR-145105.

17 Huff, R. G. and Clark, B. J. (1974) 'Interim prediction methods for low frequency core engine noise', NASA TM X-71627.

18 Munin, A. (ed.) (1986) *Aviation Acoustics*. Part 1: *Aircraft Noise* [in Russian], Moscow, Mashinostroenie.

19 Tokarev, V. I., Zaporozhets, O. I. and Straholes, V. A. (1990) *Noise Abatement for Passenger Airplanes in Operation* [in Russian]. Kyiv, Tehnika.

3 Aircraft noise propagation

1 Li, K. M. and Tang, S. H. (2003) 'The predicted barrier effects in the proximity of tall buildings', J. Acoust. Soc. Am., 114, 821-32.

2 Zaporozhets, O., Tokarev, V. and Attenborough, K. (2003) 'Predicting noise from aircraft operated on the ground', *Appl. Acoustics*, 64, 941-53.

3 Bass, H. E., Sutherland, L. C. and Zuckewar, A. J. (1995) 'Atmospheric absorption of sound: further developments', *J. Acoust. Soc. Am.*, 97, 680-83.

4 Larsson, C. (1997) 'Atmospheric absorption conditions for horizontal sound propagation', *Appl. Acoustics*, 50, 231-245

5 Larsson, C. (2000) 'Weather effects on outdoor sound propagation', *Int. J. Acoustics Vibration*, 5, 33-6.

6 Zaporozheth, O. I. and Tokarev, V. I. (2002) 'Investigation influence of impedance plate on sound wave propagation', *Proc. Natl Aviation Univ.*, 1, 240-7.

7 Tokarev, V. and Zaporozhets, O. (2004) 'Calculation of sound wave propagation, radiation and transmission through plate with different boundary conditions'. Inter-noise-2004, *Proceedings of the 33rd International Congress and Exposition on Noise Control Engineering*, Prague, 1-4.

8 Agrest, M. M. and Maksimov, M. S. (1971) *Theory of Incomplete Cylindrical Functions and Their Applications*, Berlin, Springer-Verlag.

9 Attenborough, K., Li, K. M. and Horoshenkov, K. (2007) *Predicting Outdoor Sound*, London, Taylor and Francis, Chapter 2.

10 Abramowitz, M. and Stegun, I. A. (1972) *Handbook of Mathematical Functions with Formulas, Graphs, and Mathematical Tables*, New York, Dover Publications, Inc.

11 Matta, F. and Reichel, A. (1971) Uniform computation of the error function and other related functions, *Math. Comput.*, 25, 339-44.

12 Attenborough, K., Hayek, S. I. and Lawther, J. M. (1980) 'Propagation of sound above a porous half-space', *J. Acoust. Soc. Am.*, 68, 1493-501.

13 Banos, A. (1966) *Dipole Radiation in the Presence of Conducting Half-Space*, New York, Pergamon, Chapters 2-4.

14 Donato, R. J. (1978) 'Model experiments on surface waves', *J. Acoust. Soc. Am.*, 63, 700-3.

15 Daigle, G. A., Stinson, M. R. and Havelock, D. I. (1996) 'Experiments on surface waves over

a model impedance using acoustical pulses', *J. Acoust. Soc. Am.*, 99, 1993-2005.

16 Wang, Q. and Li, K. M. (1999) 'Surface waves over a convex impedance surface', *J. Acoust. Soc. Am.*, 106, 2345-57.

17 Albert, D. G. (2003) 'Observation of acoustic surface waves in outdoor sound propagation', *J. Acoust. Soc. Am.*, 113, 2495-500.

18 Li, K. M., Waters-Fuller, T. and Attenborough, K. (1998) 'Sound propagation from a point source over extended-reaction ground', *J. Acoust. Soc. Am.*, 104, 679-85.

19 Nicolas, J., Berry, J. L. and Daigle, G. A. (1985) 'Propagation of sound above a finite layer of snow', *J. Acoust. Soc. Am.*, 77, 67-73.

20 Allard, J. F., Jansens, G. and Lauriks, W. (2002) 'Reflection of spherical waves by a non-locally reacting porous medium', *Wave Motion*, 36, 143-55.

21 Taherzadeh, S. and Li, K. M. (1997) 'On the turbulent jet noise near an impedance surface', *J. Sound Vib.*, 208, 491-6.

22 Delany, M. E. and Bazley, E. N. (1970) 'Acoustical properties of fibrous absorbent materials', *Appl. Acoust.*, 3, 105-16.

23 Rasmussen, K. B. (1981) 'Sound propagation over grass covered ground', *J. Sound Vib.*, 78, 247-55.

24 Attenborough, K. (1992) 'Ground parameter information for propagation mod-eling', *J. Acoust. Soc. Am.*, 92, 418-27. [see also Raspet, R. and Attenborough, K. (1992) Erratum: 'Ground parameter information for propagation modeling', *J. Acoust. Soc. Am.*, 92, 3007.]

25 Raspet, R. and Sabatier, J. M. (1996) 'The surface impedance of grounds with exponential porosity profiles', *J. Acoust. Soc. Am.*, 99, 147-52.

26 Attenborough, K. (1993) 'Models for the acoustical properties of air-saturated granular materials', *Acta Acust.*, 1, 213-26.

27 Allard, J. F. (1993) *Propagation of Sound in Porous Media: Modelling Sound Absorbing Material*, New York, Elsevier Applied Science.

28 Johnson, D. L., Plona, T. J. and Dashen, R. (1987) 'Theory of dynamic permeability and tortuosity in fluid-saturated porous media' *J. Fluid Mech.*, 176, 379-401.

29 Umnova, O., Attenborough, K. and Li, K. M. (2000) 'Cell model calculations of dynamic drag parameters in packings of spheres', *J. Acoust. Soc. Am.*, 107, 3113-19.

30 Horoshenkov, K. V., Attenborough, K. and Chandler-Wilde, S. N. (1998) 'Padé approximants for the acoustical properties of rigid frame porous media with pore size distribution', *J. Acoust. Soc. Am.*, 104, 1198-209.

31 Yamamoto, T. and Turgut, A. (1988) 'Acoustic wave propagation through porous media with arbitrary pore size distributions', *J. Acoust. Soc. Am.*, 83, 1744-51.

32 ANSI S1.18-1999 (1999) *Template Method for Ground Impedance*, New York, Standards Secretariat, Acoustical Society of America.

33 Taherzadeh, S. and Attenborough, K. (1999) 'Deduction of ground impedance from measurements of excess attenuation spectra', *J. Acoust. Soc. Am.*, 105, 2039-42.

34 Attenborough, K. and Waters-Fuller, T. (2000) 'Effective impedance of rough porous ground surfaces', *J. Acoust. Soc. Am.*, 108, 949-56.

35 Aylor, D. E. (1972) 'Noise reduction by vegetation and ground', *J. Acoust. Soc. Am.*, 51, 197-205.

36 Attenborough, K., Waters-Fuller, T., Li, K. M. and Lines, J. A. (2000) 'Acoustical properties of farmland', *J. Agric. Eng. Res.*, 76, 183-95.

37 De Jong, B. A., Moerkerken, A. and van Der Toorn, J. D. (1983) 'Propagation of sound over grassland and over an Earth barrier', *J. Sound Vib.*, 86, 23-46.

38 Pierce, A. D. (1974) 'Diffraction of sound around corners and over wide barriers', *J. Acoust. Soc. Am.*, 55(5), 941-55.

39 Chessel, C. I. (1977) 'Propagation of noise along a finite impedance boundary', *J. Acoust. Soc. Am.*, 62, 825-34.

40 Parkin, P. H. and Scholes, W. E. (1965) The horizontal propagation of sound from a jet engine close to the ground at Radlett, *J. Sound Vib.* 1, 1-13.

41 Parkin, P. H. and Scholes, W. E. (1965) 'The horizontal propagation of sound from a jet engine close to the ground at Hat. eld', *J. Sound Vib.*, 2, 353-74.

42 Kantola, R. A. (1975) 'Outdoor jet noise facility: a unique approach', *2nd Aero-Acoustics Conference*, Hampton, VA, March, pp. 223-245 (AIAA paper 75-530).

43 Li, K. M., Attenborough, K. and Heap, N. W. (1991) 'Source height determination by ground effect inversion in the presence of a sound velocity gradient', *J. Sound Vib.*, 145, 111-28.

44 Rudnick, I. (1957) 'Propagation of sound in open air', in Harris, C. M. (ed.) *Handbook of Noise Control*, New York, McGraw Hill, pp. 3:1-3:17.

45 Li, K. M. (1993) 'On the validity of the heuristic ray-trace based modification to the Weyl Van der Pol formula', *J. Acoust. Soc. Am.*, 93, 1727-35.

46 Zouboff, V., Brunet, Y., Berengier, M. and Sechet, E. (1994) *Proceedings of the 6th International Symposium on Long Range Sound Propagation*, Havelock, D. I. and Stinson, M. (eds), Ottawa, NRCC, 251-69.

47 'The propagation of noise from petroleum and petrochemical complexes to neighbouring communities', (1981) CONCAWE Report no. 4/81, Den Haag.

48 Marsh, K. J. (1982) 'The CONCAWE model for calculating the propagation of noise from open-air industrial plants', *Appl. Acoustics*, 15, 411-28.

49 Monin, A. S. and Yaglom, A. M. (1979) *Statistical Fluid Mechanics: Mechanics of Turbulence*, Vol. 1, Cambridge, MA, MIT Press.

50 Stull, R. B. (1991) *An Introduction to Boundary Layer Meteorology*, Dordrecht, Kluwer, pp. 34-86.

51 Salomons, E. M. (1994) 'Downwind propagation of sound in an atmosphere with a realistic sound speed profile: a semi-analytical ray model', *J. Acoust. Soc. Am.*, 95, 2425-36.

52 Holtslag, A. A. M. (1984) 'Estimates of diabatic wind speed profiles from near surface weather

observations', *Boundary-Layer Meteorology*, 29, 225-50.

53 Davenport, A. G. (1960) 'Rationale for determining design wind velocities', *J. Am. Soc. Civ. Eng.*, ST-86, 39-68.

54 Huisman, W. H. T. (1990) 'Sound propagation over vegetation-covered ground', Ph. D. thesis, University of Nijmegen, The Netherlands.

55 Salomons, E. M., van den Berg, F. H. and Brackenhoff, H. E. A. (1994) 'Long-term average sound transfer through the atmosphere based on meteorological statistics and numerical computations of sound propagation', *Proceedings of the 6th International Symposium on Long Range Sound Propagation*, Havelock, D. I. and Stinson, M. (eds), Ottawa, NRCC, 209-28.

56 Heimann, D. and Salomons, E. (2004) 'Testing meteorological classi. cations for the prediction of long-term average sound levels', *Appl. Acoustics*, 65, 925-50.

57 Sutherland, L. C. and Daigle, G. A. (1998) 'Atmospheric sound propagation', in Crocker, M. J. (eds) *Encyclopedia of Acoustics*, New York, Wiley, pp. 305-29.

58 Embleton, T. F. W. (1996) 'Tutorial on sound propagation outdoors', *J. Acoust. Soc. Am.*, 100, 31-48.

59 Stinson, M. R., Havelock, D. J. and Daigle, G. A. (1996) 'Simulation of scattering by turbulence into a shadow zone region using the GF-PE method', *Proceedings of the 6th International Symposium on Long Range Sound Propagation*, Ottawa, NRCC, pp. 283-307.

60 Wilson, D. K. (1996) 'A brief tutorial on atmospheric boundary-layer turbulence for acousticians', *Proceedings of the 7th International Symposium on Long Range Sound Propagation*, Ecole Centrale, Lyon, pp. 111-22.

61 Wilson, D. K., Brasseur, J. G. and Gilbert, K. E. (1999) 'Acoustic scattering and the spectrum of atmospheric turbulence', *J. Acoust. Soc. Am.*, 105, 30-4.

62 L' Esperance, A., Daigle, G. A. and Gabillet, Y. (1996) 'Estimation of linear sound speed gradients associated to general meteorological conditions', *Proceedings of the 6th International Symposium on Long Range Sound Propagation*, Ottawa, NRCC.

63 Wilson, D. K. (1988) 'On the application of turbulence spectral/correlation models to sound propagation in the atmosphere', *Proceedings of the 8th International Symposium on Long Range Sound Propagation*, Penn State.

64 Ostashev, V. E. and Wilson, D. K. (2000) 'Relative contributions from temperature and wind velocity . uctuations to the statistical moments of a sound field in a turbulent atmosphere', *Acustica/Acta Acustica*, 86, 260-8.

65 Clifford, S. F. and Lataitis, R. T. (1983) 'Turbulence effects on acoustic wave propagation over a smooth surface', *J. Acoust. Soc. Am.*, 73, 1545-50.

66 Daigle, G. A. (1979) 'Effects of atmospheric turbulence on the interference of sound waves above a finite impedance boundary', *J. Acoust. Soc. Am.*, 65, 45-9.

67 Weiner, F. M. and Keast, D. N. (1959) 'Experimental study of the propagation of sound over ground', *J. Acoust. Soc. Am.*, 31(6), 724-33.

68 Gilbert, K. E., Raspet, R. and Di, X. (1990) 'Calculation of turbulence effects in an upward

refracting atmosphere', *J. Acoust. Soc. Am.*, 87(6), 2428-37.

69 ISO 9613-2 (1996) *Acoustics-Attenuation of Sound during Propagation Outdoors*-Part 2: *General Method of Calculation*, *Geneva*, International Organization for Standardization,

70 ISO 10847 (1997) *Acoustics-In-situ Determination of Insertion Loss of Outdoor Noise Barriers of All Types*, Geneva, International Organization for Standardization,

71 ANSI S12.8 (1998) *Methods for Determination of Insertion Loss of Outdoor Noise Barriers*, Washington, DC, American National Standard Institute.

72 Daigle, G. A. (1999) *Report by the International Institute of Noise Control Engineering Working Party on the Effectiveness of Noise Walls*, Noise/News International I-INCE Publication.

73 Kotzen, B. and English, C. (1999) *Environmental Noise Barriers-A Guide to Their Acoustic and Visual Design*, London, E&FN Spon.

74 Sommerfeld, A. (1896) 'Mathematische Theorie der Diffraction', *Math. Ann.*, 47, 31374.

75 MacDonald, H.M. (1915) 'A class of diffraction problems', *Proc. Lond. Math. Soc.*, 14, 410-27.

76 Redfearn, S.W. (1940) 'Some acoustical source-observer problems', *Phil. Mag.*, 30, 223-36.

77 Keller, J.B. (1962) 'The geometrical theory of diffraction', *J. Opt. Soc.*, 52, 116-30.

78 Hadden, W.J. and Pierce, A.D. (1981) 'Sound diffraction around screens and wedges for arbitrary point source locations', *J. Acous. Soc. Am.*, 69, 1266-76.

79 Embleton, T.F.W. (1980) 'Line integral theory of barrier attenuation in the presence of ground', *J. Acoust. Soc. Am.*, 67, 42-5.

80 Menounou, P., Busch-Vishniac, I.J. and Blackstock, D.T. (2000) 'Directive line source model: a new model for sound diffracted by half planes and wedges', *J. Acoust. Soc. Am.*, 107, 2973-86.

81 Medwin, H. (1981) 'Shadowing by .nite noise barriers', *J. Acoust. Soc. Am.*, 69, 1060-4.

82 Maekawa, Z. (1968) 'Noise reduction by screens', *Appl. Acoustics*, 1, 157-73.

83 Tatge, R.B. (1973) 'Barrier-wall attenuation with a finite sized source', *J. Acoust. Soc. Am.*, 53, 1317-19.

84 Kurze, U.J. and Anderson, G.S. (1971) 'Sound attenuation by barriers', *Appl. Acoustics*, 4, 35-53.

85 Menounou, P. (2001) 'A correction to Maekawa's curve for the insertion loss behind barriers', *J. Acoust. Soc. Am.*, 110, 1828-38.

86 Lam, Y.W. and Roberts, S.C. (1993) 'A simple method for accurate prediction of finite barrier insertion loss', *J. Acoust. Soc. Am.*, 93, 1445-52.

87 Price, M.A., Attenborough, K. and Heap, N.W. (1988) 'Sound attenuation through trees: measurements and models', *J. Acoust. Soc. Am.*, 84, 1836-44.

88 Kragh, J. (1982) 'Road traffic noise attenuation by belts of trees and bushes', *Danish Acoustical Laboratory Report* no. 31.

89 Huddart, L. R. (1990) 'The use of vegetation for traf. c noise screening', *TRRL Research Report* 238.

90 Heisler, G. M. , McDaniel, O. H. , Hodgdon, K. K. , Portelli, J. J. and Glesson, S. B. (1987) 'Highway noise abatement in two forests', *Proceedings of the NOISE-CON 87*, *PSU*, USA.

91 Defrance, J. , Barriere, N. and Premat, E. (2002) 'Forest as a meteorological screen for traffic noise'. *Proceedings of the 9th International Conference on Sound and Vibration*, Orlando.

92 Barrière, N. and Gabillet, Y. (1999) 'Sound propagation over a barrier with realistic wind gradients. Comparison of wind tunnel experiments with GFPE computations', *Acustica/Acta Acustica*, 85, 325-34.

93 Barrière, N. (1999) 'Etude théorique et expérimentale de la propagation du bruit de trafic en forêt', Ph. D. thesis, Ecole Centrale de Lyon.

94 Swearingen, M. E. and White, M. (2007) 'Influence of scattering, atmospheric refraction, and ground effect on sound propagation through a pine forest', *J. Acoust. Soc. Am.*, 122, 113-19.

4 Methods for aircraft noise prediction

1 Tokarev, V. I. , Zaporozhets, O. I. and Straholes, V. A. (1990) *Noise Abatement for Passenger Airplanes in Operation* [in Russian], Kyiv, Tehnika.

2 Munin, A. (ed.) (1986) *Aviation Acoustics*, Part 2: *Noise Inside Passenger Airplanes* [in Russian], Moscow, Mashinostroenie.

3 *Manuals for Civil Aviation Impact Assessment on the Environment* [in Russian] (1984) State Institute of Civil Aviation, Moscow, Kyiv Institute of Civil Aviation Engineers, Kyiv.

4 *ICAO Technical Manual for Environment Specified the Usage of Methods for Aircraft Noise Certification* (1995) Montreal, Doc. 9501 AN.

5 *Recommended Method for Computing Noise Contours around the Airports* (1988) Montreal, ICAO Cir. 205-AN.

6 *Relationship between Aircraft Noise Contour Area and Noise Levels at Certification Points* (2003) NASA/TM-2003-212649, Hampton, Virginia, Langley Research Center, 2199-2368.

7 Vlasov, E. , Munin, A. and Samokhin, V. (1976) 'Calculation method for noise, produced by the aircraft on the ground surface, based on results of acoustic trials of the engines [in Russian]', *Aviation Acoustics*, Trudy TsAGI, No. 1806, Moscow, 81-88.

8 Stewart, E. C. and Carson, T. M. (1980) 'Simple method for prediction of aircraft noise contours', *J. Aircraft*, 17(11), 828-30.

9 Mhytaryan, A. M. , Enyenkov, V. G. , Melnikov, B. N. *et al.* (1975) *Noise Abate-ment of Aircraft with Turbojet Engines* [in Russian], Moscow, Mashynostroenie.

10 Sean Lynn Summary report for an undergraduate research project to develop programs for aircraft takeoff analysis in the preliminary design phase, Virginia Polytechnic Institute and State University Blacksburg, Virginia, 11 May 1994.

11 Miele, A. (1962) *Flight Mechanics* (Part 1), Reading, MA, Addison-Wesley.

12 Zaporozhets, A. I. (1987) 'Influence of flight safety requirements on optimization results of takeoff parameters with purpose to reduce impact of noise and engine emission', *in Modelling in flight safety provision* [in Russian], Kiev, 1987, pp. 102-8.

13 Kantola, R. A. (1975) 'Outdoor jet noise facility: a unique approach', *2nd Aero-Acoustics Conf.*, Hampton, VA, March, pp. 223-45 (AIAA paper 75-530).

14 Li, K. M. (1993) 'On the validity of the heuristic ray-trace-based modi. cation of the Weyl-Van der Pol formula', *JASA*, 93(4), 1727-35.

15 Hidaka, T., Kageyama, K. and Masuda S. (1985) 'Sound propagation in the rest atmosphere with linear sound velocity pro. le', *J. Acoust. Soc. Jpn.* (E), 6(2), pp. 117-125.

16 Raspet R., L'Esperance, A. and Daigle, G. A. (1995) 'The effect of realistic ground imped-ance on the accuracy of ray tracing', *JASA*, 97(1), 154-8.

17 L'Esperance, A. (1992) 'Modalisation de la propagation des ondes sonores dans un environne-ment naturel complexe', Ph. D. thesis, Sherbrooke University, Canada.

18 Embleton, T. F. W., Thiessen, G. J. and Piercy, J. E. (1976) 'Propagation in inversion and reflections at the ground', *JASA*, 59(2), pp. 128-142.

19 Plovsing, B. and Kragh, J. (1998) *Prediction of Sound Propagation in an Atmosphere With-out Significant Refraction*, DELTA Acoustics &. Vibration Report AV No 1898, 98, Lyngby.

20 Ollerhead, J. (1999) 'CAEP progress on aircraft noise contour modelling', in *Improved Tools for Aircraft Noise and Airport Impact Assessment*, X-NOISE Workshop "Improved Tools for Aircraft Noise and Airport Impact Assessment", Trinity College, Dublin, 1999.

21 Hellstrom, G. (1974) *Noise Shielding Aircraft Configurations, A Comparison Between Pre-dicted and Experimental Results* // ICAS Paper No. 74-58.

22 Maekawa, Z. (1966) *Noise Reduction by Screens*, Memoirs of the Faculty of Engineering, Ko-be University, Japan, Vol. 12, pp. 472-9.

23 Lieber, L. (2000) *Small Engine Technology* (*SET*)-*Task* 13. ANOPP Noise Prediction for Small Engines., Jet Noise Prediction Module, Wing Shielding Module and System Studies Re-sults, NASA/CR-2000-209706, Phoenix, AZ, AlliedSignal Engines and Systems.

24 Brekhovskikh, L. M. and Godin, O. A. (1989) *Acoustics in Layered Media* [in Russian], Nauka, Moskcow.

25 Ostashev, V. E. (1997) *Acoustics in Moving Inhomogeneous Media*, London, E &. FN Spon.

26 Chessell, C. I. (1977) Propagation of noise along a . nite impedance boundary, *J. Acoust. Soc. Am.*, 62, 825-34.

27 Plovsing, B. and Kragh, J. (1999) *Validation of Nordic Models for Sound Propagation-Com-parison with Measurement Results*, DELTA Acoustics &. Vibration Report No 2006, 99, Lyng-by.

28. Ögren, M. and Jonasson, H. (1998) *Measurement of the Acoustic Impedance of Ground*, KFB project 1997-0222, Nordtest project 1365-1997, SP Report 1998:28 Acoustics Bor. s.

29 Kawai, T., Hidaka, T. and Nakajama, T. (1982) 'Sound propagation above an impedance boundary'. *J. Sound Vibration* 83(1), 125-38.

30 Thomasson, S.-I. (1977) 'Sound propagation above a layer with a large refraction index', *J. Acoust. Soc. Am.*, 61, pp. 659-674 (1977).

31 L'Espérance, A., Herzog, P., Daigle, G. A. and Nicolas, J. (1992) 'Heuristic model for outdoor sound propagation based on an extension of the geometrical ray theory in the case of a linear sound speed pro. le', *Appl. Acoust.*, 37, 111-39.

32 Rudnick, I. (1947) 'The propagation of an acoustic wave along a boundary', *JASA*, 19, 348-56.

33 Daigle, G. A. (1979) 'Effects of atmospheric turbulence on the interference of sound waves above a finite impedance boundary', *JASA*, 65(1), 45-9.

34 Raspet, R. and Wu, W. (1995) 'Calculation of average turbulence effects on sound propagation based on the fast field program formulation', *JASA*, 97(1), 147-53.

35 Daigle, G. A., Piercy, J. E. and Embleton, T. F. W. (1978) 'Effects of atmospheric turbulence on the interference of sound waves near a hard boundary', *J. Acoust. Soc. Am.*, 64(2), pp. 622-630.

36 Plovsing, B. (2000) NORD 2000: *Comprehensive Model for Predicting the Effect of Terrain and Screens in the New Nordic Prediction Methods for Environmental Noise*, Inter-Noise, 2000, Nice, August.

37 Parkin, P. H. and Scholes, W. F. (1965) 'The horizontal propagation of sound from a jet engine close to the ground at Hat. eld', *J. Sound Vib.*, 2(4), 353-74.

38 ISO 9613-2 (1996) *Acoustics-Attenuation of Sound During Propagation Outdoors-Part 2: General Method of Calculation*, Geneva, International Organization for Standardization,

39 Delaney, M. E. and Bazley, E. N. (1970) 'Acoustic properties of fibrous absorbent materials', *Appl. Acoustics*, 3(2), pp. 105-116.

40 Zaporozhets, O., Tokarev, V. I. and Shylo, V. F. (1996) 'Influence of impedance characteristics of the reflecting surfaces on reduction of aviation noise by screens', *Proc. 4th Int. Congress on Sound and Vibration*, St Petersburg, Vol. 2, 1135-40.

41 Zwieback, E. L. (1975) *Aircraft Flyover Noise Measurements*, AIAA Paper 75-537, Reston, VA, AIAA.

42 Devis, L. I. C. (1981) *A Guide to the Calculation of NNI*, DORA Communication 7908, 2nd edition, London, CAA.

43 *Recommended Method for Computing Noise Contours around Airports* (1988) Circular 205 AN/1/25, Montreal, ICAO.

44 Zaporozhets, O. and Tokarev, V. (1998) 'Aircraft noise modelling for environmental assessment around airports', *Appl. Acoustics*, 55(2), 99-127.

5 The influence of operational factors on aircraft noise levels

1 Tokarev, V., Zaporozhets, O. and Straholes, V. (1990) *Noise Decreasing During the Aircraft Operating* [in Russian], Kyiv, Technika.

2 Vorotyntsev, V., Zaporozhets, O. and Karpin, B. (1981) 'De. nition of the task of aircraft de-

scription as a source of air pollution' [in Russian], Vol 197: *Problems of Environment Protection from Civil Aviation Impact*, GosNIIGA, Moscow, pp. 14-21.

3 Zaporozhets, O. (1985) 'Determination of the most pro. table flight procedures in airport area with purpose of their minimal impact on environment', *Methods and Means of Aviation Impact Reduction on the Environment*, Kiev, KIICA, pp. 17-27.

4 ICAO Standard and Recommended Practice (1993) *Environmental Protection. Annex* 16 *to the Convention on International Civil Aviation. Aircraft Noise*, Vol. 1, Montreal, ICAO.

5 Zaporozhets, O. and Tokarev, V. (1998) 'Aircraft noise modelling for environmental assessment around airports', *Appl. Acoustics*, 55(2), 99-127.

6 ICAO (1988) *Recommended Method for Computing Noise Contours Around Airports*, Cir. 205-AN, Montreal, ICAO,

7 Society of Automotive Engineers (SAE), *Procedure for the Calculation of Airplane Noise in the Vicinity of Airports*, Airspace Information Report (AIR), SAE-1845, Warrendale, PA, SAE.

8 Society of Automotive Engineers (SAE) (1975) *Standard Values of Atmospheric Absorption as a Function of Temperature and Humidity*, Committee A-21, Air-craft Noise, Aerospace Recommended Practice No. 866A, March, Warrendale, PA, SAE.

9 US Department of Transportation, Federal Aviation Administration (FAA) (1999) *Spectral Classes for FAA'S Integrated Noise Model Version* 6. 0, Letter Report DTS-34-FA065-LR1, December 7, Washington, DC, FAA.

10 *ICAO Technical Manual for Environment Specified the Usage of Methods for Aircraft Noise Certification* (1995) Doc. 9501 AN, Montreal, ICAO.

11 Mkhitaryan, A. M. (1975) *Noise Reduction in Aircraft with Jet Engines* [in Russian], Moscow, Mashinostrojenije, 264 pp.

12 Melnikov, B. and Zaporozhets, O. (1985) 'Investigation of optimal noise and emission flight modes at descending and landing of the aircraft', *Investigation*, *Testing and Reliability of Aircraft Engines*, Moscow, GosNIIGA, Vol. 236, pp. 66-74.

6 Methods of aircraft noise reduction

1 Munin, A. (ed.) (1986) Aviation Acoustics. Part 1: *Aircraft Noise* [in Russian], Moscow, Mashinostroenie.

2 Munin, A. (ed.) (1986) *Aviation Acoustics*. Part 2: *Noise Inside Passenger Airplane* [in Russian], Moscow, Mashinostroenie.

3 Munin, A. G. , Kuznezchov, V. M. and Leontev, E. A. (1981) *Aerodynamic Noise Sources* [in Russian], Moscow, Mashinostroenie.

4 Kvitka, V. E. , Melnikov, B. N. and Tokarev, V. I. (1984) *Civil Aviation and Environment Protection* [in Russian] Kyiv, Vyscha Shkola.

5 Zaporozhets, O. I. and Tokarev, V. I. (1998) Predicted . ight procedures for minimum noise impact. *Appl. Acoustics*, 55(2), 129-43.

6 Mhytaryan, A. M. , Enyenkov, V. G. , Melnikov, B. N. *et al.* (1975) *Noise Abatement of the*

Aircrafts with Turbojet Engines [in Russian], Moscow, Mashynostroenie.

7 Tokarev, V. I. , Zaporozhets, O. I. and Straholes, V. A. (1990) *Noise Abatement for Passenger Airplanes in Operation* [in Russian], Kyiv, Tehnika.

8 Sobol, I. M. and Statnikov, P. B. (1981) The *Choice of Optimum Parameters in the Tasks with Many Variables* [in Russian], Moskow, Nauka.

9 International Civil Aviation Organizaton (ICAO) Standard and Recommended Practice (1993) *Environmental Protection, Annex* 16 *to the Convention on International Civil Aviation. Aircraft Noise*, Vol. 1, Montreal, ICAO.

10 Didkovsky, V. S. , Akimenko, V. Y. , Zaporozhets, O. I. *et al.* (2001) *Bases of Acoustic Ecology* [in Ukrainian], Kirovograd, Imex Ltd.

11 Maekawa, Z. (1968) Noise reduction by screens. *Appl. Acoustics*, 1, 157-73.

12 Wilson, A. G. (1970) *Entropy in Urban and Regional Modeling*, London, Pion Ltd.

13 *Continuous Descent Approach*, *Implementation Guidance Information*, Euro-control (2007).

7 Monitoring of aircraft noise

1 Mann, R. E. (1980) 'The design of environmental monitoring systems,' *Prog. Phys. Geogr*, 4 (4), 567-76.

2 Tokarev, V. I. , Vorotyntsev, V. M. and Zaporozhets, A. I. (1990) 'Structure of aircraft noise monitoring system around the airports', *Problems of Acoustical Ecology*, 1, Leningrad, Strojizdat, 54-9 [in Russian].

3 *Consultation on Proposals for Transposition and Implementation of Directive* 2002/49/EC *of the European Parliament and of the Council of* 25 *June* 2002 *Relating to the Assessment and Management of Environmental Noise* (2005) February, 126, London, Defra Publications.

4 Tokarev, V. I. , Zaporozhets, O. I. and Straholes, V. A. (1990) *Noise Abatement for Passenger Airplanes in Operation*. Kyiv, Tehnika, 1990. -127c.

5 Bassanino, M. , Mussin, M. , Deforza, P. , Lunesu, D. and Telaro, B. (2004) 'Methodology of statistical model results veri. cation in a high traf. c airport', in *Transport Noise*-2004', St Petersburg.

6 Elliff, T. , Cavadini, L. and Fuller, I. (2000) 'Enhance: an evolutionary improvement to aircraft noise modeling', in *Internoise* 2000, Nice, France.

7 Thomann, G. (2007) 'Mess-und Berechnungsunsicherheit von Fluglärmbelas-tungen und ihre Konsequenzen', Dissertation, Zürich, ETHZ, 318.

8 Thomann, G. and Bütikofer, R. (2007) 'Quanti. cation of uncertainties in aircraft noise calculations', in *Internoise* 2007, Istanbul, Turkey, August.

9 ISO/ENV 13005 (1995) *Guide to the Expression of Uncertainty in Measurement*, Geneva, International Organization for Standardization.

10 Krebs, W. , Bütikofer, R. , Plüss, S. and Thomann, G. (2004) 'Sound source data for aircraft noise simulation', *Acta Acustica/Acustica*, 90, 91-100.

11 Storeheier, S. A. , Randeberg, R. T. , Granoien, I. L. N. , Olsen, H. and Ustad, A. (2002)

Aircraft Noise Measurements at Gardermoen Airport, 2001, Part 1: *Summary of Results*, SINTEF Telecom and Informatics, Norway Report No. STF40 A02032, Trondheim, 2002-06-05.

12 Cadoux, R. E. and White, S. (2003) *An Assessment of the Accuracy of Flight Path Data Used in the Noise and Track-Keeping System at Heathrow, Gatwick and Stansted Airports*, ERCD Report 0209, CAA, March, London, The Stationery Of. ce.

13 *Relationship between Aircraft Noise Contour Area and Noise Levels at Certi. cation Points* (2003) NASA/TM-2003-212649, Hampton, Virginia, Langley Research Center.

14 Cadoux, R. E. and Kelly, J. A. (2003) *Departure Noise Limits and Monitoring Arrangements at Heathrow, Gatwick and Stansted Airports*, ERCD Report 0207, CAA, March, London, The Stationery Of. ce.

15 Harlow, C. (2003) *Development of an Aircraft Operation Classification System for Louisiana's Airports*, LTRC Project No. 95-8SS, State Project No. 736-99-0241, June 2003, Louisiana State University, 71 p.

16 Fan, Y., Tysoe, B., Sim, J., Mirkhani, K., Sinclair, A. N. *et al*. (2003) 'Nondestructive evaluation of explosively welded clad rods by resonance acoustic spectroscopy', *Ultrasonics*, 41, 369-75.

17 Duquennoy, M., Ouaftouh, M. and Ourak, M. (1999) 'Ultrasonic evaluation of stress in orthotropic materials using Rayleigh waves', *NDT & E International*, 32, 189-99.

18 Murino, V. (2001) Reconstruction and segmentation of underwater acoustic images combining confidence information in MRF models. *Pattern Recognition*, 34(5), 981-97.

19 Zha, D. and Qiu, T. (2006) Underwater sources location in non-Gaussian impulsive noise environments. *Digital Signal Processing*, 16 (2), 149-63.

20 Benko, U., Petrovcic, J., Juricic, D., Tavcar, J., Rejec, J. and Stefanovska, A. (2004) Fault diagnosis of a vacuum cleaner motor by means of sound analysis. *J. Sound Vib.*, 276 (3-5), 781-806.

21 Wu, J. D. and Chuang, C. Q. (2005) Fault diagnosis of internal combustion engines using visual dot patterns of acoustic and vibration signals. *NDT & E International*, 38, 605-14.

22 Zadeh, LA. (1973) 'Outline of a new approach to the analysis of complex systems and decision processes', in *IEEE Transactions on Systems, Man and Cybernetics*, vol. SMC-3, 28-44.

23 Tong, R. M., Gupta, M. M., Ragade, R. K., Yager, R. R. (1979) '*The construction and evaluation of fuzzy models in Advances in Fuzzy Set Theory and Applications*', Eds. Amsterdam: North-Holland.

24 Yager R. R., Filev, D. P. (1994) *Essentials of Fuzzy Modeling and Control*. New York John Wiley & Sons, Inc.

25 Couvreur, C. and Bresler, Y. (1995) 'A statistical pattern recognition framework for noise recognition in an intelligent noise monitoring system', *Proc. Euro-Noise'95*, Lyon, France, pp. 1007-12.

26 Couvreur, C. (1996) 'Adaptive classi. cation of environmental noise sources', *Proc. Forum*

Acusticum, Antwerp, Belgium, S220.

27 Dufournet, D. (2002) 'Automatic noise source recognition', *Transport Noise and Vibration*, *6th International Symposium*, June, St Petersburg, tn02_s7_08. -6p.

28 *Guidance on the Balanced Approach to Aircraft Noise Management* (2004) ICAO Doc. 9829, Montreal, ICAO.

29 Yuriy Medvedev. PEGAS 1.2: CAEPport Results and Modelling assumptions. CAEP 9 MDG 3 meeting, Austin, TX, USA, March 7-9, 2011.

30 Konovalova, O. and Zaporozhets, O. (2005) 'NoBel-tool for aircraft noise spectra assessment account of ground and shielding effects on noise propagation', *World Congress Proc.*: '*Aviation in the XXI Century*', *Environment Protection Symposium*, September.

31 Sinilo, K. and Zaporozhets, O. (2005) 'PolEmiCa-tool for air pollution and aircraft engine emission assessment in airports', *World Congress Proc.*: '*Aviation in the XXI Century*', *Environment Protection Symposium*, September.

32 Gosudarskaja, I. and Zaporozhets, O. (2005) '3PRisk-third party risk assessment around the airports', *World Congress Proc.*: '*Aviation in the XXI Century*', *Environment Protection Symposium*, September.

33 Glyva, V. and Lukjanchikov, A. (2008) 'EMISource-tool for electro-magnetic fields assessment in airports', *World Congress Proc.*: '*Aviation in the XXI Century*', *Environment Protection Symposium*, September.

34 *Emissions and Dispersion Modelling System (EDMS) Reference Manual*, FAAAEE-01-01, September, US Department of Transportation, Federal Aviation Administration Washington, DC, CSSI.